21世纪高等学校精品规划教材

算法设计与分析实用教程

杨克昌　严权峰　编著

中国水利水电出版社
www.waterpub.com.cn

内 容 提 要

本书遵循"精选算法，面向设计，突出案例应用，注重能力培养"的编写宗旨，精选枚举、递推、递归、回溯、动态规划、贪心算法与模拟等常用算法，精心组织各算法应用的典型案例，注重算法设计与分析及算法改进与优化，力求理论与实际相结合，算法设计与案例应用相统一。每一个案例的应用求解，从问题提出、算法设计与描述，到算法测试与分析、算法改进与优化，环环相扣，融为一体。

书中所有应用案例的算法设计均给出设计要点与描述，可在 VC++ 6.0 编译通过。

本书可作为各高等院校计算机及相关专业"算法设计与分析"课程教材，供各级程序设计竞赛培训选用，也可作为广大程序设计爱好者与软件开发人员的参考书。

本书配套的教学课件、源代码与习题参考解答，可以从中国水利水电出版社网站以及万水书苑免费下载，网址为：http://www.waterpub.com.cn/softdown/ 或 http://www.wsbookshow.com。

图书在版编目（CIP）数据

算法设计与分析实用教程 / 杨克昌，严权峰编著
. -- 北京：中国水利水电出版社，2013.6（2018.12 重印）
21世纪高等学校精品规划教材
ISBN 978-7-5170-0978-8

Ⅰ．①算… Ⅱ．①杨… ②严… Ⅲ．①电子计算机－
算法设计－高等学校－教材②电子计算机－算法分析－高
等学校－教材 Ⅳ．①TP301.6

中国版本图书馆CIP数据核字(2013)第136360号

策划编辑：杨庆川　责任编辑：张玉玲　加工编辑：孙　丹　封面设计：李　佳

书　　名	21 世纪高等学校精品规划教材 算法设计与分析实用教程
作　　者	杨克昌　严权峰　编著
出版发行	中国水利水电出版社 （北京市海淀区玉渊潭南路 1 号 D 座　100038） 网址：www.waterpub.com.cn E-mail: mchannel@263.net（万水） 　　　　sales@waterpub.com.cn 电话：（010）68367658（发行部）、82562819（万水）
经　　售	北京科水图书销售中心（零售） 电话：（010）88383994、63202643、68545874 全国各地新华书店和相关出版物销售网点
排　　版	北京万水电子信息有限公司
印　　刷	三河市铭浩彩色印装有限公司
规　　格	184mm×260mm　16 开本　18.5 印张　467 千字
版　　次	2013 年 6 月第 1 版　2018 年 12 月第 2 次印刷
印　　数	3001—4500 册
定　　价	35.00 元

凡购买我社图书，如有缺页、倒页、脱页的，本社发行部负责调换

前　　言

进入 21 世纪，随着计算机的广泛普及与信息技术的深入发展，培养应用型软件开发人才成为提高国家科技水平的重要方面。国家"973"信息技术与高性能软件基础规划项目首席科学家顾钧教授与中国工程院院士李国杰教授指出："我国的软件开发要算法先行，这样才能推动软件技术的研究与开发，提高我国企业软件产品的技术竞争力和市场竞争力。"

"算法设计与分析"是计算机科学技术学科体系的一个核心问题，是大学计算机专业一门重要的专业基础课。计算机算法设计是应用计算机解决实际问题的核心环节，是一种创造性思维活动，其教育必须面向应用。针对目前相关教材中，算法内容贪多求全、贪广求深，算法理论与实际应用脱节的现状，探索与改革适合计算机本科层次教学的"算法设计与分析"教材，直接关系到学生应用算法设计解决实际问题能力的培养与提高，是实现算法课程教学目标的当务之急。

为此，我们在《计算机常用算法与程序设计教程》（"十一五"国家级规划教材，人民邮电出版社，2008.11）与《计算机常用算法与程序设计案例教程》（清华大学出版社，2011.7）两本书的基础上进行整合优化，推出适合计算机本科教学实际的《算法设计与分析实用教程》，对算法的组织与案例的选取、算法理论阐述与案例实际应用结合进行精心设计，力求适合高校本科教学目标与知识结构的要求。

本书遵循**"精选算法，面向设计，突出案例应用，注重能力培养"**的编写宗旨，具有以下"四注重"特色。

（1）注重常用算法的选取与组织

本书在常用算法的选取方面，克服以往贪多求全、贪广求深的弊端，结合本科教学实际，精心选取了枚举、递推、递归、动态规划、回溯、贪心算法与模拟等常用算法，避免出现本科阶段与研究生阶段的教学内容混杂不分的局面。其中，模拟算法中的"竖式运算模拟"是我们总结推广应用于数论高精计算的创新成果。

对选取的常用算法，在介绍算法的基本理论与设计规范的基础上，推介该算法设计应用的常用模式，联系典型案例讲述该算法中要求本科生掌握的基本内容与应用设计，删除一些难度大、理论深、应用少的带研究性质的算法内容。

（2）注重典型案例的精选与提炼

算法是程序设计的核心，算法需要典型案例的展示与支持。培养学生学习算法设计的兴趣，激发学生应用算法设计解决实际问题的学习热情，不是一两句空洞说教所能奏效的，必须通过一些有趣的、有启发性的典型案例来引导。教程在算法材料的组织上，克服以往罗列算法多、应用算法设计解决实际问题少、算法理论与实际应用脱节的弊端，对选取的每一种算法，设计了基础型、应用型与综合型三种难度梯度的典型案例，包括基础的数值求解、常见的数据处理、有趣的智力测试、巧妙的模拟探索，既有启发引导的基础案例，也有难度较大的综合案例，既有构思巧妙的新创趣题，也有历史悠久的经典名题，难度适宜，深入浅出。

这些典型案例的精选与提炼有利于提高学生学习算法设计的兴趣，有利于学生在计算机实际案例求解上开阔视野，使之在算法思路的开拓与设计技巧的应用上有一个深层次的锻炼与提高。通过典型案例来展开算法设计与分析，突出算法设计在解决实际案例中的核心地位与指导作用。其中一些难度较大的综合型案例可作为课后的专题研究与课程设计选用。

（3）注重算法设计与实现的紧密结合

算法是程序设计的核心与灵魂，程序是算法的一种描述与实现手段。算法与程序实际上是一个统一体，不应该也不能将它们对立或分割。教程采用功能丰富、应用面广、高校学生使用率最高的 C 语言描述算法，并直接在 VC++环境下测试通过，大大缩减了算法设计与程序实现的距离。对每一个实际案例，从案例提出、算法设计与描述，到算法测试与分析、算法改进与优化，环环相扣，融为一体。学生看得懂、学得会、用得上，可以收到立竿见影、举一反三的效果，力求理论与实际相结合、算法设计与应用实际相统一，突出算法在解决实际案例中的核心地位与引导作用，切实提高学生对算法思想的理解和算法设计的把握，有效提高学生应用算法设计解决实际问题的水平和能力。

（4）注重算法设计的改进与优化

算法设计不可能是一成不变的，教材对某些典型案例提供了多种算法设计，编写出不同表现形式与不同设计风格的算法，并对一些常规设计实施多层次多方位的变通、改进与优化，集中体现了算法设计的灵活性和多样性。对不同算法的复杂性分析，确立不同算法的特点与适应环境，比较出不同算法的优劣。

变通出成果，变通长能力。算法改进与优化的过程既是提高案例求解效率的过程，也是对学生算法设计能力培养与提高的过程，更是优化意识与创新能力增强的过程。

为方便师生教学，本书配套的教学课件、源代码与习题的参考解答均可从指定网站下载。

本书可作为各高等院校计算机及相关专业"算法设计与分析"、"计算机程序设计应用基础"等课程教材，供各级程序设计选拔赛与 ACM 复习参考；也可供 IOI、NOI 及各省程序设计竞赛培训选用；还可作为广大程序设计爱好者与软件开发人员的参考书。

本书由杨克昌、严权峰进行策划、编著与统稿。在本书的编写过程中，湖南理工学院的王岳斌教授、周持中教授以及甘靖、方世林等老师给予了多方面的指导与帮助，唐雁、陈凯、姜镇林等同学阅读了书稿并测试了相关算法，在此深表感谢。

尽管每一算法设计都经反复核实检查与检测调试，但因涉及内容较广，难免存在差错，恳请专家与读者批评指正。

编著者
2013 年 6 月

目　　录

前言
第1章　算法及其复杂性分析 ···················· 1
　1.1　算法及其描述 ························· 1
　　1.1.1　算法定义与特性 ················ 1
　　1.1.2　算法描述 ····················· 3
　1.2　算法复杂性分析 ···················· 7
　　1.2.1　算法的时间复杂度 ············· 7
　　1.2.2　算法的空间复杂度 ············ 12
　　1.2.3　NP 完全问题 ················· 12
　1.3　算法设计与分析实例 ·············· 13
　　1.3.1　求解最大公约数 ·············· 13
　　1.3.2　计算 n! ····················· 14
　　1.3.3　全码倍数搜索 ················ 16
　1.4　算法与程序设计 ··················· 17
　　1.4.1　算法与程序 ·················· 17
　　1.4.2　结构化程序设计 ·············· 21
　习题 1 ···································· 23
第2章　枚举 ······························· 26
　2.1　枚举概要 ·························· 26
　2.2　统计求和 ·························· 27
　　2.2.1　同码小数 ···················· 27
　　2.2.2　三角网格 ···················· 30
　2.3　整数搜索 ·························· 32
　　2.3.1　整数对 ······················ 32
　　2.3.2　基于 s 的双和数组 ··········· 33
　　2.3.3　最小连续 m 个合数 ··········· 34
　2.4　解方程与不等式 ··················· 37
　　2.4.1　佩尔方程 ···················· 37
　　2.4.2　分数不等式 ·················· 38
　2.5　数式与运算 ······················ 40
　　2.5.1　奇数序列运算式 ·············· 40
　　2.5.2　完美综合运算式 ·············· 41
　2.6　数列与数阵 ······················ 44
　　2.6.1　H 形数序列 ·················· 44

　　2.6.2　三阶素数幻方 ················ 46
　2.7　表格与图形 ······················ 48
　　2.7.1　p 进制乘法表 ················ 48
　　2.7.2　基于 s 的和积三角形 ········· 49
　2.8　枚举设计的改进与优化 ············ 52
　　2.8.1　选择枚举路线 ················ 52
　　2.8.2　精简枚举结构 ················ 54
　　2.8.3　优化枚举参数 ················ 55
　习题 2 ···································· 56
第3章　递推 ······························· 59
　3.1　递推概述 ·························· 59
　　3.1.1　递推的概念 ·················· 59
　　3.1.2　递推常用模式 ················ 60
　3.2　递推数列 ·························· 61
　　3.2.1　双关系递推数列 ·············· 62
　　3.2.2　振动数列 ···················· 63
　　3.2.3　分数数列 ···················· 65
　3.3　超级素数搜索 ····················· 66
　3.4　数阵与网格 ······················ 69
　　3.4.1　杨辉三角 ···················· 69
　　3.4.2　方格网交通线路 ·············· 71
　3.5　六六顺数组 ······················ 73
　3.6　猴子爬山 ·························· 76
　　3.6.1　简单递推设计 ················ 76
　　3.6.2　分级递推设计 ················ 77
　3.7　整数划分 ·························· 79
　　3.7.1　整数划分式的个数 ············ 79
　　3.7.2　整数划分式的实现 ············ 80
　　3.7.3　实现整数划分式的优化 ········ 82
　3.8　递推与迭代 ······················ 84
　习题 3 ···································· 86
第4章　递归 ······························· 88
　4.1　分治策略与递归 ··················· 88

4.2　汉诺塔游戏 ················· 92
　　4.2.1　移动次数求解 ············· 93
　　4.2.2　移动过程实现 ············· 94
4.3　排队购票问题 ··············· 96
　　4.3.1　常规排队 ··············· 96
　　4.3.2　带条件限制的排队 ·········· 98
4.4　多转向旋转方阵 ·············· 100
4.5　快速排序与选择 ·············· 102
　　4.5.1　分区交换排序 ············· 103
　　4.5.2　分区交换选择 ············· 105
4.6　实现排列组合 ··············· 107
　　4.6.1　基本排列实现 ············· 107
　　4.6.2　复杂排列实现 ············· 109
　　4.6.3　组合实现 ··············· 111
4.7　整数的拆分式 ··············· 113
4.8　递归与递推 ················ 115
习题 4 ···················· 117
第 5 章　回溯法 ················ 119
5.1　回溯法概述 ················ 119
　　5.1.1　回溯的概念 ·············· 119
　　5.1.2　回溯的数学概括与效益分析 ····· 120
　　5.1.3　回溯法的分类 ············· 121
5.2　桥本分数式 ················ 124
5.3　直尺与串珠 ················ 127
　　5.3.1　古尺神奇 ··············· 127
　　5.3.2　数码串珠 ··············· 129
5.4　逐位整除数 ················ 132
　　5.4.1　回溯探索 ··············· 132
　　5.4.2　递推求解 ··············· 133
5.5　二组均分 ················· 135
5.6　伯努利装错信封问题 ··········· 136
　　5.6.1　回溯设计 ··············· 137
　　5.6.2　递归探索 ··············· 138
5.7　情侣拍照 ················· 140
　　5.7.1　逐位安排回溯设计 ·········· 140
　　5.7.2　成对安排回溯设计 ·········· 142
5.8　回溯应用小结 ··············· 144
习题 5 ···················· 145
第 6 章　动态规划 ··············· 147

6.1　动态规划概述 ··············· 147
　　6.1.1　动态规划的概念 ··········· 147
　　6.1.2　动态规划实施步骤 ·········· 149
6.2　0-1 背包问题 ··············· 150
　　6.2.1　一般 0-1 背包问题 ········· 150
　　6.2.2　二维约束 0-1 背包问题 ······ 153
6.3　西瓜分堆 ················· 156
6.4　凸 n 边形的三角形划分 ········· 158
6.5　最长子序列 ················ 160
　　6.5.1　最长非降子序列 ··········· 160
　　6.5.2　最长公共子序列 ··········· 163
6.6　插入乘号问题 ··············· 165
6.7　数阵中的最优路径 ············ 167
　　6.7.1　三角数阵中的最大路径 ······· 167
　　6.7.2　矩阵中的最大路径 ········· 169
6.8　动态规划设计小结 ············ 172
习题 6 ···················· 172
第 7 章　贪心算法 ··············· 174
7.1　贪心算法概述 ··············· 174
　　7.1.1　贪心算法的概念 ··········· 174
　　7.1.2　贪心算法的理论基础 ········· 175
7.2　背包问题 ················· 176
　　7.2.1　可拆背包问题 ············· 176
　　7.2.2　0-1 背包问题 ············ 178
7.3　删数字问题 ················ 179
7.4　埃及分数式 ················ 182
　　7.4.1　选择最小分母构建 ·········· 182
　　7.4.2　贪心选择范围的扩展 ········· 184
7.5　数列操作与极差 ············· 185
　　7.5.1　数列操作 ··············· 185
　　7.5.2　数列操作优化 ············· 187
　　7.5.3　数列极差 ··············· 188
7.6　哈夫曼树及其应用 ············ 190
　　7.6.1　哈夫曼树 ··············· 190
　　7.6.2　哈夫曼编码 ············· 193
7.7　贪心算法应用小结 ············ 196
习题 7 ···················· 197
第 8 章　模拟 ················· 199
8.1　模拟概述 ················· 199

8.1.1 模拟分类 ……………………… 199
8.1.2 竖式运算模拟 …………………… 202
8.2 乘数探求 ……………………………… 203
8.2.1 积为若干个 1 构成 ……………… 203
8.2.2 积为若干个 2014 构成 ………… 204
8.2.3 积为任意指定构成 ……………… 205
8.3 特殊数积 ……………………………… 206
8.3.1 01 串积 ………………………… 206
8.3.2 二部数积 ………………………… 209
8.4 尾数前移问题 ………………………… 213
8.4.1 限 1 位尾数前移 ………………… 213
8.4.2 多位尾数前移 …………………… 215
8.5 圆周率计算 …………………………… 218
8.5.1 蒙特卡罗模拟计算 ……………… 218
8.5.2 指定高精度计算 ………………… 219
8.6 模拟发桥牌 …………………………… 221
8.7 泊松分酒 ……………………………… 223
8.8 模拟应用小结 ………………………… 226
习题 8 ……………………………………… 227
第 9 章 算法的综合应用与优化案例 …… 228
9.1 幂积序列 ……………………………… 228
9.1.1 双幂积枚举设计 ………………… 228
9.1.2 双幂积递推设计 ………………… 230

9.1.3 多幂积拓广 ……………………… 233
9.2 高斯皇后问题 ………………………… 234
9.2.1 高斯八皇后问题 ………………… 235
9.2.2 n 皇后问题 ……………………… 236
9.2.3 皇后全控棋盘 …………………… 238
9.3 翻转硬币 ……………………………… 241
9.3.1 m×9 矩阵枚举设计 …………… 241
9.3.2 m×n 矩阵回溯设计 …………… 247
9.3.3 大规模矩阵贪心设计 …………… 251
9.4 最优复杂路径 ………………………… 257
9.4.1 三角数阵中的最小路径 ………… 257
9.4.2 矩阵迷宫中的最小通道 ………… 260
9.5 马步遍历与哈密顿圈 ………………… 263
9.5.1 马步遍历 ………………………… 263
9.5.2 马步型哈密顿圈 ………………… 268
9.5.3 组合型哈密顿圈 ………………… 272
9.6 算法综合应用小结 …………………… 277
习题 9 ……………………………………… 278
附录 A 在 VC++ 6.0 环境下运行 C 程序
        方法简介 ………………………… 280
附录 B C 常用库函数 …………………… 284
参考文献 …………………………………… 288

第 1 章　算法及其复杂性分析

算法理论研究的是算法的设计技术与分析技术。算法设计是指应用计算机求解一个问题时，如何设计一个有效的算法；算法分析则是对已设计的算法，如何评价与判断其优劣。

算法设计与算法分析是相互依存的，设计出的算法需要测试、检验和评价，对算法的分析反过来将改进与优化算法设计。

1.1　算法及其描述

算法（algorithm）的概念在计算机科学技术领域几乎无处不在，在各种计算机软件系统的设计与实现中，算法往往处于核心地位。

算法在中国古代文献中称为"术"，最早出现在《周髀算经》和《九章算术》。而英文名称"Algorithm"来自于 9 世纪波斯数学家花拉子米（比阿勒·霍瓦里松，拉丁转写：al-Khwarizmi），因为比阿勒·霍瓦里松在数学上提出了算法这个概念。"算法"原为"algorism"，即"al-Khwarizmi"的音转，意思是"花拉子米的运算法则"，在 18 世纪演变为"algorithm"。

本节论述算法的定义、特征及算法的描述。

1.1.1　算法定义与特性

在计算机科学中，"算法"一词用于描述一个可用计算机实现的问题求解方法。算法是程序设计的基础，是计算机科学的核心。计算机科学家哈雷尔在《算法学——计算的灵魂》一书中指出："算法不仅是计算机学科的一个分支，它更是计算机科学的核心，而且可以毫不夸张地说，它和绝大多数科学、商业和技术都是相关的。"

在计算机应用的各个领域，技术人员都在使用计算机求解他们各自专业领域的课题，他们需要设计算法、编写程序、开发应用软件，所以学习算法对于越来越多的人来说变得十分必要。我们学习算法的重点就是把人类找到的求解问题的方法、步骤，以过程化、形式化、机械化的形式表示出来，以便让计算机执行，从而解决更多实际问题。

1. 算法定义

什么是算法？我们首先给出算法的定义。

算法是解决问题的方法或过程，是解决某一问题的运算序列，或者说算法是问题求解过程的运算描述。在数学和计算机科学之中，算法是一个计算的具体步骤，常用于计算、数据处理和自动推理。

当面临某一问题时，需要找到用计算机解决这个问题的方法与步骤，算法就是解决这个问题的方法与步骤的描述。

2. 算法三要素

算法由操作、控制结构与数据结构三要素组成。

（1）操作

加、减、乘、除等算术运算；

大于、小于、等于、大于等于、小于等于、不等于等关系运算；

与、或、非等逻辑运算；

输入、输出、赋值等操作。

（2）控制结构

顺序结构：各操作依次执行；

选择结构：由条件是否成立来选择操作执行；

循环结构：重复执行某些操作，直到满足某一条件才结束；

模块调用：一个模块调用另一个模块（包括自身直接或间接调用的递归结构）。

（3）数据结构

算法的处理对象是数据，数据之间的逻辑关系、数据的存储方式与处理方式就是数据的数据结构。

常见的数据结构有：数组（Array）、堆栈（Stack）、队列（Queue）、链表（Linked List）、树（Tree）、图（Graph）、堆（Heap）、散列（Hash）等。

3．算法的基本特征

一个算法由有限条可完全机械地执行的、有确定结果的指令组成。指令正确地描述了要完成的任务和它们被执行的顺序。计算机按算法所描述的顺序执行算法的指令能在有限的步骤内终止，或终止于给出问题的解，或终止于指出问题对此输入数据无解。

算法是满足下列特性的指令序列：

（1）确定性

组成算法的每条指令是清晰的，无歧义的。

在算法中不允许有诸如"x/0"之类的运算，因为其结果不能确定；也不允许有"x 与 1 或 2 相加"之类的运算，因这两种可能的运算应执行哪一个并不确定。

（2）可行性

算法中的运算是能够实现的基本运算，每一种运算可在有限的时间内完成。

在算法中，两个实数相加是可行的；两个实数相除，例如求 2/3 的值，在没有指明位数时，需由无穷个十进制位表示，并不可行。

（3）有穷性

算法中每一条指令的执行次数有限，执行每条指令的时间有限。

如果算法中的循环步长为零，运算进入无限循环，这是不允许的。

（4）算法有零个或多个输入

有些输入数据需要在算法执行过程中输入，有些算法看起来没有输入，实际上输入已被嵌入算法之中。

（5）算法有一个或多个输出

输出一个或多个与输入数据有确定关系的量，是算法对数据进行运算处理的结果。

通常求解一个问题可能会有多种算法可供选择，选择的主要标准是算法的正确性和可靠性，其次是算法所需要的存储空间少和执行时间短等。

4．算法的重要意义

有人也许会认为："今天计算机运算速度这么快，算法还重要吗？"计算机的计算能力每年都在飞速增长，价格在不断下降。可我们不要忘记，日益先进的记录和存储手段使我们需要处理的信息量也在快速增长，互联网的信息流量更在爆炸式地增长。在科学研究方面，随着研究手段的进步，数据量更是达到了前所未有的程度。例如在高能物理研究方面，很多实验每秒钟都能产生若干个 TB 的数据量，但因为处理能力和存储能力的不足，科学家不得不把绝大部分未经处理的数据舍弃。三维图形、海量数据处理、机器学习、语音识别都涉及极大数据量处理。

算法并不局限于计算机和网络。在网络时代，越来越多的挑战需要靠卓越的算法来解决。如果你把计算机的发展放到数据飞速增长的大环境下考虑，你一定会发现，算法的重要性不是在日益减小，而是在日益增强。

在实际工程中，我们遇到许多高难度计算问题，有的问题在巨型计算机上采用一个劣质的算法来求解可能要数个月的时间，而且很难找到精确解。但采用一个优秀的算法，即使在普通的个人计算机上，可能只需数秒钟就可以解答。计算机求解一个工程问题的计算速度不仅仅与计算机的设备水平有关，更取决于求解该问题的算法设计水平的高低。世界上许多国家，从大学到研究机关都高度重视对计算机算法的研究，将提高算法设计水平作为提升国家科技竞争力的重要方面。

对同一个计算问题，不同的人会有不同的计算方法，而不同算法的计算效率、求解精度和对计算资源的需求有很大的差别。

本书具体介绍枚举、递推、递归、回溯、动态规划、贪心算法与模拟等常用算法及其在实际案例求解中的应用。最后介绍几个算法综合应用与优化的案例。

1.1.2　算法描述

要使计算机能完成人们预定的工作，首先必须为如何完成这些工作设计一个算法，然后再根据算法编写程序。

可以设计不同的算法来求解一个问题，可以采用不同的形式来表述同一个算法。

算法是问题的程序化解决方案。描述算法可以有多种方式，如自然语言方式、流程图方式、伪代码方式、计算机语言表示方式与表格方式等。

当一个算法使用计算机程序设计语言描述时，就是程序。

本书采用 C 语言与自然语言相结合来描述算法。之所以采用 C 语言来描述算法，因为 C 语言功能丰富、表达能力强、使用灵活方便、应用面广，既能描述算法所处理的数据结构，又能描述计算过程，是目前大学阶段学习计算机程序设计的首选语言。

为方便算法描述，下面把 C 语言的语法要点作简要概括。

1. 标识符

可由字母、数字和下划线组成，但是标识符必须以字母或下划线开头。一个字母的大小写分别认为是两个不同的字符。

2. 常量

整型常量：十进制常数、八进制常数（以 0 开头的数字序列）、十六进制常数（以 0x 开头的数字序列）。

长整型常数（在数字后加字符 L 或 l）。

实型常量（浮点型常量）：小数形式与指数形式。

字符常量：用单引号（撇号）括起来的一个字符，可以使用转义字符。

字符串常量：用双引号括起来的字符序列。

3. 表达式

（1）算术表达式

整型表达式：参加运算的运算量是整型量，结果也是整型数。

实型表达式：参加运算的运算量是实型量，运算过程中先转换成 double 型，结果为 double 型。

（2）逻辑表达式

用逻辑运算符连接的整型量，结果为一个整数（0 或 1），逻辑表达式可以认为是整型表达式的一种特殊形式。

（3）字位表达式

用位运算符连接的整型量，结果为整数。字位表达式也可以认为是整型表达式的一种特殊形式。

（4）强制类型转换表达式

用"（类型）"运算符使表达式的类型进行强制转换，如（float）a。

（5）逗号表达式（顺序表达式）

形式为：表达式 1，表达式 2，…，表达式 n

顺序求出"表达式 1，表达式 2，…，表达式 n"的值，结果为表达式 n 的值。

（6）赋值表达式

将赋值号"="右侧表达式的值赋给赋值号左边的变量，赋值表达式的值为执行赋值后被赋值的变量的值。注意，赋值号左边必须是变量，而不能是表达式。

（7）条件表达式

形式为：逻辑表达式？表达式 1：表达式 2

逻辑表达式的值若为非 0（真），则条件表达式的值等于表达式 1 的值；若逻辑表达式的值为 0（假），则条件表达式的值等于表达式 2 的值。

（8）指针表达式

对指针类型的数据进行运算。例如 p-2、p1-p2、&a 等（其中 p、p1、p2 均已定义为指针变量），结果为指针类型。

以上各种表达式可以包含有关运算符，也可以是不包含任何运算符的初等量。例如，常数是算术表达式的最简单的形式。

表达式后加"；"，即为表达式语句。

4. 数据定义

对程序中用到的所有变量都需要进行定义，对数据要定义其数据类型，需要时，要指定其存储类别。

（1）数据类型标识符

int（整型）、short（短整型）、long（长整型）、unsigned（无符号型）、char（字符型）、float（单精度实型）、double（双精度实型）、struct（结构体名）、union（共用体名）。

（2）存储类别

auto（自动的）、static（静态的）、register（寄存器的）、extern（外部的）。

变量定义形式：存储类别 数据类型 变量表列

如：static float x,y

5．函数定义

存储类别　数据类型　〈函数名〉（形参列表）
　　{函数体}

6．分支结构

（1）单分支

if(表达式)〈语句 1〉［ else 〈语句 2〉］

功能：如果表达式的值为非 0（真），则执行语句 1；否则（为 0，即假），执行语句 2。所列语句可以是单个语句，也可以是用{}界定的若干个语句。应用 if 嵌套可实现多分支。

（2）多分支

```
switch(表达式)
    { case 常量表达式 1：〈语句 1〉
      case 常量表达式 2：〈语句 2〉
      …
      case 常量表达式 n：〈语句 n〉
      default：〈语句 n+1〉
    }
```

功能：取表达式 1 时，执行语句 1；取表达式 2 时，执行语句 2……，其他所有情形执行语句 n+1。

case 常量表达式的值必须互不相同。

7．循环结构

（1）while 循环

while(表达式)〈语句〉

功能：表达式的值为非 0（条件为真），执行指定语句（可以是复合语句）。直至表达式的值为 0（假）时，脱离循环。

特点：先判断，后执行。

（2）do while 循环

do 〈语句〉

while（表达式）；

功能：执行指定语句，判断表达式的值非 0（真），再执行语句；直到表达式的值为 0（假）时，脱离循环。

特点：先执行，后判断。

（3）for 循环

for（表达式 1；表达式 2；表达式 3）〈语句〉

功能：解表达式 1；求表达 2 的值：若非 0（真），则执行语句；求表达式 3；再求表达式 2 的值……；直至表达式 2 的值为 0（假）时，脱离循环。

以上三种循环中，若执行到 break 语句，提前终止循环。若执行到 continue，结束本次循环，跳转下一次循环判定。

顺便指出，在不致引起误解的前提下，有时对描述的 C 语句进行适当简写或配合汉字标注，用以简化算法的框架描述。

例 1-1　求两个整数 a 和 b(a>b)最大公约数的欧几里德算法。

（1）a 除以 b 得余数 r；若 r=0，则 b 为所求的最大公约数。

（2）若 r≠0，以 b 为 a，r 为 b，继续第（1）步。

注意到任两个整数总存在最大公约数，上述辗转相除过程中余数逐步变小，相除过程总会结束。

欧几里德算法又称为"辗转相除"法，应用 C 语言具体描述如下：

```
// 辗转相除求两个整数 a、b 最大公约数
main()
{ long  a,b,c,r;
  printf("  请输入整数 a,b：");
  scanf("%ld,%ld",&a,&b);
  if(a<b)
    { c=a;a=b;b=c;}          // 必要时交换 a 和 b，确保 a>b
  r=a%b;
  while(r!=0)
    { a=b;b=r;              // 通过循环实施"辗转相除"
      r=a%b;
    }
  printf(" 最大公约数为：%ld",b);
}
```

该算法中有输入，即输入整数a和b；有"辗转相除"处理，通过条件循环实施；最后有输出，即输出整数a和b的最大公约数。

例 1-2 某学院有 m 个学生参加南湖春游，休息时喝汽水。南湖商家公告如下：

（1）买 1 瓶汽水定价 1.40 元，喝 1 瓶汽水（瓶不带走）1 元。

（2）为节约资源，规定 3 个空瓶可换回 1 瓶汽水，或 20 个空瓶可换回 7 瓶汽水。

（3）为方面顾客，可先借后还。例如借 1 瓶汽水，还 3 个空瓶；或借 7 瓶汽水，还 20 个空瓶。

问 m 个学生每人喝 1 瓶汽水（瓶不带走），至少需多少元？

输入正整数 m（2<m<10000），输出至少需多少元（精确到小数点后第 2 位）。

解：注意到春游喝汽水无须带走空瓶，根据商家的规定作以下分析。

（1）如果人数为 20 人，买 13 瓶汽水，借 7 瓶汽水，饮完 20 瓶汽水后还 20 个空瓶（即相当于换回 7 瓶汽水还给商家），两清。此时每人花费为

$$13/20*1.40=0.91 元$$

（2）如果人数为 3 人，买 2 瓶汽水，借 1 瓶汽水，饮完 3 瓶汽水后还 3 个空瓶（即相当于换回 1 瓶汽水还给商家），两清。此时每人花费为

$$2/3*1.40=0.93 元$$

（3）如果只有 2 人或 1 人，每人喝 1 瓶汽水（瓶不带走），此时每人花费 1 元。

（4）注意到 0.91<0.93<1，因而有以下的最省钱算法：

1）把 m 人分为 x=m/20 个大组，每组 20 人。每组买 13 瓶汽水（借 7 瓶汽水），饮完后还 20 个空瓶（即相当于换回 7 瓶汽水还给商家），两清。

2）剩下 t=m-x*20 人，分为 y=t/3 个小组，每组 3 人。每组买 2 瓶汽水（借 1 瓶汽水），饮完后还 3 个空瓶（即相当于换回 1 瓶汽水还给商家），两清。

3）剩下 t=m-x*20-y*3 人，每人花 1 元喝 1 瓶。

该算法得所花费用最低为：(13*x+2*y)*1.40+t（元）。

（5）费用最低的算法描述

```
// 喝汽水
main()
{ long m,t,x,y;
  printf(" 请输入 m: "); scanf("%ld",&m);
  x=m/20;                // 分 x 个大组, 每组买 13 瓶汽水, 借 7 瓶
  t=m-20*x;              // 剩下大组外的 t 人
  y=t/3;                 // 剩下 t 人分 y 个小组, 每组买 2 瓶汽水, 借 1 瓶
  t=m-20*x-3*y;          // 剩下大小组外的 t 人, 每人花 1 元喝 1 瓶
  printf(" 喝%ld 瓶汽水, 需%.2f 元。\n",m,(13*x+2*y)*1.40+t);
}
```

该算法有输入，即输入人数 m；有处理，即依次计算大组数 x、小组数 y 与剩下的零散人数 t；有输出，即输出最省费用。

由以上两例可知，应用 C 语言描述算法缩减了从算法写成完整 C 程序的距离，比应用其他方法描述更为简便。

1.2　算法复杂性分析

算法复杂性的高低体现在运行该算法所需计算机资源的多少。算法的复杂性越高，所需的计算机资源越多；反之，算法的复杂性越低，所需的计算机资源越少。

计算机资源中最重要的是时间资源与空间资源。因此，算法的复杂性有时间复杂性与空间复杂性之分。需要计算机时间资源的量称为时间复杂度，需要计算机空间资源的量称为空间复杂度。时间复杂度与空间复杂度集中反映算法的效率。

算法分析是指对算法的执行时间与所需空间的估算，定量给出运行算法所需的时间数量级与空间数量级。

1.2.1　算法的时间复杂度

算法作为计算机程序设计的基础，在计算机应用领域发挥着举足轻重的作用。时间复杂度是指在计算机科学与工程领域完成一个算法所需要的时间，是衡量一个算法优劣的重要参数。时间复杂度越小，说明该算法效率越高，则该算法越有价值。

一个优秀的算法可以运行在计算速度比较慢的计算机上求解问题，而一个劣质的算法在一台性能很强的计算机上也不一定能满足应用的需求。因此，在计算机程序设计中，算法设计往往处于核心地位。如何去设计一个适合特定应用的算法，是众多技术开发人员所关注的焦点。

1. 算法分析的方法

要想充分理解算法并有效地应用算法求解实际案例，关键是对算法的分析。通常我们可以利用实验对比方法、数学方法来分析算法。

实验对比分析很简单，两个算法相互比较，它们都能解决同一问题，在相同环境下，哪个算法的速度更快，我们一般就会认为这个算法性能更优。

数学方法能更为细致地分析算法，能在严密的逻辑推理基础上判断算法的优劣。但在完成实际项目过程中，我们很多时候都不能去做这种严密的论证与推断。因此，在算法分析中，我们往往采用能近似表达性能的方法来展示某个算法的性能指标。例如，当计算参数 n 比较大

时，计算机对 n^2 和 n^2+2n 的响应速度几乎没有什么区别，我们便可以直接认为这两者的复杂度均为 n^2。

在分析算法时，隐藏细节的数学表示方法为大写字母"O"记法，它可以帮助我们简化算法复杂度计算的许多细节，提取有决定意义的主要成分。

2. 算法的执行语句频数

一个算法的时间复杂度是指算法运行所需的时间。一个算法的运行时间取决于算法所需执行的语句（运算）的多少。算法的时间复杂度通常用该算法执行的总语句（运算）的数量级决定。

就算法分析而言，一条语句的数量级即执行它的频数，一个算法的数量级是指它所有语句执行频数之和。

例 1-3　试计算下面三个程序段的执行频数。

（1）x=x+1;s=s+x;

（2）for(k=1;k<=n;k++)
```
{ x=x+y;
    y=x+y;
    s=x+y;
}
```

（3）for(t=1,k=1;k<=n;k++)
```
{ t=t*2;
    for(j=1;j<=t;j++)
        s=s+j;
}
```

解：如果把以上 3 个程序段看成 3 个相应算法的主体，我们来看 3 个算法的执行频数。

在（1）中，2 个语句各执行 1 次，共执行 2 次。

在（2）中，"k=1"执行 1 次；"k<=n"与"k++"各执行 n 次；3 个赋值语句，每个赋值语句各执行 n 次；共执行 5n+1 次；

在（3）中，"t=1"与"k=1"各执行 1 次；"k<=n"与"k++"各执行 n 次；"t=t*2"执行 n 次；"j=1"执行 n 次；"j<=t"、"j++"与内循环的赋值语句"s=s+j"各执行频数为

$$2 + 2^2 + \cdots + 2^n = 2(2^n - 1)$$

因而（3）中的执行频数为：$6 \cdot 2^n + 4n - 4$。

3. 算法时间复杂度定义

算法的执行频数的数量级直接决定算法的时间复杂度。

定义　对于一个数量级为 f(n) 的算法，如果存在两个正常数 c 和 m，对所有的 $n \geq m$，有

$$|f(n)| \leq c|g(n)|$$

则记作 f(n) = O(g(n))，称该算法具有 O(g(n)) 的运行时间，是指当 n 足够大时，该算法的实际运行时间不会超过 g(n) 的某个常数倍时间。

显然，例 1-3 中的（1）与（2），其计算时间即时间复杂度分别为 O(1) 和 O(n)。

据以上定义，（3）的执行频数为 $6 \cdot 2^n + 4n - 4$，取 c=8，对任意正整数 n，有

$$6 \cdot 2^n + 4n - 4 \leq 8 \cdot 2^n$$

即得（3）的计算时间为 $O(2^n)$，即（3）所代表的算法时间复杂度为 $O(2^n)$。

算法（1）、（2）所代表的算法是多项式时间算法。最常见的多项式算法时间，其关系概括

为（约定 logn 表示以 2 为底的对数，下同）：

$$O(1) < O(\log n) < O(n) < O(n \log n) < O(n^2) < O(n^3)$$

算法（3）所代表的是指数时间算法。以下 3 种是最常见的指数时间算法，其关系为

$$O(2^n) < O(n!) < O(n^n)$$

随着 n 的增大，指数时间算法与多项式时间算法在所需的时间上相差非常大，表 1-1 具体列出了时间复杂度常用函数增长情况。

表 1-1　时间复杂度常用函数增长情况

	logn	n	nlogn	n^2	n^3	2^n
n = 1	0	1	0	1	1	2
n = 2	1	2	2	4	8	4
n = 4	2	4	8	16	64	16
n = 8	3	8	24	64	512	256
n = 16	4	16	64	256	4096	65536
n = 32	5	32	160	1024	32768	429967296

一般地，当 n 取值充分大时，在计算机上实现指数时间算法是不可能的，就是比 $O(n \log n)$ 时间复杂度高的多项式时间算法运行也颇为困难。

4. 符号 O 的运算规则

根据时间复杂度符号 O 的定义，有以下定理。

定理 1-1　关于时间复杂度符号 O 有以下加与乘运算规则

$$O(f) + O(g) = O(\max(f, g)) \tag{1.1}$$

$$O(f) * O(g) = O(f*g) \tag{1.2}$$

证明　设 $F(n) = O(f)$，报据 O 定义，存在常数 c1 和正整数 n1，对所有的 n≥n1，有 $F(n) \leqslant c1*f(n)$。同样，设 $G(n) = O(g)$，报据 O 定义，存在常数 c2 和正整数 n2，对所有的 n≥n2，有 $G(n) \leqslant c2*g(n)$。

令 c3 = max(c1, c2)，n3 = max(n1, n2)，h(n) = max(f, g)。对所有的 n≥n3，存在 c3，有

$$F(n) \leqslant c1*f(n) \leqslant c3*f(n) \leqslant c3*h(n)$$
$$G(n) \leqslant c2*g(n) \leqslant c3*g(n) \leqslant c3*h(n)$$

则　$F(n) + G(n) \leqslant 2*c3*h(n)$

即　$O(f) + O(g) \leqslant 2*c3*h(n) = O(h(n)) = O(\max(f, g))$

令 $t(n) = f(n)*g(n)$，对所有的 n≥n3，有

$$F(n)*G(n) \leqslant c1*c2*t(n)$$

即　$O(f)O(g) \leqslant c1*c2*t(n) = O(f*g)$。

式（1.1）和（1.2）成立。

定理 1-2　如果 $f(n) = a_m n^m + a_{m-1} n^{m-1} + \cdots + a_1 n + a_0$ 是 n 的 m 次多项式，$a_m > 0$，则

$$f(n) = O(n^m) \tag{1.3}$$

证明　当 n≥1 时，据符号 O 定义有

$$f(n) = a_m n^m + a_{m-1} n^{m-1} + \cdots + a_1 n + a_0$$
$$\leqslant |a_m| n^m + |a_{m-1}| n^{m-1} + \cdots + |a_1| n + |a_0|$$
$$\leqslant (|a_m| + |a_{m-1}| + \cdots + |a_1| + |a_0|) n^m$$

取常数 $c = |a_m| + |a_{m-1}| + \cdots + |a_1| + |a_0|$，据定义，式（1.3）得证。

例 1-4　估算以下程序段所代表算法的时间复杂度。

```
for(k=1;k<=n;k++)
for(j=1;j<=k;j++)
  { x=k+j;
    s=s+x;
  }
```

解：在估算算法的时间复杂度时，为计算简单，以后只考虑内循环语句的执行频数，而不细致计算各循环设计语句及其他语句的执行次数，这样简化处理不影响算法的时间复杂度。

每个赋值语句的执行频率为 $1 + 2 + \cdots + n = \dfrac{n(n+1)}{2}$，该算法的数量级为 $n(n+1)$；取 $c=2$，对任意正整数 n，有

$$n(n+1) \leqslant 2 \cdot n^2 \quad \Leftrightarrow \quad n \leqslant n^2$$

即得该程序段的计算时间为 $O(n^2)$，即所代表算法的时间复杂度为 $O(n^2)$。

例 1-5　估算下列程序段所代表算法的时间复杂度。

（1）
```
t=1;m=0;
    for(k=1;k<=n;k++)
      { t=t*2;
        for(j=t;j<=n;j++)
            m++;
      }
```

（2）
```
d=0;
    for(k=1;k<=n;k++)
    for(j=k*k;j<=n;j++)
        d++;
```

解：（1）设 $n = 2^x$，则（1）中 m++ 语句的执行次数为：

$$S = (n+1-2) + (n+1-2^2) + (n+1-2^3) + \cdots + (n+1-2^x)$$
$$= x(n+1) - 2(2^x - 1)$$
$$= (x-2)n + x + 2$$

注意到 $x = \log n$，则当 $n \geqslant 2$ 时有

$$s \leqslant xn = (\log n)n$$

可知（1）时间复杂度为 $O(n \log n)$。

（2）设 $n = m^2$，则（2）中 d++ 语句的执行次数为：

$$S = (n+1-1^2) + (n+1-2^2) + (n+1-3^2) + \cdots + (n+1-m^2)$$
$$= m(n+1) - (1 + 2^2 + \cdots + m^2)$$
$$= m(n+1) - m(m+1)(2m+1)/6$$
$$= m(6n + 6 - 2m^2 - 3m - 1)/6$$

注意到 $m = \sqrt{n}$，当 n>3 时有 $S < 2n\sqrt{n}/3$。

可知（2）的时间复杂度为 $O(n\sqrt{n})$。

5. 复杂度的其他记号

关于算法的时间复杂度，还有 Ω 记号、Θ 记号与小 o 记号等标注。

称一个算法具有 $\Omega(g(n))$ 的运行时间，是指当 n 足够大时，该算法的实际运行时间至少需要 g(n) 的某个常数倍时间。

例如，$f(n) = 2n + 1 = \Omega(n)$。

称一个算法具有 $\Theta(g(n))$ 的运行时间，是指当 n 足够大时，该算法的实际运行时间大约为 g(n) 的某个常数倍时间。

例如，$f(n) = 3n^2 + 2n + 5 = \Theta(n^2)$。

标注 $o(g(n))$ 表示增长阶数小于 g(n) 的所有函数的集合。$f(n)=o(g(n))$ 表示一个算法的运行时间 f(n) 的阶比 g(n) 低。

例如，$f(n) = 3n + 2 = o(n^2)$。

以后在分析算法时间复杂度时，对这些标记一般不作过多论述，通常只应用大 O 记号来标注算法的时间复杂度。

6. 算法的平均情况分析

一个算法的运行时间既与问题的数量规模相关，也与具体输入的数据相关。基于算法复杂度简化表达的思想，我们通常只对算法进行平均情况分析。

对于一个给定的算法，如果能保证它在最坏情况下的性能依然不错当然很好，但是在某些情况下，程序在最坏情况下的算法的运行时间和实际情况的运行时间相差很大，在实际应用中几乎不会碰到最坏情况下的输入，因此通常省略对最坏情况分析。数据的平均情况分析可以帮助我们估计算法的性能，作为算法分析的基本指标之一。

例如，对给定的 n 个整数 $a(1), a(2), \cdots, a(n)$，应用逐项比较法进行由小到大的排序，可以通过以下二重循环实现：

```
for(i=1;i<=n-1;i++)
for(j=i+1;j<=n;j++)
    if(a[i]>a[j])
    { h=a[i];a[i]=a[j];a[j]=h;}
```

其中 3 个赋值语句的执行频数之和在最理想的情形下为零（当所有 n 个整数为从小到大排列时），最坏情形下为 3n(n-1)/2（当所有 n 个整数为从大到小排列时）。按平均情形来分析，其时间复杂度为 $O(n^2)$。

对于一个实用算法，我们通常不必深入研究它时间复杂度的上界和下界，只需要了解该算法平均情况的复杂性特性，然后在合适的时候应用它。

7. 算法的改进与优化

为了求解某一问题，设计出复杂性尽可能低的算法是我们设计者追求的重要目标。或者说，求解某一问题有多种算法时，选择其中复杂性最低的算法是选用算法的重要准则。

对算法的改进与优化，主要表现在有效缩减算法的运行时间与所占空间。例如，把求解某一问题的算法时间从 $O(n^2)$ 优化缩减为 $O(n\log n)$ 就是一个了不起的成果。或者把求解某一问题的算法时间的系数缩小，例如从 2n 缩小为 3n/2，尽管其时间数量级都是 $O(n)$，但系数缩小了也是一个算法改进的成果。

1969 年斯特拉森（V. Strassen）在求解两个 n 阶矩阵相乘时，利用分治策略及其他的一些处理技巧，用了 7 次对 n/2 阶矩阵乘的递归调用和 18 次 n/2 阶矩阵的加减运算，把矩阵乘算法从 $O(n^3)$ 优化为 $O(n^{2.81})$，曾轰动了数学界。这一课题的研究看来并不到此止步，在斯特拉森之后，又有许多算法改进了矩阵乘法的时间复杂性。据悉，目前求解两个 n 阶矩阵相乘最好的计算时间是 $O(n^{2.36})$。

1.2.2　算法的空间复杂度

算法的空间复杂度是指算法运行的存储空间，是实现算法所需的内存空间的大小。

一个程序运行所需的存储空间通常包括固定空间需求与可变空间需求两部分。固定空间需求包括程序代码、常量与静态变量等所占的空间；可变空间需求包括局部作用域非静态变量所占用的空间、从堆空间中动态分配的空间与调用函数所需的系统栈空间等。

通常用算法设置的变量（数组）所占内存单元的数量级来定义该算法的空间复杂度。如果一个算法占的内存空间很大，在实际应用时该算法也是很难实现的。

先看以下 3 个算法的变量设置：

（1）int x, y, z;

（2）#define N 1000
　　　int k, j, a[N], b[2*N];

（3）#define N 100
　　　int k, j, a[N][10*N];

其中（1）设置三个简单变量，占用三个内存单元，其空间复杂度为 O(1)。

（2）设置了两个简单变量与两个一维数组，占用 3n+2 个内存单元，显然其空间复杂度为 O(n)。

（3）设置了两个简单变量与一个二维数组，占用 $10n^2+2$ 个内存单元，显然其空间复杂度为 $O(n^2)$。

由上可见，二维或三维数组是空间复杂度高的主要因素之一。在算法设计时，为降低空间复杂度，要注意尽可能少用高维数组。

从计算机的发展实际来看，运算速度在不断增加，存储容量在不断扩大。尤其是计算机的内存，早期只有数百 KB，逐步发展到数 MB，现在已经达到数 GB。从应用的角度看，因空间所限影响算法运行的情形较为少见。因而，在设计算法时，应把降低算法的时间复杂度作为首要的考虑因素。

空间复杂度与时间复杂度概念相同，其分析相对比较简单，在以下论述某一算法时，如果其空间复杂度不高，不至于因所占有的内存空间而影响算法实现时，通常不涉及对该算法的空间复杂度的讨论。

在很多情况下，一个好的算法可以同时在时间和空间上达到最优，但在更多情况下，二者是矛盾的，我们需要协调这二者的关系。用时间换空间的常用方法是重复计算，而用空间换时间的常用方法是预处理。在求解实际案例的算法设计时，可以使用这些技巧。

1.2.3　NP 完全问题

算法的复杂性是指，解决问题的一个具体算法的执行时间是衡量算法优劣的一个重要方面。问题复杂性是指这个问题本身的复杂程度。前者是算法的性质,后者是用计算机求解问题的难易程度。

　　NP 完全问题是"计算复杂性"研究的课题,计算复杂性是研究计算机求解问题的难度,是依据难度去研究各种计算问题之间的联系。

　　按问题复杂性把问题分成不同的类,即复杂性类(complexity class)。可以在多项式时间内解决的判定性问题属于 P(Polynomial)类问题,P 类问题是所有复杂度为问题规模 n 的多项式时间问题的集合。P 类问题可以在多项式时间内解决,是易解问题类;否则,需要超多项式时间才能求解的问题看作是难处理的问题,为难解问题类。

　　有些问题很难找到多项式时间的算法,或许这样的算法根本不存在,或许存在,只是至今尚未找到。但如果给出该问题的一个答案,可以在多项式时间内判断这个答案是否正确。例如在第 9 章求解的 10 行 9 列的"马步型哈密顿圈"未找到多项式时间的构建算法,但已构建出一个具体的 10 行 9 列的马步型哈密顿圈,很容易根据遍历与回路判断这一哈密顿圈是正确的。这种可以在多项式时间内验证一个解是否正确的问题称为 NP(Nondeterministic Polynomial)类问题,亦称为易验证问题类。

　　对于 P 类问题与 NP 问题,至今计算机科学界无法断定 P=NP 或者 P≠NP。在通常情形下,求解一个问题要比验证一个问题困难得多,因此,大多数计算机科学家认为 P≠NP。

　　但这个问题至今尚未解决。也许使大多数计算机科学家认为 P≠NP 最令人信服的理由是存在一类 NP 完全(NP-Complete,NPC)问题。这类问题有一种令人惊奇的性质,即如果一个 NP 完全问题能在多项式时间求解,那么 NP 中的每一个问题都可以在多项式时间内解决,即 P=NP。

　　P=NP 说明要么每个 NP 完全问题都存在多项式时间算法;要么所有 NP 完全问题都不存在多项式时间算法。尽管算法界目前还不能证明其中一个结果的正确性,但普遍认为后者更接近于事实。

　　目前已知的 NPC 问题已达数千个,例如背包问题、装载问题、调度问题、顶点覆盖问题、哈密顿回路问题等许多有理论意义和应用价值的优化问题都是 NPC 问题。

　　对于 NPC 问题,不要把它们打入"冷宫",不要害怕继续研究。NPC 问题只是极可能无法找到一个总是运行多项式时间,总能得到正确结果的精确算法。要知道,并不一定是多项式时间才快,或者说并不需要它总保持多项式时间;不需要让它总是得到正确结果,也并不需要它总是精确。对于 NPC 问题,仍需要设计实用算法求解,以求得当数量范围比较小时的相应结果。

1.3　算法设计与分析实例

　　在初步了解算法概念及其描述、算法复杂性的基础上,本节通过求解最大公约数、计算 n! 与全码数搜索三个实例的求解,说明算法设计与复杂性分析的具体应用。

1.3.1　求解最大公约数

　　在以上例 1-1 应用欧几里德算法求解两数的最大公约数的基础上,试应用最大公约数的定义求解最大公约数,并探讨这两个算法的时间复杂度。

　　解:要求正整数 a、b (a>b) 的最大公约数,设置 c 枚举循环,c 从 b 开始递减取值至 1,

若 c 同时是 a、b 的约数(即满足条件 a%c=0 and b%c=0,最先出现的显然为最大公约数),则输出最大公约数(a, b)的结果。

（1）算法描述

```
// 求a, b 的最大公约数的枚举设计
main()
{ long a, b, c;
  printf("请输入正整数a, b: ");
  scanf("%ld,%ld", &a, &b);                 // 输入正整数 a、b
  if(a<b)
    {c=a; a=b; b=c;}                        // 交换 a、b,确保 a>b
      for(c=b; c>=1; c--)                    // c 枚举循环
      if(a%c==0 && b%c==0) break;            // 按公约数定义判定
        printf("(%ld,%ld)=%ld\n", a, b, c);  // 输出求解结果
}
```

（2）算法测试与分析

请输入正整数a, b: 4466, 54670
(54670, 4466)=154

求两个整数的最大公约数,无论是例 1-1 的欧几里德算法,还是以上按最大公约数定义的枚举算法,其时间复杂度都与输入的数据密切相关。

1）若输入的正整数 a、b 满足 mod(a, b)=0,即 a 是 b 的整数倍,显然 b 就是所求的最大公约数,两个算法都只需试商一次即可,即运算频数为 1。

2）若输入的正整数 a、b 互质,例如,a=55, b=34,两算法的循环次数相差较大。

欧几里德算法循环 7 次,(a, b):(34, 21),(21, 13),(13, 8),(8, 5),(5, 3),(3, 2),(2, 1)。

按最大公约数定义的枚举算法循环 34 次:c=34, 33, …, 1。

3）平均情形的一般分析

设输入数 a、b 的最小值为 n,以上按最大公约数定义的枚举的平均频数或为 n/2,或为 n/3,其时间复杂度为 O(n)。

为简化欧几里德算法的时间复杂度估算,设每次辗转相除的余数减半,开始时输入数 a、b 的最小值为 $n=2^t$,则有

$$T(2^t) = T(2^{t-1}) + 1 = T(2^{t-2}) + 2 = \cdots = T(2) + (t-1) = T(1) + t$$

注意到 $t = \log n$,即得欧几里德算法的时间复杂度为 $O(\log n)$。

两个算法相比,显然欧几里德算法的时间复杂度较低,即其求解效率较高。

尽管按最大公约数定义的枚举算法时间复杂度高于欧几里德算法,但按最大公约数定义的枚举算法无需欧几里德算法的专业知识,算法描述更为直观,应用求解也更方便。

由求解最大公约数的以上两个算法可知,求解一个实际案例,算法可能有多种多样,我们不必局限于某一个或某一种模式,可选择一些自己所熟悉的算法进行设计。当面临的数据量规模很大时,选择时间复杂度低的算法是必要的。

1.3.2 计算 n!

试精确计算 n!=1×2×3×…×n,这里正整数 n 从键盘输入。

解: 根据输入 n 的规模分以下两种设计。

（1）当 n 规模较小时

设计单循环 k（1～n），实施累乘 t=t*k，求出累乘积 t 的值即为 n!。

算法描述：

```
// 计算 n!（n≤12）
main()
{ int k,n;long t;
  printf(" 请输入正整数 n(n≤12): ");
  scanf("%d",&n);                // 输入 n
  t=1;
  for(k=1;k<=n;k++)
     t*=k;                       // 循环累乘
  printf(" %d!=%ld\n",n,t);      // 输出 n!
}
```

（2）当 n 规模较大时

n 规模较大，n!的位数也就相应的大，设计 a 数组存储 n!的各位数字，a[1]存储个位数字，a[2]存储十位数字，依此类推。

1）算法设计要点

模拟整数竖式乘运算实施精确计算。

通过常用对数累加和 s=lg2+lg3+…+lgn 确定 n!的位数 m=s+1，即 a 数组元素的个数。

设置 2 重循环，模拟整数竖式乘法实施各数组元素的累乘：

乘数 k：k=2,3,…,n；

累乘积各位 a[j]：j=1,2,…,m；

实施乘运算：

```
t=a[j]*k+g;         // 第 j 位乘 k，g 为进位数
a[j]=t%10;          // 乘积 t 的个位数字存于本元素
g=t/10;             // 乘积 t 的十位以上数字作为进位数
```

输出：从高位 a[m]开始，逐位输出，至 a[1]结束。

2）算法描述

```
// 计算 n!（n<10000）
main()
{ int j,k,m,n,a[40000];
  long g,t;double s;
  printf(" 请输入正整数 n(n<10000): ");
  scanf("%d",&n);                // 输入 n
  s=0;
  for(k=2;k<=n;k++)
     s+=log10(k);                // 对数累加，确定 n!的位数 m
  m=(int)s+1;
  for(k=1;k<=m;k++)
     a[k]=0;                     // 数组清零
  a[1]=1;g=0;
  for(k=2;k<=n;k++)
  for(j=1;j<=m;j++)
     { t=a[j]*k+g;               // 数组累乘并进位
       a[j]=t%10;
```

```
        g=t/10;
    }
printf("  %d!=",n);
for(j=m;j>=1;j--)
    printf("%d",a[j]);                // 输出 n!的各位数
printf("\n    共%d 位. \n",m);
}
```

（3）算法测试与分析

请输入正整数 n(n≤12)：12
12!=479001600
请输入正整数 n(n<10000)：2014
2014!=5725534635……000000000000
共 5782 位.

当 n 规模较小时的单循环设计，时间复杂度为 O(n)，空间复杂度为 O(1)。

当 n 规模较大时的双循环设计，时间复杂度为 O(mn)，空间复杂度为 O(m)。显然 m>n，把 m 换算为 n，注意到 m 数量级平均为 n*lgn，而常用对数 lgn 为以 2 为底的对数 logn 的一个常数倍，因而时间复杂度为 $O(n^2 logn)$，空间复杂度为 O(nlogn)。

由此可见，同样是精确求解 n 的阶乘 n!，求解范围的差异导致了算法设计及其复杂性的不同。大规模情形下精确求解，算法的时间复杂度与空间复杂度都要高于小规模情形的算法。或者说，扩大 n!精确求解的范围是以提高算法的时间复杂度与空间复杂度为代价的。

变通：修改以上算法，统计 n!中数字"0"的个数及其尾部连续"0"的个数（n<10000）。

1.3.3　全码倍数搜索

由 m 个 1 组成的整数能被已知的个位数字不是 5 的奇数 n 整除，试求 m 至少为多大？写出求解算法，并探讨其时间复杂度。

解：求解 m 至少为多大，应该从何下手？

（1）模拟整数竖式运算

设除数 n 为 2013，我们试模拟整数竖式运算如下：

```
                        5 5 1 5 ……
        2013 ／ 1 1 1 1 1 1 1 1 …… 1
             - 1 0 0 6 5
             ─────────────
               1 0 4 6 1
             - 1 0 0 6 5
             ─────────────
                 3 9 6 1
               - 2 0 1 3
               ─────────────
                 1 9 4 8 1
                         ───
                         0
```

可以证明，m 是存在的，且不大于 2013，因而以上竖式运算总会停止。当除运算的余数为"0"时，数一数此时被除数中有多少个"1"即可。

描述以上模拟整数竖式运算，设整数竖式除法每次试商的被除数为 a，除数为从键盘输入的个位数字不是 5 的奇数 n，每次试商的余数为 c。

循环以余数 c≠0 作为循环条件。循环外赋初值：c=1，m=1 或 c=11，m=2 等。

设置竖式除法模拟循环，循环中被除数 a=c*10+1，试商余数 c=a%n。

若余数 c=0，结束循环，输出结果；否则，计算 a=c*10+1 为下一轮运算的被除数，继续试商。每商一位，统计被除数中"1"的个数的变量 n 增 1。

（2）竖式除法模拟描述

```
// 求 m 个 1 能被个位数字不是 5 的奇数 n 整除
main()
{ long m, n, a, c;
  printf("  请输入个位数字不是 5 的奇数：");
  scanf("%d", &n);                    // 个位数字不是 5 的奇数 n
  c=1; m=1;                           // 变量 c 与 m 赋初值
  while(c!=0)                         // 循环模拟整数除法竖式计算
    { a=c*10+1;
      c=a%n;
      m++;                            // 每试商一位 m 增 1
    }
  printf("  m=%d\n", m);              // 输出求解结果
}
```

（3）算法测试与分析

```
请输入个位数字不是 5 的奇数：2013
m=60
```

测试得到至少 60 个 1 的整数能被 2013 整除。这里的"至少"是说多于 60 个 1 时，例如 60 的任何整数倍个 1，也能被 2013 整除。

算法中循环次数的数量 m 与输入的整数 n 相关，对于有些整数 n，可能只需循环一次或几次；对于另一些整数 n，可能需循环接近 n 次。无论输入的 n 为多大，有 m<n，即算法的循环次数不超过输入的整数 n。就平均情形考虑，该算法的时间复杂度为 $O(n)$。

1.4 算法与程序设计

本节简要介绍算法与程序的关系，以及结构化程序设计方法。

1.4.1 算法与程序

所谓程序，就是一组计算机能识别与执行的指令。每一条指令使计算机执行特定的操作，用来完成一定的功能。

计算机的一切操作都是由程序控制的，离开了程序，计算机将一事无成。从这个意义上来说，计算机的本质是程序的机器，程序是计算机的灵魂。

算法是程序的核心，程序是某一算法用计算机程序设计语言的具体描述。事实上，当一个算法使用计算机程序设计语言描述时，就是一个程序。具体来说，一个算法使用 C 语言描述就是一个 C 程序。

程序设计的基本目标是应用算法对问题的原始数据进行处理，从而解决问题，获得所期望的结果。在能实现问题求解的前提下，要求算法运行的时间短，占用系统空间小。

比较求解某一问题的两个算法（程序），一个能圆满解决问题，另一个不能得到求解结果，前者是成功的，而后者是不成功的。

如果两个算法（程序）都能通过运行得到问题的求解结果，一个只需 3 秒钟，另一个需要 3 分钟，从时间复杂度比较，前者要优于后者，或者说前者的效率是后者的 60 倍。

一个程序应包括对数据的描述与对运算操作的描述两个方面的内容。著名计算机科学家沃思（Nikiklaus Wirth）就此提出一个公式：

$$数据结构 + 算法 = 程序 \qquad (1.4)$$

数据结构是对数据的描述，而算法是对运算操作的描述。

数据结构是计算机存储、组织数据的方式，是指相互之间存在一种或多种特定关系的数据元素的集合。例如数组、堆栈、队列、链表、树、图、堆、散列等，都是描述数据的基本数据结构。

实际上，一个程序除了数据结构与算法这两个主要要素之外，还应包括程序设计方法。一个完整的 C 程序除了应用 C 语言对算法的描述之外，还包括数据结构的定义以及调用头文件的指令。

好的算法来源于正确的计算思路，从某种意义来说，计算思路决定了算法的成败与优劣。如何根据案例的具体实际确定计算思路，提炼为算法并进行描述，是算法设计与程序设计的关键。

例 1-6　计算组合数。

计算从 m 个元素中取 n 个组合数 C(m, n)，其中整数 m、n 满足 $1 \leqslant n < m$。

（1）计算思路 1

根据组合数的计算公式有

$$c(m,n) = \frac{m!}{n!\,(m-n)!} \qquad (1 \leqslant n < m) \qquad (1.5)$$

根据式(1.5)，设计计算 x 阶乘的函数 sub(x)，然后 3 次带实参调用该函数，得

$$c(m,n) = sub(m)/sub(n)/sub(m-n)$$

这一计算思路造成大量的重复计算，其时间复杂度为 O(m!)，且当 m、n 较大时，m! 与 n! 可能超越计算机语言有效数字的限制而导致失误。

（2）计算思路 2

把组合公式（1.5）化简为 n 个分数之积

$$c(m,n) = \frac{m}{1} \cdot \frac{m-1}{2} \cdot \frac{m-2}{3} \cdots \frac{m-n+1}{n} \qquad (1.6)$$

根据式（1.6），只需设计一个简单的枚举循环实施乘运算即可：

```
for(c=1,k=1;k<=n;k++)
        c=c*(m-k+1)/k;
```

显然，计算思路 2 避免了阶乘的重复计算，简洁而高效，其时间复杂度为 O(n)，大大低于计算思路 1 的 O(m!)。

求解问题从何入手？首先，必须对所面临的问题全面观察、认真分析、进行归纳，提炼对求解问题有指导作用的规律，这是产生好的计算思路与算法的基础与前提。

例 1-7　构建圈号对称方阵。

请观察图 1-1 所示的 6 阶与 7 阶圈号对称方阵的构造特点，设计并输出指定的 n 阶圈号

对称方阵。

```
3 3 3 3 3 3        4 4 4 4 4 4 4
3 2 2 2 2 3        4 3 3 3 3 3 4
3 2 1 1 2 3        4 3 2 2 2 3 4
3 2 1 1 2 3        4 3 2 1 2 3 4
3 2 2 2 2 3        4 3 2 2 2 3 4
3 3 3 3 3 3        4 3 3 3 3 3 4
                   4 4 4 4 4 4 4
```

图 1-1   6 阶与 7 阶圈号对称方阵

（1）观察构造特点，归纳赋值规律

值得注意的是，这里的 n 阶中，n 可为奇数，也可为偶数。一个一个元素通过枚举赋值是行不通的，必须根据其构造特点，把方阵分成若干区，在各区用统一表达式赋值。

设 a[i][j] 存储方阵中，元素行号为 i，列号为 j。

可知主对角线：i=j；次对角线：i+j=n+1。

按两条对角线把方阵分成上部、左部、右部与下部 4 个区，如图 1-2 所示。

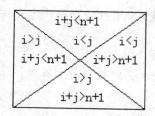

图 1-2   对角线分成的 4 个区

上、下部可带等号，把对角线上的元素划归该区。

上部按行号 i 的函数赋值，因为同行上的元素的值相同；注意到 n 可为奇数，也可为偶数，赋值函数取为 (n+1)/2-i+1；同理，下部按行号函数 i-n/2 赋值。

左部按列号 j 的函数赋值，因为同列上的元素的值相同；注意到 n 可为奇数，也可为偶数，赋值函数取为 (n+1)/2-j+1；同理，右部按列号函数 j-n/2 赋值。

（2）算法描述

```c
// 圈号对称方阵
#include <stdio.h>
#include <math.h>
void main()
{int i,j,n,a[30][30];
 printf(" 请确定方阵阶数 n: "); scanf("%d",&n);
 for(i=1;i<=n;i++)
 for(j=1;j<=n;j++)
   {if(i+j<=n+1 && i<=j)
     a[i][j]=(n+1)/2-i+1;          // 方阵上部元素赋值
   if(i+j<n+1 && i>j)
     a[i][j]=(n+1)/2-j+1;          // 方阵左部元素赋值
   if(i+j>=n+1 && i>=j)
```

```
        a[i][j]=i-n/2;              // 方阵下部元素赋值
      if(i+j>n+1 && i<j)
        a[i][j]=j-n/2;              // 方阵右部元素赋值
    }
  printf("  %d 阶圈号对称方阵为:\n",n);
  for(i=1;i<=n;i++)
    { for(j=1;j<=n;j++)             // 输出对称方阵
        printf("%3d",a[i][j]);
      printf("\n");
    }
}
```

以上规律是否适应各个奇数与偶数，需经上机实验，反复进行调整。

（3）变通

如果要求最外层圈号为 1，往内每圈层号增 1，算法如何修改？

例 1-8　编写程序，应用欧几里德算法求 n 个整数 $m_1,m_2,\cdots,m_n$ 的最大公约数 $(m_1,m_2,\cdots,m_n)$。

解： 在欧几里德算法描述基础上，进行数据结构定义与 C 头文件的调用，即为求两个整数的最大公约数的完整程序。

（1）n 个整数最大公约数性质

对于 3 个或 3 个以上整数，最大公约数有以下性质：

$(a1,a2,a3)=((a1,a2),a3)$

$(a1,a2,a3,a4)=((a1,a2,a3),a4),\cdots$

应用这一性质，要求 n 个整数的最大公约数，先求出前 n-1 个数的最大公约数 b，再求第 n 个数与 b 的最大公约数；要求 n-1 个数的最大公约数，先求出前 n-2 个数的最大公约数 b，再求第 n-1 个数与 b 的最大公约数，依此类推。

因而，要求 n 个整数的最大公约数，需应用 n-1 次欧几里德算法来完成。

（2）定义数据结构

为输入与输出方便，把 n 个整数设置成 m 数组，m 数组与变量 a、b、c、r 设置为长整型变量，个数 n 与循环变量 k 设置为整型，这就是数据结构。

（3）确定算法

设置 k（1~n-1）循环，完成 n-1 次欧几里德算法，最后输出所求结果。

```
// 求 n 个整数的最大公约数
#include<stdio.h>
void main()
{ int k,n;
  long a,b,c,r,m[100];
  printf("请输入整数个数 n: ");    // 输入原始数据
  scanf("%d",&n);
  printf("请依次输入%d 个整数: ",n);
  for(k=0;k<=n-1;k++)
    { printf("\n 请输入第%d 个整数: ",k+1);
      scanf("%ld",&m[k]);
```

```
    }
  b=m[0];
  for(k=1;k<=n-1;k++)          // 控制应用 n-1 次欧几里德算法
  { a=m[k];
    if(a<b)
      { c=a;a=b;b=c;}          // 交换 a、b，确保 a>b
    r=a%b;
    while(r!=0)
      { a=b;b=r;               // 实施"辗转相除"
        r=a%b;
      }
  }
  printf("%ld",m[0]);          // 输出求解结果
  for(k=1;k<=n-1;k++)
    printf(",%ld",m[k]);
  printf(")=%ld\n",b);
}
```

（4）数据测试

```
请输入整数个数 n:4
请依次输入 4 个整数：
请输入第 1 个整数:10920
请输入第 2 个整数:11340
请输入第 3 个整数:21420
请输入第 4 个整数:17500
 (10920, 11340, 21420, 17500)=140
```

从以上几个例中可见，在求解实际案例时，需根据问题的具体实际确定计算思路，形成并描述算法，设置数据结构，编程实现算法。

要提高程序的质量，提高编程效率，主要是使设计的算法具有良好的可读性、可靠性、可维护性以及良好的结构。设计好的算法、编制好的程序应当是每位程序设计工作者追求的目标。而要做到这一点，就必须掌握正确的程序设计方法与技术。

实际上，算法设计与程序设计是相关联的一个整体。为了防止在算法教学中算法设计与程序设计脱节，算法理论与实际应用脱节，本教程在讲述每一种常用算法时，把算法设计与程序设计紧密结合起来，突出算法在解决实际案例中的核心地位与指导作用，努力提高对相应算法的理解，切实提高我们应用算法设计解决实际问题的能力。

1.4.2　结构化程序设计

近年来，一些面向对象的计算机程序设计语言陆续问世，打破了以往只有面向过程程序设计的单一局面。"有了面向对象的程序设计之后，面向过程的程序设计就过时了"这种想法是不正确的。不应该把面向对象与面向过程对立起来，在面向对象程序设计中，仍然要用到面向过程的知识。面向过程程序设计仍然是程序设计工作者的基本功，而面向过程程序设计通常由结构化程序设计实现。

算法是由一系列操作组成的，这些操作之间的执行次序就是控制结构。计算机科学家 Bohm

和 Jacopini 证明了这样的事实：任何简单或复杂的程序都可以由顺序结构、选择结构和循环结构这三种基本结构组合而成。所以，顺序结构、选择结构和循环结构被称为程序设计的三种基本结构，也就是算法设计的基本结构。

结构化程序设计方法是目前国内外普遍采用的一种程序设计方法。自 20 世纪 60 年代由荷兰学者 E.W.Dijkstra 提出后，结构化程序设计方法在实践中不断发展和完善，已成为软件开发的重要方法，在程序设计中占有十分重要的位置。

结构化程序设计是一种进行程序设计的原则和方法，按照这种原则和方法可设计出结构清晰、容易理解、容易修改、容易验证的程序。或者说，结构化程序设计是按照一定的原则与原理，组织和编写正确且易读的程序的软件技术。结构化程序设计的目标在于使程序具有一个合理结构，以保证程序的正确性，从而开发出正确、合理的程序。

结构化程序设计的基本要点为：①自顶向下，逐步求精；②模块化设计；③结构化编码。

自顶向下是指对设计求解的问题要有一个全面的理解，从问题的全局入手，把一个复杂问题分解成若干个相互独立的子问题，然后对每个子问题再作进一步的分解，如此重复，直到每个子问题都容易解决为止。

逐步求精是指程序设计的过程是一个渐进的过程，先用一个程序模块来描述一个子问题，再把每个模块的功能逐步分解细化为一系列的具体步骤，以致能用某种程序设计语言的基本控制语句来实现。

逐步求精总是和自顶向下结合使用，将问题求解逐步具体化的过程，一般把逐步求精看作自顶向下设计的具体体现。

模块化是结构化程序设计的重要原则。所谓模块化，就是把大程序按照功能分为若干个较小的程序。一般来讲，一个程序是由一个主控模块和若干子模块组成的。主控模块用来完成某些公用操作及功能选择，而子模块用来完成某项特定的功能。在 C 语言中，子模块通常用函数来实现。当然，子模块是相对主模块而言的，作为某一子模块，它也可以控制更下一层的子模块。这种设计风格便于分工合作，将一个大的模块分解为若干个子模块分别完成，然后用主控模块控制、调用子模块。这种程序的模块化结构如图 1-3 所示。

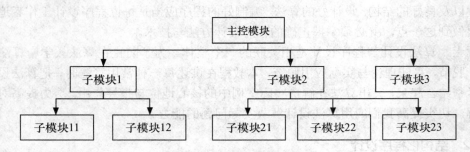

图 1-3　程序的模块化结构

在设计好一个结构化的算法之后，还需进行结构化编码，将已设计好的算法用计算机语言来表示，编写出能在计算机上进行编译与运行的程序。

例 1-9　把欧几里德算法设计成子模块（函数形式），并通过主程序调用实现求 n 个整数的最大公约数。

解：设整数 a、b 的最大公约数为 $\gcd(a,b)$。

（1）欧几里德算法的子模块

```
// 实现欧几里德算法的函数
long gcd(long a,long b)
{ long c,r;
  if(a<b)
       {c=a;a=b;b=c;}          // 交换 a、b，确保 a>b
  r=a%b;
  while(r!=0)
       { a=b;b=r;              // 实施"辗转相除"
         r=a%b;
       }
  return b;
}
```

（2）调用函数的主程序

```
// 求 n 个整数的最大公约数
#include<stdio.h>
void main()
{ int k,n;
  long x,y,m[100];
  printf("请输入整数个数 n: "); scanf("%d",&n);
  printf("请依次输入%d 个整数: ",n);
  for(k=0;k<=n-1;k++)
    { printf("\n 请输入第%d 个整数: ",k+1);
      scanf("%ld",&m[k]);
    }
  x=m[0];
  for(k=1;k<=n-1;k++)
    { y=m[k];
      x=gcd(x,y);
    }
  printf("%ld",m[0]);
  for(k=1;k<=n-1;k++)
    printf(",%ld",m[k]);
  printf(")=%ld\n",x);
}
```

初学者往往把程序设计简单地理解为编写一个程序，这是不全面的。程序设计反映了利用计算机解决问题的全过程，通常先要对问题进行分析并建立数学模型，然后考虑数据的组织方式，设计合适的算法，并用某一种程序设计语言编写程序来实现算法，上机调试程序，使之运行后能产生求解问题的结果。

习题　1

1-1　加减得 1 的数学游戏

西西很喜欢数字游戏，今天他看到两个数，就想能否通过简单的加减，使最终答案等于整数 1。而他又比较厌烦计算，所以他还想知道最少经过多少次才能得到 1。

例如，给出 16 和 9：16-9+16-9+16-9-9-9+16-9-9=1，需要做 10 次加减法计算。

设计算法，输入两个不同的正整数，输出得到 1 的最少计算次数（如果无法得到 1，则输出-1）。

1-2　埃及分数式算法描述

分母为整数、分子为"1"的分数称为埃及分数，试把真分数 a/b 分解为若干个分母不为 b 的埃及分数之和。

（1）寻找并输出小于 a/b 的最大埃及分数 1/c；

（2）若 c>900000000，则退出；

（3）若 c≤900000000，把差 a/b-1/c 整理为分数 a/b，若 a/b 为埃及分数，则输出后结束；

（4）若 a/b 不为埃及分数，则继续（1）～（3）步。

试描述以上算法。

1-3　求解时间复杂度

求出以下程序段所代表算法的时间复杂度。

（1）
```
m=0;
for(k=1;k<=n;k++)
for(j=k;j>=1;j--)
    m=m+j;
```

（2）
```
m=0;
for(k=1;k<=n;k++)
for(j=1;j<=k/2;j++)
    m=m+j;
```

（3）
```
t=1;m=0;
for(k=1;k<=n;k++)
  {t=t*k;
   for(j=1;j<=k*t;j++)
     m=m+j;
  }
```

（4）
```
for(a=1;a<=n;a++)
  {s=0;
   for(b=a*100-1;b>=a*100-99;b-=2)
    {for(x=0,k=1;k<=sqrt(b);k+=2)
       if(b%k==0)
          {x=1;break;}
     s=s+x;
    }
   if(s==50)
   printf("%ld \n",a);break;}
  }
```

1-4　时间复杂度的一个性质

若 p(n) 是 n 的多项式，证明：$O(\log(p(n)))=O(\log n)$。

1-5　统计 n!中数字"0"的个数

修改 1.3.2 中计算 n!的算法，统计并输出 n!中数字"0"的个数及其尾部连续"0"的个数（n<10000）。

1-6　构建斜折对称方阵

图 1-4 是一个 7 阶斜折对称方阵，试观察斜折对称方阵的构造特点，总结归纳其构造规律，设计并输出 n（奇数）阶斜折对称方阵。

```
0 1 2 3 2 1 0
1 0 1 2 1 0 1
2 1 0 1 0 1 2
3 2 1 0 1 2 3
2 1 0 1 0 1 2
1 0 1 2 1 0 1
0 1 2 3 2 1 0
```

图 1-4　7 阶斜折对称方阵

1-7　构建横竖折对称方阵

试观察图 1-5 所示的横竖折对称方阵的构造特点，总结归纳其构造规律，设计并输出 n（奇数）阶横竖折对称方阵。

```
1 2 3 4 3 2 1
2 2 3 4 3 2 2
3 3 3 4 3 3 3
4 4 4 4 4 4 4
3 3 3 4 3 3 3
2 2 3 4 3 2 2
1 2 3 4 3 2 1
```

图 1-5　7 阶横竖折对称方阵

1-8　应用定义求最大公约与最小公倍数

应用定义求 n 个正整数的最大公约数与最小公倍数，给出算法设计。

第 2 章　枚举

应用计算机求解实际问题往往都是从枚举设计起步的。在当今计算机的运算速度非常快的背景下，应用枚举设计可简明而快捷地解决一般数量规模的许多实际应用问题。

本章介绍统计求和、整数搜索、解方程与不等式等基础案例的枚举求解，并应用枚举设计求解诸如数式、数组、数列与数阵等许多丰富有趣的案例。

2.1　枚举概要

1. 枚举的概念

枚举法（Enumerate）也称为列举法、穷举法。枚举是蛮力策略的具体体现，又称为蛮力法。枚举法是一种简单而直接地解决问题的方法，其基本思想是逐一列举问题的所有情形，并根据问题提出的条件逐一检验哪些是问题的解。

枚举法常用于解决"是否存在"或"有多少种可能"等问题。其中许多实际应用问题靠人工推算求解是不可想象的，而应用枚举设计可以充分发挥计算机运算速度快、擅长重复操作的特点，简洁明了。

枚举法的特点是算法设计比较简单，只要一一列举问题所涉及的所有情形即可。应用枚举时，应注意对问题所涉及的有限种情形进行一一列举，既不能重复，又不能遗漏。重复列举浪费时间，还可引发增解，影响解个数的准确性；而列举的遗漏可直接导致问题解的遗漏。

2. 枚举模式

实施枚举通常应用循环结构来实现，常用的枚举模式有以下两个。

（1）区间枚举

对于有明确范围要求的实际案例，通过枚举循环的上下限控制枚举区间；在循环体中完成各个运算操作，然后根据所求解的具体条件，应用选择结构实施判别与筛选，求得所要求的解。

区间枚举设计的框架描述：

```
n=0;
for(k=<区间下限>;k<=<区间上限>;k++)        // 根据实际控制枚举范围
   {<运算操作序列>;
     if(<约束条件>)                        // 根据约束条件实施筛选
     { printf<满足要求的解>;               // 逐一输出问题的解
        n++;                               // 统计解的个数
     }
   }
printf<解的个数>;                          // 输出解的个数
```

（2）递增枚举

有些问题没有明确的范围限制，可根据问题的具体实际，试探性地从某一起点开始增值枚举，对每一个数进行操作与判别，若满足条件即输出结果。

递增枚举设计的框架描述：

```
k=0;
while(1)                          // 设置递增循环
    { k++;                        // 枚举变量 k 递增
     <运算操作序列>;
     if(<约束条件>)                // 根据约束条件实施筛选与结束
     { printf(<满足要求的解>);      // 输出问题的解
       return;                     // 返回结束
     }
    }
```

递增枚举往往得到一个解后即结束。

尽管枚举比较简单，在应用枚举设计求解实际问题时要认真分析，准确设置枚举循环，并确定约束与筛选条件。

3. 枚举的实施步骤

应用枚举设计通常分以下几个步骤：

（1）确定枚举策略，根据枚举路线设置枚举量（简单变量或数组）；

（2）根据问题的具体范围，设计枚举循环；

（3）根据问题的具体要求，确定筛选（约束）条件；

（4）设计枚举程序并运行、调试，对运行结果进行分析与讨论。

当问题所涉及数量规模较大时，枚举的工作量也就相应较大，程序运行时间也就相应较长。为此，应用枚举求解时，应根据问题的具体实际进行分析归纳、寻求简化规律、优化枚举策略、精简枚举循环、降低枚举复杂度。

4. 枚举设计的意义

虽然巧妙和高效的算法很少来自枚举，但枚举法作为一种常规的基础算法，不能受到冷漠与忽视，更不能被认为无关紧要、可有可无。

（1）理论上，枚举可以解决计算领域中的各种问题。尤其处在计算机运算速度非常高的今天，枚举设计的应用领域是非常广阔的。

（2）在实际应用中，如果要解决的问题规模不大，应用枚举设计求解的速度是可以接受的。此时，设计一个更高效率的算法在代价上不值得。

（3）枚举可作为某类问题时间性能的底限，用来衡量同样问题的高效率算法。

本章将通过若干典型案例的求解，说明枚举设计的实际应用。

2.2　统计求和

统计计数与求和求积是计算机应用的基础课题，通常只要合理设计枚举循环即可简捷地求解。

本节介绍同码小数求和与三角网格统计这两个有一定难度的案例枚举设计，以提高对求和设计技巧与运用枚举实施统计的掌握。

2.2.1　同码小数

整数部分为零、小数部分各位数字相同的小数称为同码小数，例如 $0.3, 0.33, 0.333, \cdots$ 是同数码 3 的小数，记这些小数的前 5 项之和 0.3+0.33+0.333+0.3333+0.33333 为 s(3,5)，记前 5 项的加权和 0.3+2×0.33+3×0.333+4×0.3333+5×0.33333 为 w(3,5)，一般地记：

$$s(d,n)= 0.d+0.dd+0.ddd+\cdots+0.dd\cdots d$$

$$w(d,n)= 0.d+2\times0.dd+3\times0.ddd+\cdots+n\times0.dd\cdots d$$

两和式为 n 项之和，其中第 k 项小数点后有 k 个数字 d，加权和第 k 项的权系数为 k。

依次输入整数 d(1≤d≤9) 和 n(1≤n<10000)，计算并输出和 s(d,n) 与 w(d,n)（四舍五入精确到小数点后 6 位）。

枚举设计要点如下：

（1）求和的精度并不高，只要设置双精实变量 s，w 实施累加即可。

（2）设置 j(1～n) 循环枚举和式的每一项，设 s 的当前项为 t，其后一项显然为 t=t/10+0.1*d。

（3）加权和 w 的每一项在 t 的基础上乘加权系数 j，即累加 t*j。

1. 枚举设计描述

```
// 求 s(d,n) 与 w(d,n)
main()
{ int d,j,n; double t,s,w;
  printf("    请输入整数 d,n: ");
  scanf("%d,%d",&d,&n);
  t=s=w=0;                         // t、s、w 清零
  for(j=1;j<=n;j++)
     {  t=t/10+0.1*d;              // t 为 s 的第 j 项
        s+=t;                      // 求和 s
        w+=t*j;                    // 求加权和 w
     }
  printf("    s(%d,%d)=%.6f\n",d,n,s);    // 输出和 s
  printf("    w(%d,%d)=%.6f\n",d,n,w);    // 输出加权和 w
}
```

2. 算法测试与分析

```
请输入整数 d,n: 7,2014
s(7,2014)=1566.358025
w(7,2014)=1578192.681756
```

注意：在算法描述中省略了有关对 C 头文件的调用（下同），上机测试时需按规定加上。输出的小数点后第 6 位数字是四舍五入的结果。

枚举通过一重循环实现，时间复杂度为 O(n)。

3. 问题引申

对于给定的同码小数的和

$$s(d,n)= 0.d+0.dd+0.ddd+\cdots+0.dd\cdots d$$

$$w(d,n)= 0.d+2\times0.dd+3\times0.ddd+\cdots+n\times0.dd\cdots d$$

输入正整数 d(1≤d≤9)，n(1≤n<10000)，试精确求和 s(d,n) 与 w(d,n)。同时统计：在 s(d,n) 与 w(d,n) 的 n 个小数位中，共有多少个小数位 s 与 w 对应位的数字相同？

（1）枚举设计要点

问题引申增加了求和的难度，同时增加了统计。准确求和是统计的基础，要求精确到所有 n 位小数。

　　设置一维数组 s，s[j]表示和的小数点后第 j 位，s[0]为和的整数部分；同理，设置一维数组 w，w[j]表示加权和的小数点后第 j 位，w[0]为加权和的整数部分。

　　1）对应位累加求和

　　注意到 s(d,n)小数点后第 n 位为 d，赋值给 s[n]；

　　小数点后第 n-1 位为 2*d，赋值给 s[n-1]；

　　……

　　小数点后第 1 位为 n*d，赋值给 s[1]。

　　而加权和 w(d,n)的小数点后第 n 位为 n*d，赋值给 w[n]；

　　小数点后第 n-1 位为((n-1)+n)*d，赋值给 w[n-1]；

　　……

　　小数点后第 1 位为(1+2+…+n)*d，赋值给 w[1].

　　循环中应用变量 t 累加权数。

　　2）从后向前进位

　　对应位累加完成后，从 s[n]开始逐位往前进位（j=n,n-1,…,1）：

　　　　s[j-1]=s[j-1]+s[j]/10;

　　　　s[j]=s[j]%10;

　　所得 s[0]即为所求和的整数部分。

　　加权和 w 进位类似。

　　3）按对应位比较 s 与 w 数字相同

　　设置比较 j（1~n）循环，若 s[j]=w[j]，即两个和对应位数字相同，用 m 统计位数。

　　4）输出和 s 与 w

　　设置输出 j（1~n）循环，从整数部分 s[0]、w[0]开始，依次输出和 s 与 w 的各位数字。

　　（2）枚举设计描述

```
// 求 s(d,n)与 w(d,n)，并比较和 s 与 w 共有多少个小数位对应数字相同
main()
{ int d,j,m,n;  long t,s[10000],w[10000];
  printf("   请输入整数 d,n: ");
  scanf("%d,%d",&d,&n);
  for(j=0;j<=n;j++)
    { s[j]=0;w[j]=0;}                      // s,w 数组清零
  for(t=0,j=n;j>=1;j--)
    { t=t+j;                               // t 实施对权系数 j 累加
      s[j]=(n+1-j)*d;                      // 和 s 小数点后第 j 位共 n+1-j 个 d 之和
      w[j]=t*d;                            // 加权和 w 小数点后第 j 位共 t 个 d 之和
    }
  for(j=n;j>=1;j--)                        // 从后往前逐一进位
    { s[j-1]=s[j-1]+s[j]/10;
      s[j]=s[j]%10;
      w[j-1]=w[j-1]+w[j]/10;
      w[j]=w[j]%10;
    }
  m=0;
  for(j=1;j<=n;j++)                        // 比较相应小数位上 s 与 w 数字相同的位数
```

```
    if(s[j]==w[j]) m++;
printf("    s(%d,%d)=%ld.",d,n,s[0]);        // 输出和 s、w
for(j=1;j<=n;j++) printf("%ld",s[j]);
printf("\n    w(%d,%d)=%ld.",d,n,w[0]);
for(j=1;j<=n;j++) printf("%ld",w[j]);
printf("\n    和 s 与 w 共有%d 个小数位对应数字相同.\n",m);
}
```

（3）算法测试与复杂性分析

请输入整数 d,n: 8,50

s(8,50)=44.34567901234567901234567901234567901234567901234568

w(8,50)=1133.22359396433470507544581618655692729766803840877920
和 s 与 w 共有 4 个小数位对应数字相同.

算法设计中，除数组清零外，设计有分位累加、进位、小数对应位比较与和的输出 4 个枚举循环。各个循环的数量级都是 n，可知算法的时间复杂度为 O(n)。

设计中有些循环当然可以合并，以上分开设计可使算法描述更为清晰。

变通：若要求具体求出 s 与 w 哪几个小数对应位数字相同，应如何处理？

2.2.2　三角网格

把一个正三角形的三边分成 n 等分，分别与各边平行连接各分点，得 n-三角网格。例如 n=6 时，6-三角网格如图 2-1 所示。

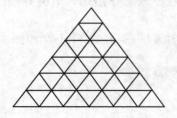

图 2-1　6-三角网格

对指定正整数 n，试求 n-三角网格中所有不同三角形（大小不同或方位不同）的个数，以及所有这些三角形的面积之和（约定网格中最小的单位三角形的面积为 1）。

输入整数 n(1<n<120)，输出 n-三角网格中不同三角形的个数，以及所有这些三角形的面积之和。

1. 统计求解要点

（1）设 n-三角网格中所含单位三角形数为 p(n)，显然从最上层开始的第 1 层为 1 个，第 2 层 3 个，…，底层为 2n-1 个。因而有

　　　p(n)=1+3+…+(2*n-1)

一般地，设 k-三角网格中所含单位三角形数为 p(k)，则

　　　P(k)=1+3+…+(2*k-1)　　(k=1,2,3,…,n)

计算出 p(1),p(2),…,p(n)，为后续计算面积和时使用。

（2）统计三角形数与面积和时，设三角形的水平边为底，顶角在上称为"正立"，顶角在下称为"倒立"。以下分"正立"与"倒立"两类分别统计求和。

设正立三角形的个数为 s1，其面积之和为 ss1。

正立三角形从大到小统计：

边为 n 的三角形 1 个，其面积为 p(n)；

边为 n-1 的三角形 1+2 个，每个面积为 p(n-1)；

……

边为 1 的三角形 1+2+…+n 个，每个面积为 p(1)。

s1=1+(1+2)+(1+2+3)+…+(1+2+…+n)

ss1=1*p(n)+(1+2)*p(n-1)+…+(1+2+…+n)*p(1)

（3）设倒立三角形的个数为 s2，其面积之和为 ss2。

倒立三角形从小到大统计：

边为 1 的三角形 1+2+…+(n-1) 个，每个面积为 p(1)；

边为 2 的三角形 1+2+…+(n-3) 个，每个面积为 p(2)；

……

① 当 n 为偶数时，边为 n/2 的三角形 1 个，每个面积为 p(n/2)；

s2=1+(1+2+3)+…+(1+2+…+(n-1))

ss2=1*p(n/2)+(1+2+3)*p(n/2-1)+…+(1+2+…+(n-1))*p(1)

② 当 n 为奇数时，边为 (n-1)/2 的三角形 1+2 个，每个面积为 p((n-1)/2)；

s2=(1+2)+(1+2+3+4)+…+(1+2+…+(n-1))

ss2=(1+2)*p((n-1)/2)+(1+2+3+4)*p((n-1)/2)+…+(1+2+…+(n-1))*p(1)

（4）所求 n-三角网格中不同三角形的个数为 s1+s2，所有这些三角形的面积之和（即所含单位三角形的个数之和）为 ss1+ss2。

2. 枚举描述

```
// n-三角网格中的不同三角形个数及面积之和
main()
{ int k,m,n,u,p[1000];
  long t,t1,t2,s1,s2,ss1,ss2;
  printf("  请输入正整数n: ");
  scanf("%d",&n);
  for(t=0,k=1;k<=n;k++)
     {t=t+(2*k-1);p[k]=t;}
  t1=t2=s1=s2=ss1=ss2=0;
  for(k=1;k<=n;k++)                  // 求正立三角形个数及其面积之和
    { t1=t1+k;
      s1=s1+t1;ss1=ss1+t1*p[n+1-k];
    }
  m=(n%2==0?1:2);
  for(k=m;k<=n-1;k=k+2)             // 求倒立三角形个数及其面积之和
    { t2=t2+(k-1)+k;u=(n+1-k)/2;
      s2=s2+t2;ss2=ss2+t2*p[u];
    }
  printf("三角网格中共有三角形个数为：%ld \n",s1+s2);
```

```
printf("三角网格中所有三角形面积之和为:%ld \n",ss1+ss2);
}
```

3. 算法测试与分析

请输入正整数 n:100
三角网格中共有三角形个数为:256275
三角网格中所有三角形面积之和为：201941895

本题求解难点在于统计"倒立"三角形时，需对奇数与偶数两种情形分别总结规律并实施求和。

另外，p 数组的建立大大简化了求三角形面积之和的计算。

以上枚举设计的时间复杂度为 O(n)。

2.3 整数搜索

搜索某些特定的整数是枚举设计的基本应用课题，其中不乏有趣的经典难题。

2.3.1 整数对

设 b 是正整数 a 去掉一个数字后的正整数，对于给出的正整数 n，寻求满足和式 a+b=n 的所有正整数对 a,b。

例如，n=34，满足和式 a+b=n 的正整数对有 3 对：(27,7)、(31,3)、(32,2)。

输入正整数 n（n>10），输出满足要求的所有正整数对 a,b（若没有，则输出"0"）。

1. 设计要点

（1）根据给出的 n 设置整数 a 的枚举循环，对每一个 a，计算 b=n-a。

对于给定的 n，确定枚举 a 的取值范围必须慎重：范围太小，可能造成遗解；范围太大，造成无效操作太多。

注意到 b≥1（有可能取 1），因而取 a 循环终点为 n-1。

由 a>b，a+b=n，可知 a>n/2，因而取 n/2 为 a 循环起点。

（2）设计赋值表达式 d=a/(t*10)*t+a%t；生成 a 的去数字数。

事实上，当 t=1 时，表达式为 d=a/10；d 即为 a 的去个位数字后的数。

当 t=10 时，表达式为 d=a/100*10+a%10；d 即为 a 的去十位数字后的数。

……

依此类推，设 a 是一个 m 位数，应用 t 可实现生成 a 的 m 个去数字数。这些去数字数逐个与 b=n-a 进行比较并决定取舍。

2. 枚举描述

```
// 整数对
main()
{ long a,b,d,n,t,k;
  printf(" 请输入整数 n: "); scanf("%ld",&n);
  k=0;
  for(a=n/2;a<=n-1;a++)
  { b=n-a;t=1;
    while(a>t)                    // 应用 t 控制去数字循环次数
```

```
  { d=a/(t*10)*t+a%t;              // d 为 a 的一个去数字数
    if(d==b)
     { k++;
       printf("  (%ld,%ld)",a,b);
       break;
     }
     t=t*10;
   }
 }
 printf("\n   %ld 共有以上%ld 个解\n",n,k);
}
```

3. 算法测试与分析

> 请输入整数 n: 2014
> (1507,507)　 (1827,187)　 (1831,183)　 (1832,182)　 (1857,157)
> (1907,107) (2007,7)
> 　2014 共有以上 7 个解

以上枚举设计中，去数字表达式的建立是巧妙的。枚举的时间复杂度为 0(n)。

2.3.2　基于 s 的双和数组

把一个偶数 2s 分解为 6 个互不相等的正整数 a,b,c,d,e,f，然后把这 6 个正整数分成 (a,b,c)与(d,e,f)两个三元组，若这两组数具有以下两个相等特性：

$$a+b+c=d+e+f$$

$$\frac{1}{a}+\frac{1}{b}+\frac{1}{c}=\frac{1}{d}+\frac{1}{e}+\frac{1}{f}$$

则把数组(a,b,c)与(d,e,f)称为基于 s 的双和数组(约定 a<b<c, d<e<f, a<d)。

输入正整数 s（10＜s＜1000），搜索并输出基于 s 的所有双和数组。

1. 枚举设计要点

因 6 个不同正整数之和至少为 21，因而可知正整数 s>10。

（1）设置枚举 a,b 与 d,e 循环。

注意到 a+b+c=s，且 a<b<c，因而 a,b 循环取值为：

a: 1～(s-3)/3（因 b 比 a 至少大 1，c 比 a 至少大 2）；

b: a+1～(s-a-1)/2（因 c 比 b 至少大 1）；

c=s-a-b。

设置 d,e 循环时基本同上，只是注意到 d>a，因而 d 起点为 a+1。

（2）比较倒数和相等。

为了比较倒数和相等

$$1/a+1/b+1/c=1/d+1/e+1/f \tag{2.1}$$

把式（2.1）转化为整数式

$$d*e*f*(b*c+c*a+a*b)=a*b*c*(e*f+f*d+d*e) \tag{2.2}$$

若上式不成立，即倒数和不相等，则返回。

（3）排除 6 个正整数是否存在相等

注意到两个和相等的三元组中，若部分数相同，部分数不同，则不可能有倒数和相等。

因而可省略排除以上 6 个正整数中是否存在相同整数的检测。

（4）输出双和数组解

在设置的枚举循环中，确保了两个三元组和相等。若式（2.2）成立，即倒数和也相等，满足双和相等条件，则打印输出基于 s 的双和数组，并用 x 统计解的个数。

2．算法描述

```
// 双和数组探索
main()
{double a,b,c,d,e,f,x,s;
 printf("  请输入 s: ");
 scanf("%lf",&s);
 x=0;
 for(a=1;a<=(s-3)/3;a++)                    // 设置枚举循环
 for(b=a+1;b<=(s-a-1)/2;b++)
 for(d=a+1;d<=(s-3)/3;d++)
 for(e=d+1;e<=(s-d-1)/2;e++)
   { c=s-a-b; f=s-d-e;                      // 确保两组和等于 s
     if(a*b*c*(e*f+f*d+d*e)!=d*e*f*(b*c+c*a+a*b))
       continue;                            // 排除倒数和不相等
     x++;
     printf("%.0f: (%.0f,%.0f,%.0f)   ",x,a,b,c);
     printf("(%.0f,%.0f,%.0f)\n",d,e,f);
   }
 if(x==0) printf("  无解! \n");
}
```

3．算法测试与分析

```
s=26:
1: ( 4,10,12)   ( 5, 6,15)
```

若输入小于 26 的整数 s，则没有双和数组输出。可见，存在基于 s 的双和数组的整数 s 最小值为 26。

```
s=98:
1: ( 2,36,60)   ( 3, 5,90)
2: ( 7,28,63)   ( 8,18,72)
3: ( 7,35,56)   ( 8,20,70)
4: (10,33,55)   (12,20,66)
```

算法设置了关于 s 的 4 重循环，时间复杂度为 $O(n^4)$。因而当 s 比较大时，搜索基于 s 的双和数组是困难的。

变通：修改以上算法，实现基于 s 的和积（两个三元组和相等且积也相等）数组的搜索。

2.3.3 最小连续 m 个合数

素数是上帝用来描写宇宙的文字(伽俐略语)。

素数，又称为质数，是不能被 1 与本身以外的其他整数整除的整数。如 2,3,5,7,11,13,17 是前几个素数。

与此相对应，一个整数如果能被除 1 与本身以外的整数整除，该整数称为合数或复合数。例如，15 能被除 1 与 15 以外的整数 3 和 5 整除，则 15 是一个合数。

对于指定的正整数 m（m≤200），搜索最小连续 m 个合数，输出该区间的起始与终止数。例如 m=5，最小连续 5 个合数为：24～28。

本问题搜索最小连续 m 个合数，与筛选素数紧密关联。

筛选素数常用试商法与筛法，试商法是依据素数的定义来实施的。

1. 试商法设计

（1）试商设计要点

应用试商法来探求区间[c,d]中的奇数 i（只有唯一偶素数 2，不作试商判别）是不是素数，用奇数 j（取 3,5,…，直至 sqrt(i)）去试商。若存在某个 j 能整除 i，说明 i 能被 1 与 i 本身以外的整数 j 整除，i 不是素数。若上述范围内的所有奇数 j 都不能整除 i，则 i 为素数。

这里设计为双重枚举：对指定区间[c,d]中的所有奇数 i 的枚举；对每一个奇数 i 的试商奇数 j 的枚举。

顺便指出，把试商奇数 j 的取值上限定为 i/2 或 i-1 也是可行的，但并不是可取的，这样无疑会增加许多无效试商。理论上说，如果 i 存在一个大于 sqrt(i)且小于 i 的因数，则必存在一个与之对应的小于 sqrt(i)且大于 1 的因数，因而从判别功能来说，取到 sqrt(i)已足够了。

判别 j 整除 i，常用表达式 i%j==0 实现。

（2）试商设计描述

```
// 求最小的连续 m 个合数
main()
{ long i,j,f,t,m;
  printf("请输入 m:"); scanf("%ld",&m);
  printf("最小的连续%ld 个合数为:",m);
  i=f=3;
  while(1)
     {i+=2;
      for(t=0,j=3;j<=sqrt(i);j+=2)      // 试商判别素数
         if(i%j==0) {t=1;break;}
      if(t==0)                          // t 为 0 表明 i 为素数
        { if(i-f>m)
            {printf("%ld,%ld",f+1,f+m);return;}
          f=i;
        }                               // f 为 i 的前一个素数
     }
}
```

（3）算法改进

把以上算法中检测 i 是否为素数的试商程序段去除，设计一个判定素数的检测函数，供检测 i 时调用。

2. 应用筛法设计

当 m 比较大时，搜索范围相应较大,采用效率较高的筛法求素数是适宜的。

（1）筛选设计要点

求出区间[c,d]内的所有素数（区间起始数 c 可由小到大递增），只需相邻的两素数之差大于 m 即可。

应用筛法求指定区间[c,d]（约定起始数 c 为奇数）上的所有素数，对于该区间内总共

e=[(d-c)/2]（[x]表示取不大于 x 的最大整数,下同）个奇数,把从 3 开始至 d 的所有奇数 i 的倍数 gi,(g+2)i,…全部作筛除标记-1。这里,g=2[c/2i]+1 是使 gi 接近下限 c 的奇数,从而尽可能减少无效筛选操作。最后,凡未作删除标记-1 的即为区间[c,d]中的素数。

区间[c,d]的起始数 c 初始化为 3,而 d=c+20000。以后,c 赋给该区间最大素数 b,而 d 仍取 c+20000,继续分段搜索,既不重复,也无遗漏。

为了扩大程序的应用范围,设计的程序可求最小 m（2～200）个连续合数（整数 m 由键盘输入）。在分段区间[c,d]（每段后递增:c=b;d=c+20000;）中求得两相邻素数 f 与 b,若其差满足条件 b-f>=m+1,打印最小的 m 个连续合数[f+1,f+m]。

(2) 筛选设计描述

```
// 求最小的连续 m 个合数
main()
{ long c,d,f,g,i,j,k,b,a[11000];
  int e,m,u,t;
  printf("输入 m:"); scanf("%d",&m);
  c=3;d=c+20000;u=1;f=2;t=0;
  while(u)                          // 在[c,d]中筛选素数
     {for(i=0;i<=10999;i++) a[i]=0;
     e=(d-c)/2;i=1;
     while (i<=sqrt(d))
         {i=i+2;g=2*(c/(2*i))+1;
         if(g*i>d) continue;
         if(g==1) g=3;
         j=i*g;
         while (j<=d)
            {if(j>=c) a[(j-c)/2]=-1;   // 筛去标记-1
             j=j+2*i;
            }
         }
     for(u=1,k=0;k<=e;k++)
     {if(a[k]!=-1)
         {b=c+2*k;                     // b 即筛选所得素数
         if(b-f>=m+1 && t==0)          // 寻求最小的 m 个连续素数
            { printf("  最小%d 个连续合数区间为:",m);
              printf("%ld,%ld\n",f+1,f+m);return;
            }
         f=b;
         }
     }
     c=b;d=c+20000;                    // 最大素数 b 赋给 c,继续探求
    }
}
```

3. 算法测试与分析

> 请输入 m: 200
> 最小 200 个连续合数区间为: 20831324,20831523

两个设计的时间复杂度比较:设区间中整数量为 n,试商法的时间复杂度为 $O(n\sqrt{n})$,而

筛法为直接删除，时间复杂度比试商法低。

当 m 较大时（例如 m=200），涉及区间中整数量 n 相应也大，筛法的效率明显高于试商法。但试商法在设计方面比筛法要简单。当 m 较小时（例如 m≤150），试商法的搜索速度还是可以接受的。

2.4　解方程与不等式

解方程与解不等式是算法设计新颖的基础课题之一。有些不定方程或较为复杂的不等式用常规的推理方法求解难以实现时，可考虑运用枚举设计有效求解。

2.4.1　佩尔方程

试求关于 x，y 的不定方程 $x^2 - n \cdot y^2 = 1$（其中 n 为非平方正整数）的正整数解。

最早求解这类不定方程的是印度数学家婆什伽罗。这个方程传到欧洲后，欧洲人称为佩尔（Pell）方程，这是数学家欧拉的误会引起的。实际上，佩尔并未解过这类方程，倒是费尔马解过，因此有人把这一方程称为费尔马方程。

佩尔（Pell）方程是关于 x，y 的二次不定方程。当 x=1 或 x=-1，y=0 时，显然满足方程。常把 x，y 中有一个为零的解称为平凡解，我们要求佩尔方程的非平凡解。

佩尔方程的非平凡解很多，这里只要求出它的最小解，即 x，y 为满足方程的最小正数的解，又称基本解。求出了基本解，其他解可由基本解推出。

对于给定的非平方正整数 n，试求出佩尔方程的基本解。

1. 枚举设计要点

对 y 从 1 开始递增 1 取值枚举，每一个 y 值计算 a=n*y*y 后判别：

若 a+1 不是平方数，则 y 增 1 后再试。

若 a+1 为某一整数 x 的平方，则(x,y)即为所求方程的解。因为 y 是从 1 开始递增的，所得到的解无疑是方程的基本解。

2. 枚举设计描述

```
// 解 Pell 方程: x^2-ny^2=1
main()
{ int n,m; double a,x,y;
 printf(" 请输入非平方整数 n: ");
 scanf("%d",&n);
 m=(int)sqrt(n);
 if(m*m==n)
    { printf(" n 须为非平方数!\n"); return; }
 y=0;
 while(1)
    { y++;                       // 对 y 递增枚举
     a=n*y*y;x=floor(sqrt(a+1));
     if(x*x==a+1)                // 检测是否满足方程
        { printf(" 方程 x^2-%dy^2=1 的基本解为：",n);
          printf(" x=%.0f, y=%.0f\n",x,y);
```

```
        break;
    }
    if(x>1000000000)
        { printf(" 此算法不能解方程 x^2-%dy^2=1\n",n);
        return;
        }
    }
}
```

3. 算法测试与说明

请输入非平方整数 n: 73
方程 x^2-73y^2=1 的基本解为：x=2281249，y=267000

对于某些非平方数 n，例如 n=991，方程的解高达 30 位，其位数大大超过计算机语言有效数字的范围，枚举不可能给出正确的解，因此算法中加了另一个结束算法的条件 "x＞1000000000"（此结束条件可根据具体情形而定）。

对于解的位数超范围的佩尔方程求解，必须应用其他专业算法（如连分数法等）才能进行准确求出。

2.4.2　分数不等式

试解以下关于正整数 n 的不等式

$$m < 1 + \frac{1}{2} - \frac{1}{3} + \frac{1}{4} + \frac{1}{5} - \frac{1}{6} + \cdots \pm \frac{1}{n}$$

其中 m 为从键盘输入的正整数，式中符号为两个 "+" 号后一个 "-" 号，即分母能被 3 整除时符号为 "-"。

1. 枚举设计要点

式中出现减运算，导致不等式的解可能分段。

为叙述方便，记

$$s(n) = 1 + \frac{1}{2} - \frac{1}{3} + \frac{1}{4} + \frac{1}{5} - \frac{1}{6} + \cdots \pm \frac{1}{n}$$

（1）设置条件循环，每三项一组（包含两正一负）累加求和：

s=s+1.0/k+1.0/(k+1)-1.0/(k+2)　(k=1, 4, …)

若累加到某一组时 s>m，退出循环，d=k+1，可得区间解：n≥d；

因 s(d+1)>m，显然 s(d)>m；

而 n=d+2 时，1.0/(n+3) 为 "+"，可得 s(d+2)>m；

以后各项中，"-" 项小于其前面的 "+" 项，可知对于 n>d+2 有 s(n)>m 成立。

（2）在 n<d 时是否有解，逐个求和检验，确定离散解。

因而有必要回过头来，在 n=1～d 中一项项求和，得个别离散解。这一步不能省，否则出现遗解。

2. 枚举描述

```
// 解不等式: m<1+1/2-1/3+1/4+1/5-1/6+...+-1/n
main()
{ long d,m,k; double s;
  printf(" 请输入 m: "); scanf("%d",&m);
```

```
    k=-2;s=0;
    while(s<=m)
        { k=k+3;s=s+1.0/k+1.0/(k+1)-1.0/(k+2); }
    d=k+1;                                    // 可确定区间解 n≥d
    for(s=0,k=1;k<=d-1;k++)
        { if(k%3>0) s=s+1.0/k;                // 逐项累加求和
          else s=s-1.0/k;
          if(s>m)
              printf(" n=%ld,",k);           // 逐个输出离散解
        }
    printf(" n>=%ld \n",d);                   // 最后输出区间解
}
```

3. 算法测试与思考

请输入 m: 4
n=10151, n=10153, n>=10154

注意：要特别注意，不要把前面的离散解遗失。

变通：如果把后一个离散解写入区间解中，能否简化逐项求和找出离散解？

4. 枚举改进

（1）每三项一组（包含两正一负）累加求和：

$$s=s+1.0/k+1.0/(k+1)-1.0/(k+2) \quad (k=1,4,\cdots)$$

若累加到某一组时 s>m，退出循环，d=k+1，可得区间解：n≥d；

（2）此时，s(d-1) 有可能大于 m。

为得到 s(d-1)，在原 s(d+1) 基础上实施 -1.0/d+1.0/(d+1) 得 s(d-1)：

若 s(d-1)>m，合并得区间解：n≥d-1；

若 s(d-1)<m，区间解为：n≥d；

（3）当 s(d-1)>m 时，s(d-3) 还有可能大于 m。

因而在 s(d-1) 的基础上实施 s+1.0/(d-2)-1.0/(d-1)，得 s(d-3)：

若 s(d-3)>m，得一个离散解：n=d-3；

若 s(d-3)<m，没有离散解。

（4）改进枚举描述

```
// 解不等式：m<1+1/2-1/3+1/4+1/5-1/6+...+-1/n
main()
{ long d,k,t,m; double s;
  printf("\n 请输入 m: "); scanf("%d",&m);
  k=-2;s=0;
  while(s<=m)
      { k=k+3;s=s+1.0/k+1.0/(k+1)-1.0/(k+2); }
  d=k+1;                                    // 可确定区间解 n≥d
  s=s-1.0/d+1.0/(d+1);                       // 得 s(d-1)
  if(s>m) t=d-1;
  else t=d;                                  // 得区间解 n≥t
  s=s+1.0/(d-2)-1.0/(d-1);                   // 得 s(d-3)
  if(s>m) printf(" n=%ld,",d-3);             // 输出一个离散解
  printf(" n≥%ld \n",t);                     // 输出区间解
}
```

（5）算法测试与分析

请输入 m: 7

 n=82273511,   n≥82273513

原枚举设计与改进后的枚举设计的时间复杂度都是 O(n)，深入分析可知，改进后枚举所需时间只有原枚举时间的 1/4。

2.5   数式与运算

应用枚举不仅可以搜索整数与求和统计，也可以构建某类数式并实施运算。

2.5.1   奇数序列运算式

试在由指定相连奇数组成的序列的每相邻两项中插入运算符号：

若相邻两项都是合数，则两项中插入"-"号；

若相邻两项中一项是合数，另一项是素数，则两项中插入"+"号；

若相邻两项都是素数，则两项中插入乘号"*"号；

输入奇数 b,c（1<b<c），根据以上规则插入运算符号，完成区间[b,c]中奇数序列的运算式，计算并输出该式的运算结果。

例如 b=31,c=45，完成运算式并计算得：31+33-35+37+39+41*43+45=1913。

1．设计要点

序列各项是否为素数决定了运算符号，直接关系到运算式的结果。

（1）首先枚举区间[b,c]中的奇数，应用试商法确定每一个奇数是否为素数：

标注 a[k]=1,表示区间[b,c]中的第 k 个奇数 2k+(b-2)为素数；

标注 a[k]=0,表示区间[b,c]中的第 k 个奇数 2k+(b-2)非素数；

（2）根据相邻两项决定两项中的运算符号。

若 a[i-1]+a[i]==0，两项都是合数，插入"-"号；

若 a[i-1]+a[i]==1，两项中一项是素数，一项是合数，插入"+"号；

若 a[i-1]+a[i]==2，两项都是素数，插入"*"号；

（3）完成运算，这是设计的关键环节。

运算必须遵循先乘后加减的运算规则。

在枚举每个奇数的 i(1~n)循环中：

1）把第 i 个奇数值赋给变量 t:t=2*i+b-2；同时记下位置 i:f=i；

2）先实施乘运算：

```
    while(a[i]+a[i+1]==2)
        {i++;t=t*(2*i+b-2);}
```

这里应用条件循环，是因为注意到有连乘现象，例如 3*5*7。

3）然后实施加减。

2．算法描述

```
// 奇数序列运算式
main()
{int b,c,f,n,k,i,j,a[3000];long t,s;
 printf("请输入首尾奇数 b,c(b<c): ");
```

```
scanf("%d,%d",&b,&c);
n=(c-b+2)/2;                        // 计算奇数序列 n 项
for(k=1;k<=n+1;k++) a[k]=0;
for(k=1;k<=n;k++)
  { for(t=0,j=3;j<=sqrt(2*k+b-2);j+=2)
      if((2*k+b-2)%j==0) {t=1;break;}
    if(t==0) a[k]=1;                // 标记第 k 个奇数 2k+b-2 为素数
  }
printf("\n %d",b);
for(i=2;i<=n;i++)                   // 完成表达式
    {if(a[i-1]+a[i]==0) printf("-%d",2*i+b-2);      // 插入减号
     if(a[i-1]+a[i]==1) printf("+%d",2*i+b-2);      // 插入加号
     if(a[i-1]+a[i]==2) printf("*%d",2*i+b-2);      // 插入乘号
    }
s=0; a[0]=1-a[1];                   // 确保第一项前为 "+"
a[n+1]=0;                           // 确保最后一项不 "*"
for(i=1;i<=n;i++)                   // 计算表达式结果
  { t=2*i+b-2;f=i;
    while(a[i]+a[i+1]==2)
        {i++;t=t*(2*i+b-2);}        // 先实施乘
    if(a[f-1]+a[f]==0)  s=s-t;      // 后实施加减
    if(a[f-1]+a[f]==1)  s=s+t;
  }
printf("=%d. \n",s);
}
```

3. 算法测试与分析

> 请输入首尾奇数 b, c(b<c)：3, 31
> 3*5*7+9+11*13+15+17*19+21+23+25-27+29*31=1536

以上算法设计中，先乘后加减的处理是巧妙的。

本设计有三个枚举循环：素数判别；完成运算式；完成运算。其中素数判别循环中，含试商因数枚举的内循环。设区间中的奇数个数为 n，算法的时间复杂度为 $O(n\sqrt{n})$。

2.5.2 完美综合运算式

以下含乘方（a^b 即为 a 的 b 次幂）、加、减、乘、除的综合运算式（2.3）的右边为一位非负整数 f，请把数字 0~9 这 10 个数字中，不同于数字 f 的 9 个数字不重复地填入式（2.3）左边的 9 个 □ 中（约定数字 "1"、"0" 不出现在式左边的一位数中，且 "0" 不为首位），使得该综合运算式成立。

$$□^□+□□÷□-□□□×□=f \tag{2.3}$$

满足上述要求的式（2.3）称为完美综合运算式。

输入非负整数 f（0≤f≤9），输出相应的综合运算式。

1. 按双精度型设计

（1）设计要点

设置 a, b, c, d, e, z 变量，所求的综合运算式为

$$a^b+z/c-d*e=f \tag{2.4}$$

注意到 a^b 属双精度计算，可把变量设计为 double 型。

同时设置 a, b, c, z, d, e 循环，所有量设置在整数范围内枚举。式右数字 f 从键盘输入。

注意到式中有 z/c，即式中 z 必须是 c 的整数倍，c 循环可设置为

    for(z=2*c;z<=98;z=z+c)

1）若等式不成立，即 pow(a,b)+z/c!=d*e+f，则返回继续；

2）检测式中 10 个数字是否存在相同数字：

对 7 个整数共 10 个数字进行分离，分别赋值给数组 g[0]～g[9]。共 10 个数字在二重循环中逐个比较：

若存在相同数字，t=1，不作输出。

若不存在相同数字，即式中 10 个数字为 0～9 不重复，保持标记 t=0，则输出所得的完美综合运算式，并设置 n 统计解的个数。

（2）算法描述

```
// □ˆ□+□□/□-□□□*□=f
// 式左的一位数不能为 0 或 1，式左的二位数首位不能为 0
main()
{double a,b,c,d,e,f,z,g[10];
 int j,k,t,n;
 printf("请输入式右非负数字 f:");
 scanf("%lf",&f);
 n=0;
 for(a=2;a<=9;a++)
 for(b=2;b<=9;b++)
 for(c=2;c<=9;c++)
 for(z=2*c;z<=98;z=z+c)          // 各数实施枚举，确保 z 为 c 的倍数
 for(d=102;d<=987;d++)
 for(e=2;e<=9;e++)
   { if(pow(a,b)+z/c!=d*e+f) continue;      // 检验等式是否成立
   t=0;
   g[0]=f;g[1]=a;g[2]=b;g[3]=c;g[4]=e;       // 10 个数字赋给 g 数组
   g[5]=fmod(d,10);g[6]=fmod(floor(d/10),10);
   g[7]=floor(d/100);
   g[8]=fmod(z,10);g[9]=floor(z/10);
   for(k=0;k<=8;k++)
       for(j=k+1;j<=9;j++)
   if(g[k]==g[j])
       {t=1; break;}             // 检验数字是否有重复
   if(t==0)
     { n++;                      // 统计并输出一个解
     printf("%2d: %.0fˆ%.0f+%.0f/%.0f",n,a,b,z,c);
     printf("-%.0f*%.0f=%.0f  \n",d,e,f);
     }
   }
}
```

（3）算法测试与说明

```
请输入式右非负数字 f:0
 1: 4ˆ6+72/9-513*8=0
 2: 5ˆ4+78/6-319*2=0
```

该题只限于 10 个数字处理，算法的运行流畅。

2. 按整形改进设计

（1）设计要点

尽管式中有 aˆb，可改进为整形处理，aˆb 用 a 自乘 b 次实现。

同时设置 a, b, c, d, e 循环，所有量设置在整数范围内枚举，式右数字 f 从键盘输入。

把运算式（2.4）变形为

$$z=(d*e+f-aˆb)*c \tag{2.5}$$

对每一组 f, a, b, c, d, e，按式（2.5）计算 z。

检测 z 是否为二位数。若计算所得 z 非二位数，则返回。

然后分别对 7 个整数进行数字分离，设置 g 数组对 7 个整数分离的共 10 个数字进行统计，g(x) 即为数字 x(0～9) 的个数。

若某一 g(x) 不为 1，不满足数字 0～9 这 10 个数字都出现一次且只出现一次，标记 t=1。

若所有 g(x) 全为 1，满足数字 0～9 这 10 个数字都出现一次且只出现一次，保持标记 t=0，则输出所得的完美综合运算式。

（2）算法描述

```
// 运算式 □ˆ□+□□/□-□□□*□=f
// 式左的一位数不能为 0 或 1, 0 不能为二位或三位数首位
main()
{int a, b, c, d, e, f, k, t, m, n, x, z, g[10];
n=0;
printf("  请输入式右非负数字 f:");
scanf("%d",&f);
for(a=2;a<=9;a++)
for(b=2;b<=9;b++)
for(c=2;c<=9;c++)
for(d=102;d<=987;d++)                    // 实施枚举
for(e=2;e<=9;e++)
  { for(t=1,k=1;k<=b;k++)  t=t*a;         // 计算乘方 aˆb
    z=(d*e+f-t)*c;
if(z<10 || z>98)  continue;
    for(x=0;x<=9;x++)  g[x]=0;
g[a]++;g[b]++;g[c]++;g[e]++;g[f]++;        // g 数组统计
g[d%10]++;g[d/100]++;m=(d/10)%10;g[m]++;
g[z%10]++;g[z/10]++;
    for(t=0, x=0;x<=9;x++)
      if(g[x]!=1)  {t=1;break;}            // 检验数字 0～9 各出现一次
    if(t==0)
      { n++;                               // 统计并输出一个解
        printf("%2d: %dˆ%d+%d/%d",n,a,b,z,c);
```

```
        printf("-%d*%d=%d  \n", d, e, f);
      }
    }
  }
```

（3）算法测试

请输入式右非负数字 f:5
1：2ˆ9+78/6-130*4=5
2：9ˆ3+64/2-108*7=5

3．两种设计的比较与变通

不要局限于 aˆb 是双精度计算就必须设置双精度变量处理，第 2 个设计应用 a 自乘 b 次计算 aˆb 是可取的。

为了检测是否存在相同数字，两个设计中都设置了 g 数组，但两个设计中 g 数组的意义并不相同：前一个设计中每一个 g 数组元素存储一个数字，例如 g[0]=f, g[1]=a, …，然后通过二重循环比较不同的元素是否存在相同；而后一个设计中，10 个数字分别作为 g 数组的下标进行统计，只要通过一重循环检测 g 数组元素是否都为 1 即可。例如 g[f]++; g[a]++; …，如果 f=5, a=5, 则 g[5]=2, 说明数字"5"有重复。

同样是枚举设计，按整形改进设计可省略 z 循环，同时省略 z 是否能被 c 整除、等式是否成立的检测，显然枚举效率会高一些。

变通：把数字 0～9 这 10 个数字分别填入以下含加、减、乘、除与乘方（ˆ）的综合运算式中的 10 个□中，使得该式成立

$$□ˆ□+□□÷□□-□□×□=□$$

要求数字 0～9 这 10 个数字在式中出现一次且只出现一次，且约定数字"0"与"1"不出现在式左的一位数中，数字"0"不能为高位数字。

2.6　数列与数阵

探究某些有着特殊要求的数列与数阵（矩阵与方阵）是枚举设计的应用课题之一。

2.6.1　H 形数序列

定义形如 ab…bc 的数叫做 H 形数，其中数字 a 为高位，数字 c 为低位，数字 b 为中间段，中间段的位数为 H 形数位数减 2（至少有 1 位）。

显然，所有 3 位数都是 H 形数（其中 100 为最小的 H 形数），把所有 3 位数的中间数字多次重复可得 4 位及 4 位以上的 H 形数。

把 H 形数从小到大排序，构成 H 形数数列，试求 H 形数数列的第 n 项（约定 n≤1000000）与前 n 项之和。

1．枚举设计要点

作为 H 形数的特例，当 a=b=c 时，H 形数即为全码相同数。

（1）项数与位数的关系

设第 n 项为 m 位 H 形数，注意到 3 位 H 形数共 900 个（100～999），4 位 H 形数也为 900 个（1000～9999），……，因而可归纳得

$m=[(n-1)/900]+3$　　　（这里[x]为正数 x 取整）

（2）考察 H 形数列的排列规律

首先按其位数 m 升序排列，位数少的在前，位数多的在后；

当位数 m 相同时，按高位数字 a 升序排列，a 小在前，a 大在后；

当位数 m 与高位数字 a 相同时，按中位数字 b 升序排列，b 小在前，b 大在后；

当位数 m 与数字 a、b 都相同时，按低位数字 c 升序排列，c 小在前，c 大在后。

因而设置 4 重循环从小到大枚举 H 形数：

1）H 形数的位数 m：（3——　），步长为 1 递增；

2）高位数字 a：（1～9）；

3）中位数字 b：（0～9）；

4）低位数字 c：（0～9）。

（3）实施求和

设置 s 数组求和，s[1]为和的个位数字，s[2]为和的十位数字，依此类推。

每生成一个 m 位 H 形数，即实施高、中、低三部分别按对应位求和：

```
s[1]+=c;                    // 个位求和
for(j=2;j<=m-1;j++) s[j]+=b;   // 中间段各位求和
s[m]+=a;                    // 高位求和
```

当达到 n 项时，和数组 s 从个位开始逐步向高位进位。即 s[j]的十位以上部分进位到它的高一位，s[j]的个位部分留在本位：

```
s[j+1]+=s[j]/10; s[j]=s[j]%10;(j=1,2,…,m-1)
```

（4）结果输出

输出 m 位 H 形数：高位数字 a；m-2 个中位数字 b；最后为低位数字 c。

输出和：从 s[m]开始，依次输出至 s[1]。

注意：此时 s[m]可能是一个多位数，而 s[m-1],…,s[1]均为一位数字。

2．枚举描述

```
// 枚举求 H 形数列的第 n 项
main()
{ int a,b,c,j;  long k,m,n,s[2000];
  printf("  请输入n(<1000000): ");  scanf("%ld",&n);
  m=(n-1)/900+3;
  for(j=1;j<=m+1;j++) s[j]=0;
  m=2;k=0;
  while(1)
    { m++;                             // 从m=3位开始
      for(a=1;a<=9;a++)
      for(b=0;b<=9;b++)
      for(c=0;c<=9;c++)
        { k++;s[1]+=c;s[m]+=a;          // 对应位求和
          for(j=2;j<=m-1;j++) s[j]+=b;
          if(k==n)                      // 到达数列的第n项时输出
            { printf("  H形数列的第%ld项为:%d",n,a);
              for(j=2;j<=m-1;j++)  printf("%d",b);
```

```
              printf("%d\n",c);
              printf("  数列前%d项之和为:",n);
              for(j=1;j<=m-1;j++)          // 完成进位
                {s[j+1]+=s[j]/10;s[j]=s[j]%10;}
              for(j=m;j>=1;j--) printf("%1d",s[j]);
              printf("\n");
              return;
            }
          }
        }
}
```

3. 算法测试与分析

请输入 n(<1000000): 20136
H 形数列的第 20136 项为: 4333333333333333333333335
数列前 20136 项之和为: 144933333333333333333333268380

算法的操作"k++;"次数即循环次数为 n，对每一个数实施 m 次求和。注意到 m 是变化的，且 m<n，可知算法的时间复杂度低于 $O(n^2)$。

注意：为实现 H 形数的升序枚举，4 重循环 m,a,b,c 的嵌套结构不能随意变更。

算法中进位循环的循环体操作能否交换顺序？

　　　s[j]=s[j]%10; s[j+1]+=s[j]/10; (j=1,2,…,m-1)

2.6.2 三阶素数幻方

通常的 n 阶幻方由 $1,2,...,n^2$ 填入 n×n 方格，构成 n 行、n 列与两对角线之和均相等的方阵。素数幻方是由素数构成的各行、各列与两对角线之和均相等的方阵。

试在指定区间[c,d]找出 9 个素数，构成一个三阶素数幻方，使得该方阵中 3 行、3 列与两对角线上的 3 个数之和均相等。

输入区间 c,d，输出由该区间中素数构建的所有三阶素数幻方。

1. 数学建模

设正中间数为 n，每行、每列与每对角线之和为 s。注意到：

$$（中间一行）+（中间一列）+（两对角线）=4s$$
$$方阵所有 9 个数之和=3s$$

两式相减即得：

$$3n=s → n=s/3$$

这意味着凡含 n 的行、列或对角线的 3 个数中，除正中数 n 之外的另两数与 n 相差等距。为此，设方阵为：

```
n-x   n+w   n-y
n+z    n    n-z
n+y   n-w   n+x
```

为避免解的重复，约定两对角线的 3 个数为大数在下（即 x,y>0），下面一行 3 个数为大数在右（即 x>y）。

显然，上述 3×3 方阵的中间一行、中间一列与两对角线上 3 数之和均为 3n。要使左右两列、上下两行的 3 数之和也为 3n，当且仅当

z=x−y

w=x+y   （x>y）

同时易知 9 个素数中不能有偶素数 2，因而 x、y、z、w 都只能是正偶数。

2. 枚举设计

首先枚举区间 [c,d] 中的奇数 k，在 a 数组中赋值 a[k]=0 的基础上，应用试商法找出素数 k，同时赋值 a[k]=1。

建立 n 循环枚举 [c,d] 中的奇数，若 n 非素数（a[n]=0）则返回。

对于每一个素数 n，枚举 y、x，并按上述两式得 z、w：

①若出现 x=2y，将导致 z=y，方阵中出现两对相同的数，显然应排除。

②显然，n−w 是 9 个数中最小的，n+w 是 9 个数中最大的。若 n−w<c 或 n+w>d，已超出 [c,d] 界限，应予以排除。

③检测方阵中其他 8 个数 n−x、n+w、n−y、n+z、n−z、n+y、n−w、n+x 是否同时为素数，引用变量 t1, t2, t1*t2 为 8 个数的 a 标记之积。若 t1*t2=0，即 8 个数中存在非素数，返回。

④否则，已找到一个三阶素数幻方解，按方阵格式输出三阶素数幻方并用变量 m 统计解的个数。

这样处理能较快地找出所有解，既无重复，也无遗漏。

3. 算法描述

```
// 三阶素数幻方
main()
{ int c,d,j,k,n,t,t1,t2,w,x,y,z,m;
  int a[3000];
  m=0;
  printf("  请确定区间下限 c,上限 d: ");
  scanf("%d,%d",&c,&d);
  if(c%2==0)  c=c+1;
  for(k=c;k<=d;k++) a[k]=0;
  for(k=c;k<=d;k+=2)
    { for(t=0,j=3;j<=sqrt(k);j+=2)
        if(k%j==0) {t=1;break;}
      if(t==0) a[k]=1;                 // [c,d]中的奇数 k 为素数，标注 1
    }
  for(n=c;n<=d-8;n=n+2)
  { if(a[n]==0) continue;             // 排除正中数 n 为非素数
    for(y=2;y<=n-3;y+=2)
    for(x=y+2;x<=n-1;x+=2)
    { z=x-y;w=x+y;
      if(x==2*y || n-w<c || n+w>d)
            continue;                 // 控制幻方的素数范围
      t1=a[n-w]*a[n+w]*a[n-z]*a[n+z];
      t2=a[n-x]*a[n+x]*a[n-y]*a[n+y];
      if(t1*t2==0) continue;          // 控制其余 8 个均为素数
      m++;
      printf("  NO %d:\n",m);         // 统计并输出三阶素数幻方
      printf("%5d%5d%5d\n",n-x,n+w,n-y);
```

```
        printf("%5d%5d%5d\n", n+z, n, n-z);
        printf("%5d%5d%5d\n", n+y, n-w, n+x);
      }
    }
  printf("共 %d 个素数幻方.\n", m);
}
```

4. 算法测试与分析

```
请确定区间下限 c, 上限 d: 3, 120
  NO 1:
   17  113   47
   89   59   29
   71    5  101
  NO 2:
   41  113   59
   89   71   53
   83   29  101
  共 2 个素数幻方.
```

设指定区间中奇数个数为 n,本算法的时间复杂度为 $O(n^3)$。

变通:请修改程序,构建指定幻和的三阶素数幻方。

2.7 表格与图形

探索制作具有某类特性的表格与图形是枚举设计最具魅力的应用课题之一。本节试应用枚举设计制作新颖的 p 进制乘法表,构建奇妙的和积三角形,颇具启发性。

2.7.1 p 进制乘法表

设计十进制九九乘法表在许多程序设计资料中很常见。本节在九九乘法表设计的基础上,应用枚举设计创建新颖的一般 p(2~16)进制乘法表。

输入 p(2~16),构建并输出 p 进制乘法表。

1. 设计要点

当 p>10 时,因涉及数字 A、B、C、D、E、F(分别对应数字 10、11、12、13、14、15),设置字符数组 d[17]="0123456789ABCDEF"。

设置两个乘数 k、j 的枚举循环,k(1~p-1),j(1~k)。两个乘数相乘得积为 t=k*j。对其乘积 t 分为两类输出:

①t<p 时,乘积只有一位,输出字符串数组中的第 t 个字符 d[t] 即可;

②t≥p 时乘积为两位,输出高位为 d[(t/p)],低位为 d[t%p]。

2. 2~16 进制乘法表程序设计。

```
// p(2~16)进制乘法表
main()
{ int k, j, t, p;
  char d[17]="0123456789ABCDEF";
  printf("input p: ");
  scanf("%d", &p);
```

```
printf(″ %d 进制乘法表:\n″,p);
for(k=1;k<=p-1;k++)
  { printf(″ %c ″,d[k]);               // 打印左竖列乘数
   for(j=1;j<=k;j++)
     { t=k*j;                          // 对乘积 t 作分别输出
      if(t<p)
         printf(″ %c ″,d[t]);
      else
         printf(″ %c%c ″,d[(t/p)],d[t%p]);
     }
    printf(″\n″);
  }
printf(″ * ″);
for(k=1;k<=p-1;k++)
  printf(″ %c ″,d[k]);                 // 打印下横行乘数
printf(″\n″);
}
```

3. 算法测试与说明

输入 p=16，得十六进制乘法表，如图 2-2 所示。

```
十六进制乘法表:
1    1
2    2    4
3    3    6    9
4    4    8    C    10
5    5    A    F    14   19
6    6    C    12   18   1E   24
7    7    E    15   1C   23   2A   31
8    8    10   18   20   28   30   38   40
9    9    12   1B   24   2D   36   3F   48   51
A    A    14   1E   28   32   3C   46   50   5A   64
B    B    16   21   2C   37   42   4D   58   63   6E   79
C    C    18   24   30   3C   48   54   60   6C   78   84   90
D    D    1A   27   34   41   4E   5B   68   75   82   8F   9C   A9
E    E    1C   2A   38   46   54   62   70   7E   8C   9A   A8   B6   C4
F    F    1E   2D   3C   4B   5A   69   78   87   96   A5   B4   C3   D2   E1
*    1    2    3    4    5    6    7    8    9    A    B    C    D    E    F
```

图 2-2　十六进制乘法表

由该表可知，在十六进制中，C*E=A8。

若输入 p=10，即得常见的十进制九九乘法表。

2.7.2　基于 s 的和积三角形

1. 问题提出

把给定的正整数 s（s≥45）分解为 9 个互不相等的正整数，把这 9 个整数不重复地填入 9 数字三角形（如图 2-3 所示）中的圆圈，若三角形三边上的 4 个数字之和相等（s1），且三边上的 4 个数字之积也相等（s2），则该三角形称为基于 s 的和积三角形。

对于指定正整数 s，探索并输出基于 s 的所有和积三角形。

2. 设计要点

把和为 s 的 9 个正整数存储于 b 数组 b(1),…,b(9)中，分布如图 2-4 所示。为避免重复，

不妨约定三角形中数字"下小上大、左小右大",即三顶角数 b(1)<b(7)<b(4),三边的中间二数 b(2)<b(3),b(6)<b(5),b(9)<b(8)。

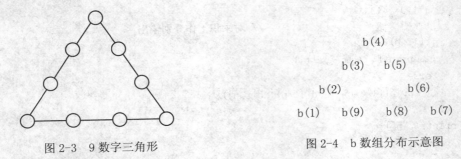

图 2-3   9 数字三角形   图 2-4   b 数组分布示意图

（1）三顶角数枚举探索

根据约定对 b(1)、b(7) 和 b(4) 的大小关系进行枚举探索。

b(1) 的取值范围：1～(s-21)/3（因其他 6 个数之和至少为 21）。

b(7) 的取值范围：b(1)+1～(s-b(1)-21)/2。

b(4) 的取值范围：b(7)+1～(s-b(1)-b(7)-21)。

（2）判断 s1

注意到计算三边和时，三顶角数各重复了一次，即有关系式

$$s+b(1)+b(7)+b(4)=3*s1$$

若 (s+b(1)+b(7)+b(4))%3≠0，则返回探索；否则，记 s1=(s+b(1)+b(7)+b(4))/3。

（3）各边中间数枚举探索

根据各边 4 数之和为 s1，对 b(3)、b(5) 和 b(8) 的值进行枚举探索。

b(3) 的取值范围：(s1-b(1)-b(4))/2+1～s1-b(1)-b(4)。

b(5) 的取值范围：(s1-b(4)-b(7))/2+1～s1-b(4)-b(7)。

b(8) 的取值范围：(s1-b(1)-b(7))/2+1～s1-b(1)-b(7)。

然后计算出 b(2)、b(6) 和 b(9)：

b(2)=s1-b(1)-b(4)-b(3)

b(6)=s1-b(4)-b(5)-b(7)

b(9)=s1-b(1)-b(7)-b(8)

（4）检测 b 数组

设计二重循环，检测 b 数组是否存在相同数，若 b 数组存在相同正整数，则返回探索；若不存在相同正整数，则继续以下检测。

（5）检测三边之积

设 s2=b(1)*b(2)*b(3)*b(4)，若另两边 4 数之积不为 s2，则返回探索；否则探索成功，打印输出一个结果。

所有枚举循环完成，基于 s 的和积三角形探索完毕。

3．算法描述

```
// 基于 s 的数字三角形
main()
{ int k, j, t, s, s1, s2, n, b[10];
  printf("  请输入正整数 s:");
```

```
scanf("%d",&s);
n=0;
for(b[1]=1;b[1]<=(s-21)/3;b[1]++)
for(b[7]=b[1]+1;b[7]<=(s-b[1]-21)/2;b[7]++)
for(b[4]=b[7]+1;b[4]<=s-b[1]-b[7]-21;b[4]++)
{
  if((s+b[1]+b[4]+b[7])%3!=0) continue;
  s1=(s+b[1]+b[4]+b[7])/3;
  for(b[3]=(s1-b[1]-b[4])/2+1;b[3]<s1-b[1]-b[4];b[3]++)
  for(b[5]=(s1-b[4]-b[7])/2+1;b[5]<s1-b[4]-b[7];b[5]++)
  for(b[8]=(s1-b[1]-b[7])/2+1;b[8]<s1-b[1]-b[7];b[8]++)
  {
    b[2]=s1-b[1]-b[4]-b[3];
    b[6]=s1-b[4]-b[7]-b[5];
    b[9]=s1-b[1]-b[7]-b[8];
    t=0;
    for(k=1;k<=8;k++)
    for(j=k+1;j<=9;j++)
      if(b[k]==b[j]) {t=1;k=8;break;}
      if(t==1) continue;
      s2=b[1]*b[2]*b[3]*b[4];
      if(b[4]*b[5]*b[6]*b[7]!=s2) continue;
      if(b[1]*b[9]*b[8]*b[7]!=s2) continue;
      n++;
      printf(" %3d: %2d",n,b[1]);
      for(k=2;k<=9;k++)
         printf(", %2d",b[k]);
      printf("  s1=%d, s2=%d \n",s1,s2);
  }
}
printf("共%d 个解.",n);
}
```

4. 算法测试与分析

```
请输入正整数 s:73
1: 3,  4, 14, 10, 12,  2,  7, 16,  5 s1=31, s2=1680
共 1 个解.
```

输入小于 73 的整数无输出，说明存在基于 73 的和积三角形是最小的和积三角形。解的图示如图 2-5 所示。

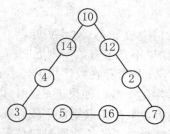

图 2-5　基于 73 的和积三角形

```
请输入正整数 s：90
    1：  2, 10, 12, 18,  5,  3, 16, 15,  9  s1=42,  s2=4320
    2：  3,  5, 18, 12, 15,  2,  9, 20,  6  s1=38,  s2=3240
    3：  3,  8, 10, 21,  5,  4, 12, 20,  7  s1=42,  s2=5040
共 3 个解.
```

该算法设计了六重枚举循环，算法设计中，判定"s+b[1]+b[4]+b[7]是否为 3 的倍数"是一个缩减无效循环的优化处理，比简单的六重循环要快捷得多。尽管如此，算法的时间复杂度为 $O(n^6)$，因而难以胜任 s 数量较大的和积三角形探索。

变通：是否存在 8 数字的和积三角形（一边 3 个数，两边各 4 个数）？是否存在 7 数字的和积三角形（一边 4 个数，两边各 3 个数）？

2.8 枚举设计的改进与优化

本章应用枚举设计简明地解决诸如统计求和、整数搜索、解方程、解不等式与数式、数列等常规问题，同时通过枚举探求数阵、表格与图形等有一定难度的实际案例，可见枚举设计的应用领域是广阔的。

本章所列举的各枚举案例中，有些是因为问题本身限制了数量不会太大，例如"完美综合运算式"中，十进制数字最多 10 个；有些是因为问题比较简单，例如"解不等式"，通过简单的一重循环即可求解，其时间复杂度为 $O(n)$。对于需应用多重循环枚举求解的案例，在 n 不是太大的实际应用范围内，以上各案例的枚举求解所需的时间是可以接受的。

求解这些基本实例时，应该说设计高效率算法的价值不大，就是有时想设计高效率的算法也并不容易实现。

应用枚举求解在设计上比较简单，不存在太多难点，但决不可太随意。从本章的枚举设计可以看出，枚举策略的确定、枚举路线的选择、枚举结构的设置与枚举参量的细化都有一定的技巧运用，自然也存在许多改进与优化的空间。

2.8.1 选择枚举路线

应用枚举设计求解实际案例往往存在若干不同的枚举路线。在缜密审题的基础上，根据求解实例的具体实际确定合适的枚举策略、选择合适的枚举路线，对缩减枚举的时间复杂度至关重要。

例 2-1 全排列数中的平方数

统计由 1～9 这 9 个数字全排列的 9!个 9 位数中平方数的个数，并指出其中最大的平方数。

解：设全排列的 9 位平方数 d=a*a，显然存在两个不同的枚举策略。

1. 枚举 9 位数 d

在区间[123456789，987654321]中枚举 d，对 d 实施以下两步检测：

（1）检测 d 是不是平方数，如果不是平方数，则返回；

（2）检测 d 是否存在重复数字，是否存在数字"0"，若存在，则返回。

设置 f 数组，统计 d 中各个数字的个数。如果 f[3]=2，即平方数 d 中有 2 个"3"。

检测若 f[k]!=1(k=1～9)，说明 d 中存在重复数字或存在数字"0"。

经以上两步检测后，d 满足题意要求，统计并通过赋值求最大的增方数。

```
// 枚举 9 位数 d
main()
{int k, m, n, t, f[10];
long a, b, c, d, w;
n=0;
for(d=123456789;d<=987654321;d++)
{a=(int)sqrt(d);
if(a*a!=d) continue;                        // 确保 d 为平方数
for(k=0;k<=9;k++) f[k]=0;
w=d;
while(w>0)
   { m=w%10;f[m]++;w=w/10;}
    for(t=0,k=1;k<=9;k++)
       if(f[k]!=1) {t=1;break;}          // 测试平方数是否有重复数字
    if(t==0) {n++;b=a;c=d;}
   }
printf("  排列数中共有%d 个平方数. \n", n);
printf("  其中最大者为%ld=%ld^2. \n", c, b);
}
```

算法测试：

> 排列数中共有 30 个平方数.
> 其中最大者为 923187456=30384^2.

2.　枚举整数 a

求出相应最小 9 位数的平方根 b 及最大 9 位数的平方根 c。

用变量 a 枚举[b, c]中的所有整数，计算 d=a*a，以确保 d 为平方数。

检测 d 是否存在重复数字或数字 "0" 后, 作相应处理。

```
// 枚举整数 a
main()
{ int k, m, n, t, f[10];
  long a, b, c, d, e1, e2, w;
  n=0;
  e1=sqrt(123456789);e2=sqrt(987654321);
  for(a=e1;a<=e2;a++)
    { d=a*a; w=d;                          // 确保 d 为平方数
      for(k=0;k<=9;k++) f[k]=0;
      while(w>0)
        { m=w%10;f[m]++;w=w/10;}
      for(t=0,k=1;k<=9;k++)
         if(f[k]!=1) {t=1;break;}          // 测试平方数是否有重复数字或 0
      if(t==0)
        { n++;b=a;c=d;}
    }
  printf("  排列数中共有%d 个平方数. \n", n);
  printf("  其中最大者为%ld=%ld^2. \n", c, b);
}
```

3. 两个枚举策略比较

全排列数的个数为 9!，前一个枚举设计的枚举数量级为 9!，是一个非常庞大的数值。而后者的枚举数量级仅为 $\sqrt{9!}$，而且可省去 d 是否为平方数的检测。

这两个枚举策略（即枚举路线）相比较，选用后者是合适的。

2.8.2　精简枚举结构

从算法的时间复杂度考虑，当 n 非常大时，枚举所需时间相应地会长。在进行枚举设计时，精简枚举结构是减少重复操作、降低枚举的时间复杂度的重要一环。

例 2-2　设 n 为正整数，求和

$$s(n) = 1 - \frac{1}{1+1/2} + \frac{1}{1+1/2+1/3} - \cdots \pm \frac{1}{1+1/2+\cdots+1/n}$$（和式中各项符号一正一负）

算法 1：二重枚举设计

和式中各项的分母也为和，自然想到在项数枚举循环中，设置求各项分母的枚举内循环。

二重枚举设计描述：

```
printf("　请输入正整数n：");
scanf("%d",&n);
s=1;
for(k=2;k<=n;k++)              // 枚举和式各项
{ t=0;
  for(j=1;j<=k;j++)            // 枚举计算各项分母
    t=t+1.0/j;
  if(k%2==0)  s=s-1/t;
  else s=s+1/t;
}
printf("%lf",s);
```

算法 2：一重枚举设计

在项数 k 枚举循环中，应用 t=t+1/k 直接求出各分数的分母，也就是说，在计算第 k 项分母时直接用到第 k-1 项分母的结果，这样可减少重复计算，省去内循环，把循环结构优化为一重枚举。

一重枚举描述：

```
printf("　请输入正整数n：");
scanf("%d",&n);
s=1;t=1;
for(k=2;k<=n;k++)              // 枚举各项
  { t=t+1.0/k;                 // 计算第 k 项的分母
    if(k%2==0)  s=s-1/t;
    else s=s+1/t;
  }
printf("%lf",s);
```

算法 1 二重循环的枚举设计的时间复杂度为 $O(n^2)$，而精简枚举结构的算法 2 精简为一重循环，算法 2 枚举设计的时间复杂度为 $O(n)$。可见这一并不复杂的改进优化了枚举设计的时间复杂度。

2.8.3 优化枚举参数

在枚举结构确定后，枚举循环的参数设置是否合适，直接关系到算法效率的高低。

例 2-3 求解四元二次不定方程 $x^2 + y^2 + z^2 = w^2$ 在指定区间 [a, b] 的正整数解。

输入正整数 a 和 b（$1 \leq a < b < 10000$），输出方程在区间 [a, b] 内的正整数解 x、y、z、w（约定 $a \leq x < y < z < w \leq b$）。

解：输入指定区间 [a, b]，一般设置四重循环在指定区间内枚举 x、y、z、w（x<y<z<w），若满足方程式，则输出解并用 n 统计解数。

（1）基本枚举设计 1

```
// 四重循环基本枚举设计
main()
{long a,b,n,x,y,z,w;
 printf(" 请输入区间[a,b]的上下限 a,b: ");
 scanf("%ld,%ld",&a,&b);
 n=0;
 for(x=a;x<=b-3;x++)          // 四重循环枚举
 for(y=x+1;y<=b-2;y++)
 for(z=y+1;z<=b-1;z++)
 for(w=z+1;w<=b;w++)
     if(x*x+y*y+z*z==w*w)     // 满足不定方程式时统计输出
        { n++;
          printf(" %ld: %ld,%ld,%ld,%ld \n",n,x,y,z,w);
        }
 if(n==0)  printf(" 方程在该区间内没有解.\n");
 else  printf(" 共有%ld 组解.\n",n);
}
```

（2）优化循环参数设计 2

注意到 x<y<z<w≤b，而 x 为最小的，显然 x<sqrt(b*b/3)；

当 x 选取之后，y 为次小的，显然 y<sqrt((b*b-x*x)/2；

当 x,y 选取之后，显然 z<=sqrt(b*b-x*x-y*y)。

优化循环参数后枚举描述：

```
// 优化循环参数设计
main()
{long a,b,n,x,y,z,w;
 printf(" 请输入区间[a,b]的上下限 a,b: ");
 scanf("%ld,%ld",&a,&b);
 n=0;
 for(x=a;x<sqrt(b*b/3);x++)
 for(y=x+1;y<sqrt((b*b-x*x)/2);y++)
 for(z=y+1;z<=sqrt(b*b-x*x-y*y);z++)
 for(w=z+1;w<=b;w++)
     if(x*x+y*y+z*z==w*w)      // 满足不定方程式时统计
        { n++;
```

```
        printf(" %ld: %ld,%ld,%ld,%ld  \n",n,x,y,z,w);
      }
  if(n==0)  printf(" 方程在该区间内没有解.\n");
  else  printf(" 共有%ld组解.\n",n);
}
```

（3）枚举结构与参数综合优化设计3

设指定区间为[a,b]，精简w循环，设置三重循环在指定区间内枚举x，y，z（x<y<z），应用方程式计算d=x*x+y*y+z*z，w=sqrt(d)：若w>b或w*w≠d，即不满足方程，返回；否则用n统计并输出解。

```
// 精简循环设计
main()
{long a,b,d,n,x,y,z,w;
  printf(" 请输入区间[a,b]的上下限a,b: ");
  scanf("%ld,%ld",&a,&b);
  n=0;
  for(x=a;x<sqrt(b*b/3);x++)
  for(y=x+1;y<sqrt((b*b-x*x)/2);y++)
  for(z=y+1;z<=sqrt(b*b-x*x-y*y);z++)
      { d=x*x+y*y+z*z;
        w=(long)sqrt(d);          // w为x、y、z的平方和开平方
        if(w>b || w*w!=d) continue;
        n++;
        printf(" %ld: %ld,%ld,%ld,%ld  \n",n,x,y,z,w);
      }
  if(n==0)  printf(" 方程在该区间内没有解.\n");
  else  printf(" 共有%ld组解.\n",n);
}
```

（4）三个枚举设计比较

设区间[a,b]中的整数规模为n，对以上三个枚举设计的时间复杂度作粗略分析：

①基本设计1的时间复杂度显然为$O(n^4)$；

②优化参数的设计2仍设置了四重循环，时间复杂度仍为$O(n^4)$，但其系数已大大缩减；

③综合优化设计3只需三重循环实现，其时间复杂度优化为$O(n^3)$。

为了比较以上三个枚举设计的优劣，建议用同一组数据（例如a=1000,b=2013）对以上三个设计进行现场测试比较，实际效果非常明显。由此可见，即使是最基础的枚举算法，其改进与优化的空间也是非常大的。

习题 2

2-1 广义同码小数之和

$$s(d,n)=0.d+0.dd+0.ddd+\cdots+0.dd\cdots d \ (n 个 d)$$

其中正整数d、n从键盘输入（1<d,n<10000）。

例如：s(301,4)=0.301+0.301301+0.301301301+0.301301301301

依次输入整数d、n（1<d,n<10000），输出和s(d,n)的整数部分与小数点后前10位。

2-2 解不等式

设 n 为正整数，解不等式

$$2013 < 1 + \frac{1}{1+1/2} + \frac{1}{1+1/2+1/3} + \cdots + \frac{1}{1+1/2+\cdots+1/n} < 2014$$

2-3 解不定方程

试求解三元不定方程

$$\frac{1}{a} - \frac{1}{b \times c} = \frac{1}{a+b+c}$$

满足条件 $x \leq a, b, c \leq y$，$b < c$ 的所有正整数解。

2-4 合数世纪探索

定义：一个世纪的 100 个年号中不存在一个素数，即 100 个年号全为合数的世纪称为合数世纪。

试探索第 m（约定 m<100）个合数世纪。

2-5 分解质因数

对给定区间[m, n]的正整数分解质因数，每一整数表示为质因数从小到大顺序的乘积形式。如果被分解的数本身是素数，则注明为素数。

例如，2012=2*2*503，2011=(素数!)。

2-6 因数比的最大值

设整数 a 的小于其本身的因数之和为 s，定义 p(a)=s/a 为整数 a 的因数比。

事实上，a 为完全数时，p(a)=1。例如，p(6)=1。

有些资料还介绍了因数之和为数本身 2 倍的整数，例如 p(120)=2。

试搜索指定区间[x, y]中因数比最大的整数。

2-7 基于素数代数和的最值

定义和：

$$s(n) = 1 \times 3 + 3 \times 5 + 5 \times 7 + 7 \times 9 \pm \cdots \pm (2n-1) \times (2n+1)$$

和式中第 k 项±(2k-1)*(2k+1)的符号识别：当(2k-1)与(2k+1)中至少有一个素数，取"+"；其余取"-"。例如和式中第 13 项取"-"，即为-25*27。

（1）求 s(2013)。

（2）设 1≤n≤2013，当 n 为多大时，s(n)最大？

（3）设 1≤n≤2013，当 n 为多大时，s(n)最小？

2-8 完美四则运算式

把数字 1～9 这 9 个数字填入以下含加、减、乘、除的综合运算式中的 9 个□中，使得该式成立。

$$□□ \times □ + □□□ \div □ - □□ = 0$$

要求数字 1～9 这 9 个数字在各式中都出现一次且只出现一次，并约定数字"1"不出现在数式的一位数中（即排除各式中的各个 1 位数为 1 这一平凡情形）。

2-9 区间内的最大连续合数区间

搜索指定区间[c, d]内的最大连续合数区间。

输入：键盘输入区间范围[c, d]。

输出：区间内最多连续合数的个数，连续合数的起始与终止数。

　　例如：输入 c, d：10, 100

　　　　最多连续合数的个数为：7

　　　　连续合数区间为：[90, 96]

2-10　三角形双分线

设一块木板为非等腰 △ABC，其三边长分别为 BC=a, CA=b, AB=c，寻求三角形木板上的分割线，把该三角形木板分割为周长相等且面积相等的两块。

试确定双分线的具体位置。

依次输入正整数 a, b, c（约定 a, b, c<100），输出各分割线的位置（四舍五入，精确到小数点后第 4 位）。

第3章 递推

递推（Recurrence）是一种应用非常广泛的常用算法，与下一章的递归有着非常密切的联系。

本章探讨递推设计在求解数式、数列、数阵以及整数搜索、整数划分等方面的应用。

3.1 递推概述

在纷繁变幻的多彩世界中，所有事物都随时间的流逝发生变化。许多现象的变化是有规律可循的，这种规律往往呈现出前因后果的关系。某种现象的变化结果与紧靠它前面的某些变化结果紧密关联，递推的思想正是这一变化规律的体现。

3.1.1 递推的概念

递推是利用问题本身所具有的递推关系求解问题的一种方法。所谓递推，是在命题归纳时，可以由数量分别为 $n-k, \cdots, n-1$ 的情形推得数量为 n 的情形，或反过来由数量分别为 $i+k, \cdots, i+1$ 的情形推得数量为 i 的情形。

一个线性递推可以形式地写成

$$a_n = c_1 a_{n-1} + \cdots + c_k a_{n-k} + f(n)$$

其中 $f(n)=0$ 时，递推是齐次的，否则是非齐次的。线性递推的一般解法要用到 n 次方程的求根。

假设要求问题规模为 n 的解，当 $n=1$ 时，解或为已知，或能非常方便地得到解。若能从已求得的规模为 $1,2,\cdots,i-1$ 的一系列解中构造出问题规模为 i 的解，我们就可从 $i=1,2,\cdots,i-1$ 出发，由已知至 $i-1$ 规模的解，通过递推获得规模为 i 的解，直至得到指定规模为 n 的解。

递推算法的基本思想是把一个复杂的、庞大的计算过程转化为简单过程的多次重复，该算法充分利用了计算机的运算速度快和重复操作的特点，从头开始，一步步地推出问题最终的结果。使用递推算法既可使算法描述简练，又可节省算法运行时间。

对于一个序列来说，如果已知它的通项公式，那么要求出数列第 n 项或数列的前 n 项之和是简单的。但是，在许多情况下，要得到数列的通项公式是困难的，有时甚至无法得到。然而，一个有规律的数列相邻位置上的数据项之间通常存在着一定的依存关系，可以借助已知的项，利用特定的关系逐项推算出它的后继项的值，直到找到所需的那一项为止。递推算法避开了求通项公式的麻烦，把一个复杂的问题的求解分解成若干步简单的递推运算。

递推算法的首要问题是得到相邻的数据项之间的关系，即递推关系。它针对以下问题：问题的解决可以分为若干步骤，每个步骤都产生一个子解（部分结果），每个子解都是由前面若干子解生成。我们把这种由前面的子解得出后面的子解的规则称为递推关系。

递推关系是一种高效的数学模型，是组合数学中的一个重要解题方法，在组合计数中有着广泛的应用。在对多项式的求解过程中，很多情况可以使用递推算法来实现。在行列式方面，某些 n 阶行列式只用初等变换难以解决,但如果采用递推求解,则显得较为容易。递推关系不仅在各数学分支中发挥着重要的作用,由它所体现出来的递推思想在各学科领域中更显示出其独特的魅力。

3.1.2　递推常用模式

我们在设计求解问题前,要通过细心的观察、丰富的联想,不断尝试推理,尽可能归纳总结其内在规律,然后再把这种规律性的东西抽象成递推数学模型。

利用递推求解问题,需要掌握递推关系的具体描述及其实施步骤。

1.　实施递推的步骤

（1）确定递推变量

应用递推算法解决问题,要根据问题的具体实际设置递推变量。递推变量可以是简单变量,也可以是一维或多维数组。

（2）建立递推关系

递推关系是指如何从变量的前一些值推出其下一个值,或从变量的后一些值推出其上一个值的公式或关系式。

递推关系是递推的依据,是解决递推问题的关键。

有些问题,其递推关系是明确的,而大多数实际问题并没有现成的、明确的递推关系,需要根据问题的具体实际,不断尝试推理归纳,才能确定问题的递推关系。

（3）确定初始（边界）条件

对所确定的递推变量,要根据问题最简单情形的数据确定递推变量的初始（边界）值,这是递推的基础。

（4）递推过程的控制

递推过程不能无休止地执行下去,递推过程在什么时候结束、满足什么条件结束,这是递推算法必须确定的递推过程控制问题。

递推过程的控制通常可分为两种情形:一种是所需的递推次数是确定的值,可以计算出来;另一种是所需的递推次数无法确定。对于前一种情况,可以构建一个固定次数的循环来实现对递推过程的控制;对于后一种情况,需要进一步根据问题的具体实际归纳出用来终止递推过程的条件。

2.　递推常用模式

递推通常由循环来实现,一般在循环外确定初始（边界）条件,在设置的循环中实施递推。

下面归纳常用的递推模式并作简要的框架描述。

首先,从递推流向可分为顺推与逆推。

（1）简单顺推算法

顺推即从前往后推,从已求得的规模为 1, 2, …, i-1 的一系列解,推出问题规模为 i 的解,直至得到规模为 n 的解。

简单顺推算法框架描述:

```
f(1—i-1)=<初始值>;                 // 确定初始值
for(k=i;k<=n;k++)
    f(k)=<递推关系式>;             // 根据递推关系实施顺推
```

```
print(f(n));                          // 输出目标值 f(n)
```
（2）简单逆推算法

逆推即从后往前推，从已求得的规模为 n, n-1, …, i+1 的一系列解，推出问题规模为 i 的解，直至得到规模为 1 的解。

简单逆推算法框架描述：
```
f(n—i+1)=<初始值>;                    // 确定初始值
for(k=i;k>=1;k--)
    f(k)=<递推关系式>;                // 根据递推关系实施逆推
print(f(1));                          // 输出目标值 f(1)
```
（3）二维数组顺推算法

简单递推问题通过设置一维数组实现，较复杂的递推问题需设置二维或二维以上数组。

设递推的二维数组为 $f(k, j)$，$1 \leq k \leq n, 1 \leq j \leq m$，由初始条件分别求得 $f(1,1)$，$f(1,2)$，…，$f(1,m)$，则根据给定的递推关系，由初始条件依次顺推得 $f(2,1)$，$f(2,2)$，…，$f(2,m)$；$f(3,1), f(3,2)$，…，$f(3,m)$；…，直至得到目标值 $f(n,m)$。

二维数组顺推算法框架描述：
```
f(1,1—m)=<初始值>;                    // 赋初始值
for(k=2;k<=n;k++)
for(j=1;j<=m;j++)
    f(k,j)=<递推关系式>;              // 根据递推关系实施递推
print(f(n,m));                        // 输出目标值 f(n,m)
```
（4）多关系分级递推算法

当递推关系包含两个或两个以上关系式时，通常应用多关系分级递推求解。
```
f(1：i-1)=<初始值>;                   // 赋初始值
for(k=i;k<=n;k++)
  { if(<条件 1>)
      f(k)=<递推关系式 1>;            // 根据递推关系 1 实施递推
    ……
    if(<条件 m>)
      f(k)=<递推关系式 m>;            // 根据递推关系 m 实施递推
  }
print(f(n));                          // 输出目标值 f(n)
```
3. 递推算法的时间复杂度

一般来说，递推算法是一个高效而直接的常用算法。

如果能在一重循环中完成递推，无论是顺推还是逆推，通常其相应的时间复杂度是线性的，即为 $O(n)$。

在实际应用中，由于递推关系的不同，往往需要应用二重或更复杂的循环结构才能完成递推，其相应的时间复杂度为 $O(n^2)$ 或更高。

3.2 递推数列

著名的斐波那契数列就是一个典型的递推数列，求解斐波那契数列时，只需简单顺推即可完成。

本节应用递推求解三个典型的递推数列，涉及这些数列的指定项、指定项的和、最大项

以及数列中的构造特点。

3.2.1 双关系递推数列

设集合 M 定义如下：

（1）$1 \in M$；

（2）$x \in M \Rightarrow 2x+1 \in M, 5x-1 \in M$；

（3）再无其他的数属于 M。

试求集合 M 元素从小到大排列所得序列的第 n（n＜10000）项与前 n 项之和。

我们试应用枚举与递推两种算法设计求解。

1. 枚举设计

（1）枚举设计要点

设递推序列的第 i 项为 m(i)，显然 m(1)=1。

设置枚举变量 k：k 从 2 开始递增 1 取值，若 k 可由已有的项 m(j)（j＜i）用两个递推关系之一推得，即满足条件 k=2*m(j)+1 或 k=5*m(j)-1，说明整数 k 是 m 序列中的一项，赋值给 m(i)，并累加到和 s 中。

（2）枚举实现

```
// 2x+1,5x-1 递推序列枚举判别
main()
{ int n,i,j; long k,s,m[10000];
  printf(" 请输入n: ");
  scanf("%d",&n);
  m[1]=1;s=1;
  k=1;i=1;                        // 确定初始值
  while(i<n)
    { k++;
      for(j=1;j<=i;j++)
       if(k==2*m[j]+1 || k==5*m[j]-1)
         { i++;m[i]=k;            // 判断k为递推项，给m数组赋值
           s=s+k;
           break;
         }
    }
  printf(" m(%d)=%ld, s=%ld \n",n,m[n],s);
}
```

2. 递推设计

（1）递推设计要点

该题有 2x+1 和 5x-1 两个递推关系，设置数组 m(i) 存储 M 元素从小到大排列序列的第 i 项，显然 m(1)=1，这是递推的初始条件。

同时设置两个队列：

$$2*m(p2)+1, \quad p2=1,2,3,\cdots$$
$$5*m(p5)-1, \quad p5=1,2,3,\cdots$$

这里用 p2 表示 2x+1 这一队列的下标，用 p5 表示 5x-1 这一队列的下标。

从两队列中选一排头，通过比较，选数值较小者送入数组 m 中。所谓"排头"就是队列

中尚未选入 m 的最小的下标。

若 2*m(p2)+1<5*m(p5)−1，则 m(i)=2*m(p2)+1；下标 p2 增 1；

若 2*m(p2)+1>5*m(p5)−1，则 m(i)=5*m(p5)−1；下标 p5 增 1；

若 2*m(p2)+1=5*m(p5)−1，则 m(i)=5*m(p5)−1；下标 p2 与 p5 同时增 1。

（2）递推描述

```
// 双关系递推
main()
 {long n,p2,p5,i,s,m[10000];
  printf("   请输入 n:");
  scanf("%ld",&n);
  m[1]=1;s=1;
  p2=1;p5=1;                          // 排头 p2,p5 赋初值
  for(i=2;i<=n;i++)
    { if(2*m[p2]+1<5*m[p5]-1)
       { m[i]=2*m[p2]+1;p2++;}
      else
       { m[i]=5*m[p5]-1;
         if(2*m[p2]+1==5*m[p5]-1) p2++;   // 为避免重复项，P2 须增 1
         p5++;
       }
      s+=m[i];                        // 实现求和
    }
  printf("   m(%ld)=%ld,s=%ld\n",n,m[n],s);
 }
```

3. 算法测试与分析

```
请输入 n:2014
m(2014)=157889,s=128274053
```

说明：有些资料省去了注释行"if(2*m[p2]+1==5*m[p5]−1) p2++;"，即忽略了两队列相等情形的判别处理，因而导致数组 m 中出现一些重复项（例如出现两项 19 等），这与集合元素的互异性相违，无疑将导致所求的第 n 项与前 n 项之和出错。

枚举算法通过设置二重循环实现，外循环 k(k>n) 次，内循环 n 次，其时间复杂度为 $O(kn)$，显然要高于 $O(n^2)$。

递推算法通过设置一重循环实现，其时间复杂度为 $O(n)$。显然递推算法的效率高于枚举。

3.2.2　振动数列

1. 枚举设计

已知递推数列：

$a(1)=1$，$a(2*i)=a(i)+2$，$a(2*i+1)=a(i+1)-a(i)$（$i=1,2,\cdots$）

数列平台定义：数列中相连两项或相连两项以上相等，则称为一个平台。

数列波峰定义：

（1）某项同时大于其前、后相邻项；

（2）存在相连若干项相等，这些项同时大于其相邻前项与后项。

例如：相连的某 3 项为 4,7,5，则为一个波峰；相连的某 4 项为 −1,3,3,2，也为一个波峰，其中 3,3 为一个平台。

对指定的正整数 m, n（m＜n），统计该数列从第 m 项至第 n 项这一段中的数列平台与数列波峰的个数。

2. 递推设计要点

为该数列据项序号为奇或偶两种情况作不同递推，所得数列各项大小呈上下振动态势。

（1）递推产生各项

设置 a 数组存储序列的各项，赋初值 a(1)=1。

根据递推式，在 i 循环中，据项序号 i(2～n) 为奇或偶作不同递推：

mod(i, 2)=0（即 i 为偶数）时，a(i)=a(i/2)+2

mod(i, 2)=1（即 i 为奇数）时，a(i)=a((i+1)/2)-a((i-1)/2)

（2）统计平台数与波峰数

当前 n 项产生后，再行统计平台数与波峰数，为适应数列中可能存在多项相同时统计平台数与波峰数的需要，在对项 a[i]（m+1≤i≤n-1）操作时，标记 j=i，在条件(a[i]==a[i+1])循环中，项号 i 实施增 1 操作：

j=i;while(a[i]==a[i+1]) i++;

1）若 i＞j，表明存在 i-j+1＞2 项相等，应用 p++统计平台数。

同时，若 i==m+1 && a[i]==a[m]，则也是一个平台。

2）若 a[i]同时大于其前项 a[j-1]与后项 a[i+1]，即为一波峰，应用 k++统计波峰数。

注意到 i++可能突破 n-1 的界限，因而要注意限制 i≤n-1，即

if(a[j]>a[j-1] && a[i]>a[i+1] && i<=n-1) k++;

3. 递推描述

```
// 求振动数列的平台与波峰数
main()
{ long i, j, k, m, n, p, a[100000];
  printf("  请确定项数区间 m, n(1<m<n<100000)：");
  scanf("%ld,%ld", &m, &n);
  k=0;p=0;
  a[1]=1;
  for(i=2;i<=n;i++)
    { if(i%2==0)                    // 分序列号为奇、偶实施递推
        a[i]=a[i/2]+2;
      else
        a[i]=a[(i+1)/2]-a[(i-1)/2];
    }
  for(i=m+1;i<=n-1;i++)
    { j=i;
      while(a[i]==a[i+1]) i++;
      if(i>j || i==m+1 && a[i]==a[m])
        p++;                        // 通过 i, j 比较判别平台
      if(a[j]>a[j-1] && a[i]>a[i+1] && i<=n-1)
        k++;                        // 通过前后项比较判别波峰
    }
  printf("  数列第%ld 项至第%ld 项中有%ld 个平台，", m, n, p);
```

```
      printf(" 有%ld 个波峰. \n",k);
   }
```

4. 数据测试与分析

请确定项数区间 m, n: 1000, 2014
数列第 1000 项至第 2014 项中有 12 个平台, 有 343 个波峰.

递推算法设置一重循环实现, 其时间复杂度为 O(n)。

变通: 如果所求问题需具体指出各个波峰的峰值和各个平台的台高, 算法应如何处理?

3.2.3　分数数列

一个递推分数数列的前 6 项: $1/2, 3/5, 4/7, 6/10, 8/13, 9/15, \cdots$, 归纳数列的构成规律, 第 i 项 ($i > 2$) 的分母 d 与分子 c 存在关系: $d = c + i$, 且分子 c 为与前 $i-1$ 项中的所有分子、分母均不相同的最小正整数。

试求出该数列的第 n ($n < 3000$) 项, 并求出前 n 项中的所有最大项。

1. 递推设计要点

注意到递推需用到前面的所有项, 设置数组 $c(i)$ 表第 i 项的分子, $d(i)$ 表第 i 项的分母 (均为整数)。

显然, 初始值为: $c(1)=1$, $d(1)=2$; $c(2)=3$, $d(2)=5$。

已知前 $i-1$ 项时, 如何确定 $c(i)$ 呢?

显然 $c(i) > c(i-1)$, 同时可证, 当 $i > 2$ 时, 第 i 个分数的分子 $c(i)$ 总小于第 $i-1$ 个分数的分母 $d(i-1)$。

于是, 置 k 在区间 $(c(i-1), d(i-1))$ 取值, k 分别与 $d(1), d(2), \ldots d(i-1)$ 比较, 若存在相同, 则 k 增 1 后再比较; 若没有相同的, 则产生第 i 项, 作赋值: $c(i)=k$, $d(i)=k+i$。

为了准确求出数列前 n 项中的最大项, 设最大项为第 $kmax$ 项 ($kmax$ 赋初值 1), 每产生第 i 项, 如果有

$$c(i)/d(i) > c(kmax)/d(kmax) \quad <=> \quad c(i)*d(kmax) > c(kmax)*d(i)$$

即第 i 项要比原最大的第 $kmax$ 项大, 则作赋值 $kmax=i$, 把产生的第 i 项确定为最大项。产生第 n 项后, 前 n 项中的最大项也同时比较出来。

在算法设计中比较最大项, 把分数比较转化为整数比较是适宜的。

2. 递推描述

```
// 分数递推数列
main()
 { int n,i,k,t,j,kmax;
   long c[3001],d[3001];
   printf("请输入整数 n(1--3000):");
   scanf("%d",&n);
   c[1]=1;d[1]=2;
   c[2]=3;d[2]=5;
   kmax=1;                          // 数组最大项序号赋初值
   for(i=3;i<=n;i++)
      {for(k=c[i-1]+1;k<d[i-1];k++)
       {t=0;                        // k 枚举探求第 i 项分子 c
        for(j=1;j<i-1;j++)
```

```
        if(k==d[j])
          {t=1;break;}
      if(t==0)
        { c[i]=k;d[i]=k+i;          // 第 i 项分子 c,分母 d 赋值
          break;
        }
      }
    if(c[i]*d[kmax]>c[kmax]*d[i])
      kmax=i;                        // 比较得最大项的序号 kmax
  }
  printf("数列第%d 项为: %ld/%ld. \n", n,c[n],d[n]);
  printf("数列前%d 项中最大项为", n);
  for(i=1;i<=n;i++)                  // 检查可能有多个最大项
    if(c[i]*d[kmax]==c[kmax]*d[i])
      printf("第%d 项: %ld/%ld. \n", i,c[i],d[i]);
}
```

3. 算法测试与分析

请输入整数 n(1--3000):2014
数列第 2014 项为：3258/5272.
数列前 2014 项中最大项为第 1597 项：2584/4181.

本递推问题的递推较为复杂，每一项的确立都要与前面的所有项比较，算法通过三重循环实现，时间复杂度为 $O(n^3)$。

3.3 超级素数搜索

定义 m 位超级素数：

（1）m（m＞1）位整数 x 为素数；

（2）从高位开始，去掉 1 位后为 m-1 位素数；去掉 2 位后为 m-2 位素数；…；去掉 m-1 位后为 1 位素数。

例如素数 137 是一个 3 位超级素数，因去高 1 位得 37，去高 2 位得 7，都是素数。

而素数 107 不是超级素数，因去高 1 位得 7，不是一个 2 位素数。

输入 m（1＜m≤10），统计 m 位超级素数的个数，并输出其中最大的 m 位超级素数。

我们试应用枚举与递推两种算法设计求解。

1. 枚举设计

（1）枚举要点

1）为了方便判别素数，应用试商法设计素数判别函数 p(k)：

若 k 为素数，p(k) 返回 1；否则，p(k) 返回 0。

2）为枚举 m 位数需要，通过自乘 10（即 c=c*10;），计算 m 位数的起始数 c。

3）设置枚举 m 位奇数的 f 循环：

① 若 f 不是素数，或 f 的个位数字不是 3 或 7（超级 m 位素数的个位数字必然是 3 或 7），则 continue 返回。

② 若 f 的其他各位数字为"0"，显然应予以排除。

③ 除 m 位数 f 本身及其个位数已检验外,从高位开始去掉 1 位,2 位,…, m-2 位,可得 m-2 个数（f%k, k=100,1000,…, 10^{m-1}）,这 m-2 个数的 p 函数值相乘为 t:

若 t=0,说明 m-2 个数中至少有一个非素数,则 continue 返回;

若 t=1,说明 m-2 个数全为素数,应用变量作统计个数。

④ 为输出最大的 m 位超级素数,在统计的同时,作赋值 "e=f;",最后输出的 e 则为最大 m 位超级素数。

（2）枚举描述

```
// 枚举求指定 m 位超级素数
main()
 {int i,m;
  long c,d,e,f,k,s,t;
  int p(long f);
  printf("  请确定 m(m>1): ");
  scanf("%d",&m);
  for(c=1,i=1;i<=m-1;i++) c=c*10;      // 确定最小的 m 位数 c
  s=0;
  for(f=c+1;f<=10*c-1;f=f+2)           // 设置枚举循环
    { if(p(f)==0 || !(f%10==3 || f%10==7)) continue;
      for(t=1,d=f/10,i=1;i<=m-2;i++)
        { if(d%10==0)  t=0;
          d=d/10;
        }
      if(t==0) continue;
      for(t=1,k=10,i=1;i<=m-2;i++)
        { k=k*10;t=t*p(f%k);}
      if(t==0) continue;
      s++;e=f;                         // 统计并赋值
    }
  printf("  共%ld 个%d 位超级素数.\n",s,m);
  printf("  其中最大数为%ld.\n",e);
}
#include <math.h>
int p(long k)                          // 设计素数检测函数
{int j,h,z;
 z=0;
 if(k==2) z=1;
 if(k>=3 && k%2==1)
 {for(h=0,j=3;j<=sqrt(k);j+=2)
    if(k%j==0) {h=1;break;}
  if(h==0) z=1;                        // k 为素数返回1,否则返回0
 }
 return z;
}
```

（3）数据测试

```
请确定 m(m>1): 5
共 192 个 5 位超级素数.
其中最大数为 99643.
```

2. 递推设计

（1）递推设计要点

根据超级素数的定义，m（m>1）位超级素数去掉高位数字后是 m-1 位超级素数。一般地，k（k=2,3,…,m）位超级素数去掉高位数字后是 k-1 位超级素数。

在已求得 g 个 k-1 位超级素数 a[i]（i=1,2,…,g）时，在 a[i]的高位加上一个数字 j（j=1,2,…,9），得到 9*g 个 k 位候选数 f=j*e[k]+a[i]，(e[k]=10^{k-1})，只要对这 9*g 个 k 位候选数检测即可。这就是从 k-1 递推到 k 的递推关系。

注意到超级 m（m>1）位素数的个位数字必然是 3 或 7，则得初始（边界）条件：

$$a[1]=3, a[2]=7, g=2;$$

（2）递推描述

```
// 递推求指定 m 位超级素数
main()
 {int g,i,j,k,m,t,s;
  double d,f,a[20000],b[20000],e[20];
  int p(double f);
  printf("  请确定 m(m>1): ");
  scanf("%d",&m);
  g=2;s=0;
  a[1]=3;a[2]=7;e[1]=1;              // 递推的初始条件
  for(k=2;k<=m;k++)
   { e[k]=e[k-1]*10;t=0;
     for(j=1;j<=9;j++)
     for(i=1;i<=g;i++)
      { f=j*e[k]+a[i];               // 对 9 *g 个候选数 f 逐个进行检测
        if(p(f)==1)
         { t++;b[t]=f;
           if(k==m) {s++;d=f;}       // 统计并给超级素数赋值
         }
      }
     g=t;
     for(i=1;i<=g;i++) a[i]=b[i];
   }
  printf("  共%d 个%d 位超级素数. \n",s,m);
  printf("  其中最大数为%.0f. \n",d);
 }
int p(double k)
{int h,z;double j;long t;
 z=0;
 t=(int)pow(k,0.5);
 for(h=0, j=3;j<=t;j+=2)
    if(fmod(k,j)==0) {h=1;break;}
 if(h==0) z=1;                       // k 为素数返回 1,否则返回 0
 return z;
}
```

（3）数据测试与分析

请确定 m（m>1）：10
共 517 个 10 位超级素数.
其中最大数为 9987983617.

3. 两个算法时间复杂度比较

应用枚举设计，需对 m 位奇数进行检测，枚举数量级为 10^m。

应用递推设计，只需检测 9*g(k-1) 个（g(k-1) 为 k-1 位超级素数的个数），k=2, 3, …, m，因而求 m 位超级素数共检测的次数为

$$s(m) = 9 \times \sum_{k=1}^{m} g(k)$$

对 s(m) 的数量级（即递推设计的时间复杂度）尚无定量估算，但肯定远低于 10^m，即递推设计的效率要优于枚举设计。

例如，当 m=5 时，应用枚举设计需调用 p(k) 函数的次数为 45000*4=180000。而应用递推设计调用 p(k) 函数的次数仅为 9*(2+11+39+99)=1359。

3.4 数阵与网格

本节应用递推与迭代设计探求数阵中的经典名题"杨辉三角"，并给出有趣的"方格网交通线路"的递推设计，以展示递推算法在数阵与网格统计方面的广泛应用。

3.4.1 杨辉三角

1. 问题提出

杨辉三角历史悠久，是我国古代数学家杨辉揭示二项展开式各项系数的数字三角形。

我国北宋数学家贾宪约于 1050 年首先使用"贾宪三角"进行高次开方运算，南宋数学家杨辉在《详解九章算法》中记载并保存了"贾宪三角"，故称杨辉三角。元朝数学家朱世杰在《四元玉鉴》中扩充了"贾宪三角"。在欧洲直到 1623 年以后，法国数学家帕斯卡才发现了与杨辉三角类似的"帕斯卡三角"。

杨辉三角构建规律主要包括横行各数之间的大小关系以及不同横行数字之间的联系，奥妙无穷：每一行的首尾两数均为 1；第 k 行共 k 个数，除首尾两数外，其余各数均为上一行肩上两数之和。如图 3-1 所示为 5 行杨辉三角形。

```
        1
      1   1
    1   2   1
  1   3   3   1
1   4   6   4   1
```

图 3-1 5 行杨辉三角形

试构造并输出杨辉三角形的前 n 行（n 从键盘输入）。

2. 递推设计

（1）递推设计要点

考查杨辉三角形的构建规律，三角形的第 i 行有 i 个数，其中第 1 个数与第 i 个数都是 1，其余各项为它两肩上数之和（即上一行中相应项及其前一项之和）。

设置二维数组 a(n, n)，根据构成规律实施递推：

递推关系：a(i, j)=a(i-1, j-1)+a(i-1, j) （i=3, …, n; j=2, …, i-1）

初始值：a(i, 1)=a(i, i)=1 （i=1, 2, …, n）

为了输出左右对称的等腰数字三角形，设置二重循环：设置 i 循环控制打印 n 行；每一行开始换行，打印 40-3i 个前导空格后，设置 j 循环控制打印第 i 行的各数组元素 a(i, j)。

（2）递推描述

```
// 杨辉三角的递推构建
main()
{int n, i, j, k, a[20][20];
 printf("  请输入行数n: ");
 scanf("%d", &n);
 for(i=1; i<=n; i++)
    {a[i][1]=1; a[i][i]=1;}          // 确定初始条件
 for(i=3; i<=n; i++)
 for(j=2; j<=i-1; j++)              // 递推实施
     a[i][j]=a[i-1][j-1]+a[i-1][j];
 for(i=1; i<=n; i++)               // 控制输出 n 行
   { for(k=1; k<=40-3*i; k++)
       printf(" ");               // 控制输出第 i 行的前导空格
    for(j=1; j<=i; j++)
       printf("%6d", a[i][j]);    // 控制输出第 i 行的 i 个元素
    printf("\n");
   }
}
```

（3）数据测试

输入 n=10，则打印 10 行杨辉三角形，如图 3-2 所示。

```
                          1
                       1     1
                    1     2     1
                 1     3     3     1
              1     4     6     4     1
           1     5    10    10     5     1
        1     6    15    20    15     6     1
     1     7    21    35    35    21     7     1
  1     8    28    56    70    56    28     8     1
1     9    36    84   126   126    84    36     9     1
```

图 3-2   10 行的杨辉三角形

3. 迭代设计

（1）迭代设计要点

杨辉三角形实际上是二项展开式各项的系数（即第 n+1 行的 n+1 个数）分别是从 n 个元素中取 0, 1, …, n 个元素的组合数 c(n, 0), c(n, 1), …, c(n, n)。注意到组合公式：

$$c(n, 0)=1$$
$$c(n, k)=(n-k+1)/k*c(n, k-1) \quad (k=1, 2, …, n)$$

这一公式即递推关系，可不用数组，直接应用变量迭代求解。

（2）迭代描述

```
// 迭代构建
main()
```

```
{int m,n,cnm,k;
 printf("　请输入行数 n: ");
 scanf("%d",&n);
 for(k=1;k<=40;k++) printf(" ");
 printf("%6d \n",1);                    // 输出第 1 行的 "1"
 for(m=1;m<=n-1;m++)
   {for(k=1;k<=40-3*m;k++)
     printf(" ");
   cnm=1;
   printf("%6d",cnm);                   // 输出每行开始的 "1"
   for(k=1;k<=m;k++)
    {cnm=cnm*(m-k+1)/k;                  // 计算第 m 行的第 k 个数
     printf("%6d",cnm);
    }
   printf("\n");
  }
}
```

4. 算法复杂度分析

由以上两个不同设计实现杨辉三角可以看到,递推方式并不是一成不变的,往往有多种方式可供选择。

本案例的递推设计与迭代设计的时间复杂度均为 $O(n^2)$。

3.4.2 方格网交通线路

某城区的方格交通网如图 3-3 所示,城区中一座山占据的交通网中(3,2)、(4,2)与(4,3)这三个交叉点尚未开通,另有从(2,3)至(2,4)与(6,4)至(7,4)的两条打"×"路段正在维护,禁止通行。

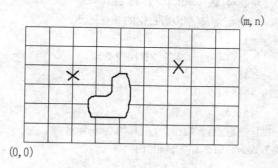

图 3-3　交通网格示意图

试统计从始点(0,0)到终点(m,n)的不同最短路线（路线中各段只能从左至右、从下至上）的条数。

输入正整数 m,n(7<m≤20,5<n≤20),输出从始点(0,0)到终点(m,n)的最短路线的条数。

1. 递推设计要点

如果是没有障碍的方格交通网,每一条路线共 m+n 段,其中横向 m 段,纵向 n 段,每一条不同路线对应从 m+n 个元素中取 m 个元素（以放置横向段）的组合数。

因而不同路线条数为：

$$C_{m+n}^m = \frac{n+1}{1} \cdot \frac{n+2}{2} \cdots \frac{n+m}{m}$$

由于设置了诸多障碍，试应用递推求解。

设 f(x, y)（0＜x≤m, 0＜y≤n）为从始点(0,0)到点(x, y)的不同最短路线的条数。

（1）递推关系

f(x, y)=f(x-1, y)+f(x, y-1)

（2）边界条件

f(x, 0)=1（0＜x≤m）

f(0, y)=1（0＜y≤n）

（3）障碍处理

① 城区的一座山所占据网中的(3,2)、(4,2)、(4,3)三个交叉点，可令 f(3,2)= f(4,2)= f(4,3)=0；

② 从（2,3）至（2,4）段禁止通行，则对 f(2,4)的赋值只有 f(1,4)，即

f[2][4]=f[1][4]；

同理　f[7][4]=f[7][3]；

2．算法描述

```
// 带障碍的交通路线问题
main()
{ int m, n, x, y; long f[30][30];
  printf(" 请输入正整数m, n: "); scanf("%d,%d", &m, &n);
  for(x=1;x<=m;x++) f[x][0]=1;
  for(y=1;y<=n;y++) f[0][y]=1;  // 确定边界条件
  for(x=1;x<=m;x++)
  for(y=1;y<=n;y++)             // 实施递推，得目标值f(m, n)
    if(x==3 && y==2 || x==4 && y==2 || x==4 && y==3)
      f[x][y]=0;                // 山所占据的3点处理
    else if(x==2 && y==4)
      f[x][y]=f[x-1][y];        // 2条维护路段处理
    else if(x==7 && y==4)
      f[x][y]=f[x][y-1];
    else
      f[x][y]=f[x-1][y]+f[x][y-1];  // 其他点递推
  printf(" 最短路线条数为: %ld \n", f[m][n]);
}
```

3．算法测试与分析

请输入正整数m, n: 20, 13
最短路线条数为：173352765

本问题的难点在于网格中的障碍处理，算法在递推中就"占点"与"维修段"两类障碍分别实施不同的赋值进行了处理。

递推算法在二重循环中实现，时间复杂度为 O(mn)。

3.5 六六顺数组

1. 问题提出

我们看"1, 5, 6"与"2, 3, 7"这两个三元数组具有以下两个相等特性：

$$1+5+6=2+3+7=12$$
$$1^2+5^2+6^2=2^2+3^2+7^2=62$$

我们再看"1, 5, 8, 12"与"2, 3, 10, 11"这两个四元数组具有以下三个相等特性：

$$1+5+8+12=2+3+10+11=26$$
$$1^2+5^2+8^2+12^2=2^2+3^2+10^2+11^2=234$$
$$1^3+5^3+8^3+12^3=2^3+3^3+10^3+11^3=2366$$

这些奇特的数组是如何得到的呢？

依此类推，是否存在两个五元数组，两数组之和相等，两数组之平方和也相等，以至两数组的立方和、4 次方和也分别相等呢？

进而是否存在两个六元数组，两数组之和相等，两数组之平方和也相等，以至两数组的立方和、4 次方和及 5 次方和均分别相等呢？我们把具有上述 5 个相等特性的六元数组称为"六六顺"数组。

试探索"六六顺"数组。

2. 递推性质

首先给出以下递推性质，它是设计求解的依据。

设 a 数组 $(a_1, a_2, \cdots, a_n)$ 与 b 数组 $(b_1, b_2, \cdots, b_n)$ 的和相等，其平方和，..., k-1 次方和也相等，则可以应用二项式定理证明以下的递推性质：

（1）当 k 为奇数时

$$a_1^k+\cdots+a_n^k+(m-a_1)^k+\cdots+(m-a_n)^k = b_1^k+\cdots+b_n^k+(m-b_1)^k+\cdots+(m-b_n)^k \quad (3.1)$$

（2）当 k 为偶数时

$$a_1^k+\cdots+a_n^k+(m-b_1)^k+\cdots+(m-b_n)^k = b_1^k+\cdots+b_n^k+(m-a_1)^k+\cdots+(m-a_n)^k \quad (3.2)$$

3. 递推设计要点

应用上述递推性质，先选取互不相同的正整数 a1, a2, b1, b2，使得 a1+a2=b1+b2。然后取 k=2，通过对整数 m 由小到大取值并逐个试验，代入式（3.2）后使等式的两边出现一个相同项。消去该项后，则得到两个三元数组 (a1, a2, a3) 与 (b1, b2, b3)，其和相等，平方和也相等。

例如，取 a1+a2=b1+b2 为 1+6=3+4，对整数 m 由小到大取值，确定为 m=8，据式（3.2）则有

$$1^2+6^2+(8-3)^2+(8-4)^2 = 3^2+4^2+(8-1)^2+(8-6)^2$$

即有

$$1^2+6^2+5^2+4^2 = 3^2+4^2+7^2+2^2$$

消项化简得

$$1^2+6^2+5^2 = 3^2+7^2+2^2$$

即得两个数组（1, 5, 6）与（2, 3, 7），其和相等（12），且平方和也相等（62）。

这样，由具有一个相等特性的二元数组递推得到具有两个相等特性的三元数组。

　　接着又通过取值试验确定整数 m，代入（3.1）式后使等式两边出现 2 个相同项。消去后则得到两个四元数组 (a1, a2, a3, a4) 与 (b1, b2, b3, b4)，它们的和、平方和、立方和都相等。

　　依此类推，可得"六六顺"要求的两个六元数组。

4. 递推设计描述

```
// 六六顺数组
main()
{int a1,b1,b2,n,k,m1,m,i,j,t,x,z;
 int a[20],b[20],c[20],d[20],aa[20],bb[20];
 long  s1,s2,tt1[20],tt2[20],s[20];
 printf("输入每组数的个数 n(2<n<7):");
 scanf("%d",&n);
 for(a1=1;a1<=19;a1++)
   {c[1]=a1;a[1]=a1;
    for(b1=a1+1;b1<=22;b1++)
    {d[1]=b1;b[1]=b1;
     for(b2=b1+1;b2<=25;b2++)          // 取初值 a(1)+a(2)=b(1)+b(2)
     {d[2]=b2;b[2]=b2;c[2]=d[1]+d[2]-c[1];a[2]=c[2];
     for(k=2;k<=n-1;k++)
     {m1=a[k]+1;
      if(b[k]>a[k]) m1=b[k]+1;
      for(m=m1;m<=3*m1;m++)           // m 在约定的循环中取值
       {for(i=1;i<=k;i++)
          { a[i]=c[i];b[i]=d[i];}
        if(k%2==0)                    // k 为偶数，按式（3.2）赋值
          for(i=1;i<=k;i++)
            { a[k+i]=m-b[i];b[k+i]=m-a[i];}
        else                          // k 为奇数，按式（3.1）赋值
          for(i=1;i<=k;i++)
            { a[k+i]=m-a[i];b[k+i]=m-b[i];}
        t=0;
        for(i=1;i<=2*k;i++)
        for(j=1;j<=2*k;j++)
          if(a[i]==b[j] && a[i]>0)    // 比较两数组，相同的非零项赋零
            { a[i]=0;b[j]=0;t=t+1;break;}
        if(t!=k-1) continue;
        for(i=1;i<=2*k-1;i++)         // 两数组分别由小到大排序
        for(j=i+1;j<=2*k;j++)
          {if(a[i]>a[j])
             {x=a[i];a[i]=a[j];a[j]=x;}
           if(b[i]>b[j])
             {x=b[i];b[i]=b[j];b[j]=x;}
          }
        for(i=1;i<=k+1;i++)
          {a[i]=a[i+t];b[i]=b[i+t];}  // 重新赋值，去除两数组中的零项
        for(i=1;i<=k;i++)
          {z=0;
           if(a[i]==a[i+1] || b[i]==b[i+1])  // 同数组中有相同项，则返回
```

```
        {z=1;break;}
      }
    if(z==1) continue;
    for(i=1;i<=k+1;i++)
      {c[i]=a[i];d[i]=b[i];}
    m=3*m1;
  }
}
if(k!=n) continue;
for(i=1;i<=n;i++)
  {tt1[i]=1;tt2[i]=1;}
for(i=1;i<=n;i++)
  {aa[i]=a[i];bb[i]=b[i];}
for(k=1;k<=n-1;k++)
 {for(s1=0,s2=0,i=1;i<=n;i++)        // 验证两组各方幂和是否相等
   { tt1[i]=tt1[i]*aa[i];
     tt2[i]=tt2[i]*bb[i];
     s1=s1+tt1[i];s2=s2+tt2[i];
   }
  z=0;
  if(s1!=s2) {z=1;break;}
  s[k]=s1;
}
if(z==0)                              // 验证通过，输出一组解
  { printf(" 2 个%d 元数组:( ",n);
    for(i=1;i<=n;i++)  printf("%d ",a[i]);
    printf("), ( ");
    for(i=1;i<=n;i++)  printf("%d ",b[i]);
    printf(") \n");
    for(k=1;k<=n-1;k++)
      printf(" %d 次方和都是:%ld \n",k,s[k]);
    return;
  }
     }
    }
  }
}
```

5. 算法测试与说明

```
输入每组数的个数 n(2<n<7):6
2 个 6 元数组:( 1 6 7 17 18 23 ), ( 2 3 11 13 21 22 )
   1 次方和都是:72
   2 次方和都是:1228
   3 次方和都是:23472
   4 次方和都是:472036
   5 次方和都是:9770352
```

本案例的递推性质（3.1）和（3.2）是递推求解的关键。算法中带有验证功能，确保所得到的"六六顺"数组的 5 个相等特性成立。

若把算法中的"return;"去掉,则可得算法中给出的初始数据所能得到的所有六六顺数组。

算法测试若输入其他整数 n(n<6),可得到相应的具有 n-1 个相等特性的两个 n 元数组。若输入 n>6 的整数值以求解更大规模的数组,需对算法进行相应修改。

6. 导出有趣的金蝉数组

修改以上程序,可得 n=3 时数组元素均为 1 位数的三元数组有 4 组解:

(9,5,4;8,7,3),(1,6,8;2,4,9),(1,5,6;2,3,7),(2,6,7;3,4,8)

把以上 4 组解巧妙组合为"2 组三元 4 位数"数组:

(9112,5656,4867;8223,7434,3978) (s1=19635,s2=138706569)

以上数组称为**金蝉数组**,因该数组具有和相等(s1)且平方和也相等(s2),还具有 7 次脱壳性质:

同时从高位去除 1、2、3 个数字,同时从低位去除 1、2、3 个数字,并同时去除最高位与最低位后,分别得

去高 1 位: (112,656,867;223,434,978)   (s1=1635,s2=1194569)
去高 2 位: (12,56,67;23,34,78)   (s1=135,s2=7769)
去高 3 位: (2,6,7;3,4,8)   (s1=15,s2=89)
去低 1 位: (911,565,486;822,743,397)   (s1=1962,s2=1385342)
去低 2 位: (91,56,48;82,74,39)   (s1=195,s2=13721)
去低 3 位: (9,5,4;8,7,3)   (s1=18,s2=122)
去高低 1 位:(11,65,86;22,43,97)   (s1=162,s2=11742)

以上经 7 次脱壳后的数组,其和相等(s1)且平方和也相等(s2)。

3.6 猴子爬山

本节通过猴子爬山这一有趣案例的递推求解,说明由简单递推设计深入到复杂分级递推设计的过程。

3.6.1 简单递推设计

1. 问题提出

一个顽猴在一座有 30 级台阶的小山上爬山跳跃,猴子上山一步可跳 1 级或 3 级,试求上山的 30 级台阶有多少种不同的爬法。

2. 简单递推设计

这一问题实际上是一个整数有序可重复拆分问题。试应用数组递推求解,设爬 k 级台阶的不同爬法为 $f(k)$ 种。

(1)探求 $f(k)$ 的递推关系。

上山最后一步到达第 30 级台阶,完成上山,共有 $f(30)$ 种不同的爬法;到第 30 级之前位于哪一级呢?无非是位于第 29 级(上跳 1 级即到),有 $f(29)$ 种;或位于第 27 级(上跳 3 级即到),有 $f(27)$ 种;于是 $f(30)=f(29)+f(27)$

依此类推,有以下递推关系:

$$f(k)=f(k-1)+f(k-3)   (k>3)$$

（2）确定初始条件

  f(1)=1；即 1=1

  f(2)=1；即 2=1+1

  f(3)=2；即 3=1+1+1；3=3

3. 递推描述

```
// 猴子爬山 n 级，一步跨 1 级或 3 级台阶
main()
{ int k,n;   long f[1000];
  printf("请输入台阶总数 n:");
  scanf("%d",&n);
  f[1]=1;f[2]=1;f[3]=2;          // 确定递推初始条件
  for(k=4;k<=n;k++)
      f[k]=f[k-1]+f[k-3];        // 按递推关系实施递推
  printf("s=%ld",f[n]);
}
```

4. 算法测试与分析

  输入 n=30，得
  s=58425

  本问题的递推式较为简单，而递推的初始条件要慎重确定。如果太随意，会把初始条件定错，必然会导致错误结果。本递推算法的时间复杂度为 O(n)。

3.6.2　分级递推设计

1. 问题引申

  把问题引申为爬山 n 级台阶，一步有 m 种跨法，一步跨多少级均从键盘输入，求共有多少种不同的爬法。

  例如，爬山 50 级台阶，一步有 4 种跨法，一步跨多少级从键盘输入为 2,3,5,6，求共有多少种不同的爬法。

2. 分级递推算法设计要点

  设爬山 t 级台阶的不同爬法为 f(t)，从键盘输入一步跨多少级的 m 个整数分别为 $x(1),x(2),\cdots,x(m)$（约定 $x(1)<x(2)<\cdots<x(m)<n$）。

  这里的整数 $x(1),x(2),\cdots,x(m)$ 为键盘输入，事前并不知道，因此不能在设计时简单地确定初始值 $f(x(1)),f(x(2)),\cdots$。

  事实上，可以把初始条件放在分级递推中求取，应用多关系分级递推算法完成递推。

  首先探讨 f(t) 的递推关系：

当 $t<x(1)$ 时，f(t)=0；f(x(1))=1（初始条件）

当 $x(1)<t\leqslant x(2)$ 时，第 1 级递推：$f(t)=f(t-x(1))$；

当 $x(2)<t\leqslant x(3)$ 时，第 2 级递推：$f(t)=f(t-x(1))+f(t-x(2))$；

……

  一般地，当 $x(k)<t\leqslant x(k+1)$，$k=1,2,\cdots,m-1$，有第 k 级递推：

  $f(t)=f(t-x(1))+f(t-x(2))+\cdots+f(t-x(k))$

当 $x(m)<t$ 时，有第 m 级递推：

  $f(t)=f(t-x(1))+f(t-x(2))+\cdots+f(t-x(m))$

当 t=x(2) 或 t=x(3)，…，或 t=x(m) 时，除递推求 f(t) 外，还要加上 1。道理很简单，因为此时 t 本身即为一个一步到位的爬法。为此，应在以上递推基础上添加：

$$f(t)=f(t)+1 \qquad (t=x(2), x(3), \cdots, x(m))$$

我们所求的目标为：

$$f(n)=f(n-x(1))+f(n-x(2))+\cdots+f(n-x(m))$$

这一递推式是我们设计的依据。

在递推设计中，我们可把台阶数 n 记为数组元素 x(m+1)，这样处理是巧妙的，可以按相同的递推规律递推计算，简化算法设计。最后一项 f(x(m+1)) 即为所求的 f(n)。

最后输出 f(n)，即 f(x(m+1)) 时必须把额外所添加的 1 减去。

3. 分级递推设计描述

```
// 分级递推
main()
{ int i,j,k,m,n,t,x[10];
  long f[200];
  printf("请输入总台阶数:");
  scanf("%d",&n);  // 输入台阶数
  printf("一次有几种跳法:");
  scanf("%d",&m);
  printf("请从小到大输入一步跳几级.\n");
  for(i=1;i<=m;i++)                          // 输入 m 个一步跳级数
    { printf("第%d 个一步可跳级数:",i);
      scanf("%d",&x[i]);
    }
  for(i=1;i<=x[1]-1;i++) f[i]=0;             // 确定初始条件
  x[m+1]=n;f[x[1]]=1;
  for(k=1;k<=m;k++)
   for(t=x[k]+1;t<=x[k+1];t++)
     { f[t]=0;
       for(j=1;j<=k;j++)                     // 按公式累加实现分级
         f[t]=f[t]+f[t-x[j]];
       if(t==x[k+1])                         // t=x(k+1)时增 1
         f[t]=f[t]+1;
     }
  printf("共有不同的跳法种数为:");
  printf("%d(%d",n,x[1]);                    // 按指定格式输出结果
  for(i=2;i<=m;i++)
    printf(",%d",x[i]);
  printf(")=%ld.\n",f[n]-1);
}
```

4. 数据测试与分析

```
请输入总台阶数:50
一次有几种跳法:4
请从小到大输入一步跳几级.
第 1 个一步可跳级数:2
第 2 个一步可跳级数:3
第 3 个一步可跳级数:5
第 4 个一步可跳级数:6
共有不同的跳法种数为:50(2,3,5,6)=106479771
```

本问题根据原始数据的不同，展现了简单递推与分级递推这两类递推的设计技巧。分级递推设计应用二重循环实现，其总循环次数为 m*n，时间复杂度为 O(m*n)。

3.7 整数划分

正整数 s（简称为和数）的划分（又称分划）是把 s 分成若干个正整数（简称为零数或部分）之和，划分式中允许零数重复，且不记零数的次序。

例如，s=5 有 7 个不同的划分式：

1+1+1+1+1；1+1+1+2；1+1+3；1+2+2；1+4；2+3；5。

对给定的正整数 s，试求 s 的不同划分式个数？并展示出所有这些划分式。

3.7.1 整数划分式的个数

1. 确定递推关系

设 n 的"最大零数不超过 m"的划分式个数为 $q(n,m)$。

所有 $q(n,m)$ 个划分式分为两类：

① 零数中不包含 m 的划分式有 $q(n,m-1)$ 个；

② 零数中包含 m 的划分式有 $q(n-m,m)$ 个，因为如果确定了一个划分的零数中包含 m，则剩下的部分就是对 n-m 进行不超过 m 的划分。

因而有递推关系：

$$q(n,m)=q(n,m-1)+q(n-m,m) \qquad (1\leq m<n\leq s)$$

其中

$$q(n-m,m)=q(n-m,n-m) \qquad (若\ n-m<m)$$

注意到，n 等于 n 本身也为一个划分式，则有

$$q(n,n)=1+q(n,n-1)$$

同时确定递推初始条件：

$$q(n,1)=1$$
$$q(1,m)=1 \qquad (m=1,2,\cdots,s，因整数\ 1\ 只有一个划分，不管\ m\ 是多大)$$

2. 递推描述

```
// 整数划分递推计数
main()
{ int m,n,s; long q[200][200];
  printf("  请输入 s:");
  scanf("%d",&s);                        // 输入划分的整数 s
  for(m=1;m<=s;m++)
    {q[m][0]=0;q[m][1]=1;q[1][m]=1;}     // 确定初始条件
  for(n=2;n<=s;n++)
    { for(m=1;m<=n-1;m++)
      { if(n-m<m) q[n-m][m]=q[n-m][n-m];
        q[n][m]=q[n][m-1]+q[n-m][m];     // 实施递推
      }
      q[n][n]=q[n][n-1]+1;               // 加上 n=n 这个划分式
```

```
    }
    printf(" 整数%d 的划分个数为: %ld \n",s,q[s][s]);    // 输出递推结果
}
```

3. 算法测试与分析

请输入 s:100
整数 100 的划分个数为: 190569292

以上递推设计在二重循环中完成, 其时间复杂度为 $O(s^2)$。

3.7.2 整数划分式的实现

实现和数 s 的所有划分式, 关键在于揭示和数 k 的划分式与和数 k-1 的划分式在构造上的递推关系。

1. 探索划分的递推关系

展示和数 s 的所有划分式, 为避免重复, 约定划分式中零数按非降排列。

为递推方便, 在递推过程中, 把 s=s 作为最后一个划分式。

为了建立递推关系, 先对和数 k 较小时的划分式作观察归纳:

k=2: 1+1; 2
k=3: 1+1+1; 1+2; 3
k=4: 1+1+1+1; 1+1+2; 1+3; 2+2; 4
k=5: 1+1+1+1+1; 1+1+1+2; 1+1+3; 1+2+2; 1+4; 2+3; 5

由以上各划分看到, 除和数本身 k=k 这一额外添加的划分式外, 其他每个划分式至少为两项之和。探索和数 k 的划分式与和数 k-1 的划分式存在以下递推关系:

(1) 在所有和数 k-1 的划分式前加一个零数 "1", 都是和数 k 的划分式。

(2) 和数 k-1 的划分式的前两个零数作比较, 如果第 1 个零数 x1 小于第 2 个零数 x2, 则第 1 个零数加 1 后成为和数 k 的划分式。

2. 递推设计要点

设置三维数组 a, a(k, j, i) 为和数 k 的第 j 个划分式的第 i 个数。

从 k=2 开始, 显然递推的初始条件为:

$$a(2, 1, 1)=1;\ a(2, 1, 2)=1;\ a(2, 2, 1)=2$$

根据递推关系, 实施递推:

(1) 实施在 k-1 所有 j 个划分式前的加 1 操作

$$a(k, j, 1)=1;$$
$$a(k, j, t)=a(k-1, j, t-1);\quad (t=2, 3, \cdots)$$

即 k-1 的第 j 个划分式的第 t-1 项变为 k 的第 j 个划分式的第 t 项。

(2) 若 k-1 划分式第 1 项小于第 2 项, 第 1 项加 1, 变为 k 的第 i 个划分式

若 $a(k-1, j, 1) < a(k-1, j, 2)$

则 $a(k, i, 1)=a(k-1, j, 1)+1;$
$$a(k, i, t)=a(k-1, j, t);\quad (t=2, 3, \cdots)$$

即若 k-1 的第 j 个划分式的第 1 项小于 k-1 的第 j 个划分式的第 2 项, 则 k-1 的第 j 个划分式的第 1 项加 1 后变为 k 的第 i 个划分式的第 1 项; k-1 的第 j 个划分式的第 t 项 (t>1) 为 k 的第 i 个划分式的第 t 项。

3. 展示整数划分式的递推描述

```
// 整数 s 划分展示
main()
{ int s,i,j,k,t,u;
  static int a[21][800][21];
  printf("input s(s<=20):"); scanf("%d",&s);
  a[2][1][1]=1;a[2][1][2]=1;a[2][2][1]=2;
  u=2;
  for(k=3;k<=s;k++)
    { for(j=1;j<=u;j++)
        { a[k][j][1]=1;
          for(t=2;t<=k;t++)               // 实施在 k-1 所有划分式前的加 1 操作
            a[k][j][t]=a[k-1][j][t-1];
        }
      for(i=u,j=1;j<=u;j++)
        if(a[k-1][j][1]<a[k-1][j][2])      // 若 k-1 划分式第 1 项小于第 2 项
          { i++;                           // 第 1 项加 1，为 k 的第 i 个划分式的第 1 项
            a[k][i][1]=a[k-1][j][1]+1;
            for(t=2;t<=k-1;t++)
              a[k][i][t]=a[k-1][j][t];
          }
      i++;a[k][i][1]=k;                     // k 的最后一个划分式为：k=k
      u=i;
    }
  for(j=1;j<=u;j++)                         // 输出 s 的划分式
    { printf("%3d: %d=%d",j,s,a[s][j][1]);
      i=2;
      while(a[s][j][i]>0)
        {printf("+%d",a[s][j][i]);i++;}
      printf("\n");
    }
}
```

4. 算法测试与分析

```
input s(s<=20):12
      1: 12=1+1+1+1+1+1+1+1+1+1+1+1
      2: 12=1+1+1+1+1+1+1+1+1+1+2
      3: 12=1+1+1+1+1+1+1+1+1+3
      ......
     75: 12=5+7
     76: 12=6+6
     77: 12=12
```

运行程序，输入 s=20，可得 20 的共 627 个划分式。

以上递推算法的时间复杂度与空间复杂度为 $O(s^2u)$，其中 u 为 n 划分式个数。注意到 u 随 n 的增加非常快，难以估算其数量级，其时间复杂度与空间复杂度都是很高的。

3.7.3 实现整数划分式的优化

1. 递推优化要点

考查以上应用三维数组 a(k, j, i)完成递推的过程，当由 k-1 的划分式推出 k 的划分式时，k-1 以前的数组单元已完全闲置。为此可考虑把三维数组 a(k,j,i)改进为二维数组 a(j,i)。二维数组 a(j,i)表示和数是 k-1 的已有划分式，根据递推关系推出 k 的划分式。

（1）把所有 a(j,i)依次存储到 a(j,i+1)，加上第一项 a(j,1)=1；这样完成在 k-1 的所有划分式前的加 1 操作，转化为 k 的划分式。

$$a(j, t+1)=a(j, t)；（t=i, i-1, \cdots, 1)$$
$$a(j, 1)=1；$$

（2）对已转化的 u 个划分式逐个检验，若其第 2 个数小于第 3 个数（相当于 k-1 时的第 1 个数小于第 2 个数），则把第 2 个数加 1，去除第一个数后，作为 k 时增加的一个划分式，为第 t（t 从 u 开始，每增加一个划分式，t 增 1）划分式。

若 $a(j, 2) < a(j, 3)$ （j=1, 2, \cdots, u，即若 k-1 划分式第 1 项小于第 2 项 ）

则 $a(t, 1)=a(j, 2)+1；$ （即第 1 项加 1 作为 k 的新增第 t 个划分式的第 1 项）

$a(t, i-1)=a(j, i)；$ （i≥3，即第 i 项变为第 i-1 项）

改进的递推设计把原有的三维数组改进为二维数组，降低了算法的空间复杂度，拓展了算法的求解范围。

2. 优化递推设计描述

```
// 整数 s 划分优化递推设计
main()
{ int s,i,j,k,t,u;
  static int a[38000][41];
  printf("input s(s<=40):");
  scanf("%d",&s);
  a[1][1]=1;a[1][2]=1;a[2][1]=2;u=2;
  for(k=3;k<=s;k++)
    { for(j=1;j<=u;j++)
        { i=k-1;
          for(t=i;t>=1;t--)                // 实施在 k-1 所有划分式前加 1 操作
            a[j][t+1]=a[j][t];
          a[j][1]=1;
        }
    for(t=u, j=1;j<=u;j++)
      if(a[j][2]<a[j][3])                  // 若 k-1 划分式第 1 项小于第 2 项
        { t++;
          a[t][1]=a[j][2]+1;               // 第 1 项加 1
          i=3;
          while(a[j][i]>0)
            {a[t][i-1]=a[j][i];i++;}
        }
    t++;a[t][1]=k;                         // 最后一个划分式为：k=k
    u=t;
  }
```

```
for(j=1;j<=u;j++)                    // 输出 s 的划分式(本身式除外)
  { printf("%3d: %d=%d",j,s,a[j][1]);
    i=2;
    while(a[j][i]>0)
       {printf("+%d",a[j][i]);i++;}
    printf("\n");
  }
}
```

3. 设计测试与说明

运行这一算法可顺利计算并输出 s=40 的 37338 个分划式。

划分式的个数 u 随和数 s 的增加相当迅速,而且其关系难以确定,递推的时间复杂度也就难以准确确定。

影响该案例的递推算法实施的主要是空间复杂度,尽管改进为二维数组,但内存大大限制和数 s 的取值范围,求解的和数 s 不可能大。

4. 进一步应用一维数组优化

因 C 语言没有字符串数组,不可能改进为一维数组求解。如果选用具有字符串数组的 Visual FoxPro 语言设计,可实施进一步改进,以扩展和数。

应用一维数组的算法描述:

```
*  整数 s 的分划展示(在 VFP 6.0 通过)
dime a(65000),b(100)
input "  请输入整数 s:" to s
a(1)="1+1+1"                && s=3 的初始值
a(2)="1+2"
a(3)="3"
b(3)=3
for k=4 to s
    t=b(k-1)                && b(k-1)为 s=k-1 时的分划个数
    for j=1 to b(k-1)
        x=at("+",a(j),1)     && a(j)中第 1 个 "+" 号的位置
        y=at("+",a(j),2)     && a(j)中第 2 个 "+" 号的位置
        if y=0               && 只有一个 "+" 号的处理
            y=len(a(j))+1
        endif
        z1=val(substr(a(j),1,x-1))     && a(j)中的第 1 个数
        z2=val(substr(a(j),x+1,y-1))   && a(j)中的第 2 个数
        if z1<z2 and x>0               && 若 x=0,则只有 z1,不处理
            t=t+1                      && a(j)中的第 1 个数加上 1,变为第 t 个分划
            a(t)=ltrim(str(z1+1))+substr(a(j),x)
        endif
    endfor
    for j=1 to b(k-1)        && a(j)中的所有分划前加零数 1
        a(j)="1+"+a(j)
    endfor
    a(t+1)=ltrim(str(k))     && 最后一个分划为 k=k
    b(k)=t+1                 && k 的分划个数赋值
```

```
endfor
? "   整数"+ltrim(str(s))+"共有"+ltrim(str(b(s)))+"个分划。"
for j=1 to b(s)              &&   输出 s 的所有 b(s) 个分划
  ? str(j,5)+": "+str(s,2)+"="+a(j)
endfor
? "  整数"+str(s,2)+"的分划种数为："+ltrim(str(b(s)))
return
```

这一算法可进一步拓广 s 的范围。

3.8   递推与迭代

本章应用递推，简捷地设计求解了一些有难度的数列与数阵问题。在超级素数的搜索设计中，我们领略了递推设计相对于枚举的优越性。在猴子爬山与整数的划分式等实际案例的求解中，也看到了递推的魅力。

应用递推求解，关键在于根据问题的具体实际进行归纳与探索，寻求与确定符合实际的递推关系，这既是重点，也是难点。

与递推紧密关联的是迭代（iteration）。在杨辉三角的求解中，我们既应用了递推设计，也应用了迭代设计。

迭代是一种不断用变量的旧值推出新值的过程，在数学中出现过各种各样技巧性很强的迭代法。

在迭代过程中，至少存在一个直接或间接地不断由旧值递推出新值的变量，这个变量就是迭代变量。如何从变量的前一个值推出其下一个值的公式（或关系）称为迭代关系式。在什么时候结束迭代过程？对迭代过程的控制往往要根据求解的具体实际来决定。

在前面许多实例求解的算法设计中常用到迭代，例如计数：n=n+1(n+=1;或 n++;)，再如求和：s=s+k(或 s+=k;)。这些都是用变量 n、s 的新值取代旧值的过程，这些操作都是迭代。

从以上"杨辉三角"的求解可见，递推常使用数组来完成，而传统迭代使用简单变量来完成。

递推也是根据递推关系式不断推出新值的过程。我们知道，数组是由具有同名同属性的数据结构组成的，从这个意义上说，递推的实质就是迭代，或者说递推可归纳为一种广义的迭代，而传统迭代则可视为一种应用简单变量的递推。

在实际案例处理中，很多迭代过程可以应用递推来解决，反过来，很多递推过程也可以应用迭代来解决。

例 3-1   斐波那契数列定义为
$$f_1 = f_2 = 1, \quad f_n = f_{n-1} + f_{n-2} \ (n > 2)$$
试求解斐波那契数列的第 40 项与前 40 项之和。

（1）应用递推求解

递推公式中的下标变量实际上就是数组元素的下标，设置一维数组 f(n)，数列的递推关系为：
$$f(k)=f(k-1)+f(k-2) \qquad (k>2)$$
数列初始值为：
$$f(1)=1, \ f(2)=1$$

　　应用递推求解，从已知前 2 项这一初始条件出发，逐步推出第 3 项，第 4 项，……，以至推出指定的第 n 项。

　　至于求和，在 k 循环外给和变量 s 赋初值 s=f(1)+f(2)，在 k 循环内实施求和，每计算一项 f(k) 即累加到和变量 s 中：s=s+f(k)。

　　斐波那契数列递推描述：

```
int k,n; long s,f[100];
printf("   请输入整数 n: ");
scanf("%d",&n);
f[1]=1;f[2]=1;
s=f[1]+f[2];                    // 数组元素与和变量赋初值
for(k=3;k<=n;k++)
   { f[k]=f[k-1]+f[k-2];       // 实施递推
     s+=f[k];                  // 实施求和
   }
printf("  %ld,%ld \n",f[n],s);
```

（2）应用迭代求解

　　设 a,b 是数列的相邻两项，s 是前 k 项之和。

　　循环前给 a,b,s 赋初值，进入 k 循环（k=3,4,…,n），a=a+b;实施迭代求得数列的第 k 项；s=s+a;实施迭代求得数列的前 k 项之和；然后借助 c 把新得到的一项 a 作为 b，把原有的 b 作为 a，为下一次迭代作准备。

　　斐波那契数列迭代描述：

```
int k,n; long a,b,c,s;
printf("   请输入整数 n: ");
scanf("%d",&n);
a=1;b=1;s=a+b;          // 为迭代变量 a,b,s 赋初值
for(k=3;k<=n;k++)       // 控制迭代次数
 { a=a+b;               // 推出 a 是 f 数列的第 k 项
   s=s+a;               // 推出 s 是 f 数列的前 k 项之和
   c=b;b=a;a=c;         // a、b 交换，为下次迭代作准备
 }
printf("  %ld,%ld \n",b,s);
```

　　这里输出的 b 为最后一次循环中的 a，即数列的第 n 项，s 即为 f 数列的前 n 项之和。

　　由此可知，很多计数问题应用递推可以求解，应用迭代也可以求解。

　　比较递推与迭代，两者的时间复杂度是相同的。所不同的是，递推往往设置数组，而传统迭代只要设置迭代的简单变量即可。

　　递推过程中，数组变量带有下标，推出过程比传统迭代更为清晰。

　　正因为递推中应用了数组，因而保留了递推过程中的中间数据。例如求 f 数列的第 40 项后，数列的第 20 项保留在 f(20) 中，随时可以输出查看。而传统迭代求解中并不保留迭代过程中的中间数据。

习题　3

3-1　递推 b 数列

定义 b 数列：$b_1 = 1, b_2 = 2, \quad b_n = 3b_{n-1} - b_{n-2} (n > 2)$

递推求 b 数列的第 20 项与前 20 项之和。

3-2　递推数列中的素数

已知数列 $a(1) = 2, a(k) = a(k-1) + k(k > 1)$。试求该数列的前 m 项中的素数个数及最大素数。输入 m，输出前 m 项中的素数个数及最大素数。

3-3　双幂序列

设 x, y 为非负整数，试计算集合 $M = \{2^x, 3^y | x \geq 0, y \geq 0\}$ 的元素由小到大排列的双幂序列第 n 项与前 n 项之和。

3-4　多幂序列

设 x, y, z 为非负整数，试计算集合 $M = \{2^x, 3^y, 5^z | x \geq 0, y \geq 0, z \geq 0\}$ 的元素由小到大排列的多幂序列第 n 项与前 n 项之和。

3-5　双幂积序列的和

由集合 $M = \{2^x 3^y | x \geq 0, y \geq 0\}$ 元素组成的复合幂序列，求复合幂序列的指数和 $x+y \leq n$（正整数 $n \leq 50$ 从键盘输入）的各项之和

$$s = \sum_{x+y=0}^{n} 2^x 3^y, x \geq 0, y \geq 0$$

3-6　粒子裂变

核反应堆中有 α 和 β 两种粒子，每秒钟内一个 α 粒子可以裂变为 3 个 β 粒子，而一个 β 粒子可以裂变为 1 个 α 粒子和 2 个 β 粒子。若在 t=0 时刻的反应堆中只有一个 α 粒子，求在 t（t<20）秒时反应堆裂变产生的 α 粒子和 β 粒子数。

3-7　猴子吃桃

有一只猴子第 1 天摘下若干个桃子，当即吃了一半，还不过瘾，又多吃了 1 个。第 2 天早上又将剩下的桃子吃掉一半，并多吃了 1 个。以后每天早上都吃了前一天剩下的一半后又多吃 1 个。到第 10 天早上想再吃时，见只剩下 1 个桃子了。

求第 1 天共摘了多少个桃子？

3-8　猴子吃桃引申

有一猴子第 1 天摘下若干个桃子，当即吃了一半，还不过瘾，又多吃了 m 个。第 2 天早上又将剩下的桃子吃掉一半，并多吃了 m 个。以后每天早上都吃了前一天剩下的一半后又多吃 m 个。到第 n 天早上想再吃时，见只剩下 d 个桃子了。

求第 1 天共摘了多少个桃子（m、n、d 由键盘输入）？

3-9　水手分椰子

五个水手来到一个岛上，采了一堆椰子后，因为疲劳，都睡着了。一段时间后，第一个水手醒来，悄悄地将椰子等分成五份，多出一个椰子，便给了旁边的猴子，然后自己藏起一份，再将剩下的椰子重新合在一起，继续睡觉。不久，第二名水手醒来，同样将椰子等分成五份，恰好也多出一个，也给了猴子。然后自己也藏起一份，再将剩下的椰子重新合在一起。以后每

个水手都如此分了一次并都藏起一份，也恰好都把多出的一个给了猴子。第二天，五个水手醒来，发现椰子少了许多，心照不宣，便把剩下的椰子分成五份，恰好又多出一个，给了猴子。

　　计算问原来这堆椰子至少有多少个？试应用迭代与递推两种算法求解。

3-10　水手分椰子引申

　　有 n 个水手来到一个岛上，采了一堆椰子后，因为疲劳，都睡着了。一段时间后，第一个水手醒来，悄悄地将椰子等分成 n 份，多出 m 个椰子，便给了旁边的猴子，然后自己藏起一份，再将剩下的椰子重新合在一起，继续睡觉。不久，第二名水手醒来，同样将椰子了等分成 n 份，恰好也多出 m 个，也给了猴子。然而自己也藏起一份，再将剩下的椰子重新合在一起。以后每个水手都如此分了一次并都藏起一份，也恰好都把多出的 m 个给了猴子。第二天，n 个水手醒来，发现椰子少了许多，心照不宣，便把剩下的椰子分成 n 份，恰好又多出 m 个，给了猴子。

　　对于给定的整数 n,m(约定 0＜m＜n＜9 从键盘输入)，试求原来这堆椰子至少有多少个？

第4章 递归

递归（Recursion）是算法设计中应用较广的基本算法，在数学与计算机科学中，递归是指在函数的定义中使用函数自身的方法。

递归方法通过函数或过程调用自身，将问题转化为本质相同但规模较小的子问题，具有易于描述、证明简单等优点，是许多复杂算法的基础，在实现动态规划、实施回溯设计方面有着广泛的应用。

4.1 分治策略与递归

1. 分治策略

应用计算机求解问题所需的时间都与问题的规模相关，求解问题的规模小，求解所需的时间就少；求解问题的规模越大，求解所需的时间就越长。

例如对 n 个数排序，当 n=1 时，无须排序；当 n=2 时，两个数通过一次比较即可；当 n=3 时，要进行 3 次比较才能完成排序……，如果 n 相当大，对这 n 个数排序就变得很困难。

当求解一个规模很大的问题时，可以考虑分解，即把原问题分解为若干个较小规模的问题处理，以便各个击破，分而治之，这就是分治的设计思想。

如果求解的问题可分解为 k 个子问题，且这些子问题都可解，并可利用这些子问题的解求出原问题的解，这种分治是可行的。

分治策略产生的子问题往往是与原问题本质相同的较小模式，我们不妨看一个应用分治策略求解的实例。

例 4-1 棋盘覆盖问题

在一个 8×8 方格组成的方阵棋盘中有一个黑色方格，其余方格为白色方格。问：能否用 21 块如图 4-1 右边所示的 3 方格组成的 L 型牌（及其各个旋转形态）覆盖该棋盘上的所有白色方格？

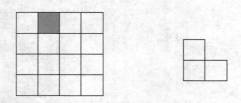

图 4-1 一种 k=2 棋盘及 L 型牌

解：一般把 $2^k \times 2^k$ 方格组成的方阵棋盘简称为 k 棋盘，棋盘中有一个黑格，其余方格为白格。黑格的位置有 4^k 种情形选择，因而 k 棋盘也有 4^k 种不同情形，棋盘中的白色方格为 4^k-1 个，图 4-1 左边为 k=2 棋盘的一种情形。

应用分治策略可给予 L 型牌全覆盖棋盘问题一个肯定的答复，即不管黑格位于 k 棋盘中 4^k 个位置中的哪一个，都能用 $(4^k-1)/3$ 张 L 型牌（及其各个旋转形态）完全覆盖该棋盘的所有白格。

事实上，当 k>1 时，将 k 棋盘分割为 4 个 k-1 子棋盘，如图 4-2 左所示。其中黑格必位于 4 个 k-1 棋盘之一，其余 3 个 k-1 棋盘上无黑格。可将一个 L 型牌覆盖这 3 个无黑格 k-1 棋盘的会合处，如图 4-2 右所示。被该 L 型牌覆盖的 3 个方格视为黑格，从而将含一个黑格的 k 棋盘问题转化为 4 个各含一个黑格的 k-1 棋盘，即原问题通过分治转化为 4 个本质相同的较小规模子问题。

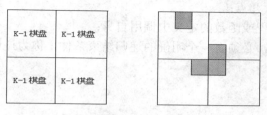

图 4-2　棋盘分割与 L 型牌覆盖

应用这一分治策略，不管开始时 k 多大，总可通过 k-1 次分割把原问题转化为 k=1 棋盘。而 k=1 棋盘为 2×2 方格，无论黑格位于何处，其余 3 个白格都为一个 L 型牌或其旋转形态。

具体到 8×8 方格棋盘（即 k=3 棋盘），通过一次分割转化为 4 个 k=2 棋盘；再一次分割转化为 k=1 棋盘。因而可得，无论黑格位于 8×8 棋盘的哪一个位置，总可用 $(4^3-1)/3=21$ 块 L 型牌覆盖该棋盘上的所有白色方格。

事实上，图 4-2 所示的分割具体给出了应用 L 型牌覆盖棋盘的操作方法。用 21 块 3 方格 L 型牌覆盖 8×8 方格棋盘如图 4-3 所示。

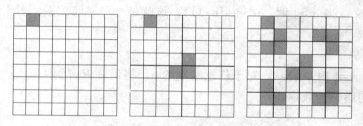

图 4-3　覆盖一个 8×8 方格棋盘分割示意图

2. 递归

递归（Recursion）是一个过程或函数在其定义中直接或间接调用自身的一种方法，是算法设计中的一种基本算法。递归方法通过函数或过程调用自身，将问题转化为本质相同但规模较小的子问题，是分治策略的具体体现。

递归设计就是把一个大型的问题层层转化为一个与原问题相似的规模较小的问题，在逐步求解小问题后，再返回（回溯）得到原问题的解。递归的实施就是利用系统堆栈，实现函数自身调用或者相互调用的过程。在通往边界的过程中，都会把单步地址保存下来，再按照先进后出进行运算，递归的数据传送也类似。

递归算法只需少量的代码就可描述出解题过程所需要的多次重复计算，大大地减少了描述的代码量，因而用递归算法描述往往十分简洁易懂。

递归算法具有易于描述、证明简单等优点，是许多复杂算法的基础，在实现动态规划、实施回溯方面有着广泛的应用。

3. 递归关系与边界条件

递归设计需要有递归关系，这是递归的依据；同时需要有边界条件，这是递归的基础，是控制递归过程结束的条件。

递归过程分为递归前进段和递归返回段。当边界条件不满足时，递归前进；当边界条件满足时，递归返回。

使用递归要注意以下几点：

（1）递归就是在过程或函数的定义中调用自身；

（2）在使用递归时，必须有一个明确的递归结束条件，称为递归出口。

例如有函数 r 如下：

```
int r(int a)
{ b=r(a-1);
  return b;
}
```

这个函数在定义中调用自身，运行该函数将无休止地调用，没有控制递归结束的"出口"，显然这是不正确的。为了防止递归调用无休止地进行，必须在函数内存在终止递归调用的手段。常用的办法是根据问题的具体实际设置递归的初始或边界条件，满足这一条件后就不再作递归调用，然后逐层返回。

例 4-2 应用递归计算 n!。

计算整数 n 的阶乘 $n!=1*2*\cdots*n$ 是一个基础组合问题。使用递归方法来处理将十分简单且易于理解。

（1）递归关系

根据 n!的定义，当 n>1 时，$n!=n*(n-1)!$，这就是一种递归关系。对于特定的 k!，它只与 k 和(k-1)!有关。

（2）递归边界

递归边界为：n=1 时，n!=1。对于任意给定的 n，将最终求解到 1!。

（3）求 n!的递归函数描述

```
long f(int x)
{ long g;
  if(x==1) g=1;              // 递归出口
  else g=x*f(x-1);           // 递归调用
  return g;                  // 递归函数返回 g
}
```

（4）设计调用递归函数的主程序

递归函数已经定义完成，需设计主程序带实参调用递归函数。

```
#include <stdio.h>
void main()
{ int n;
  long y;
  printf("  计算 n!，请输入 n: ");
  scanf("%d",&n);
  y=f(n);                        // 以实参 n 调用递归函数 f(x)
  printf("  %d!=%ld \n",n,y);
}
```

（5）递归调用剖析

主函数调用 f(n) 后即进入函数 f(n) 执行。

设输入为 n=5，即求 5!。

在主函数中的调用语句即为 y=f(5)，执行 f 函数，由于 n 不等于 1，执行 g=n*f(n-1)，即 g=5*f(4)，该语句调用 f(4)；

由于 4 不等于 1，执行 g=n*f(n-1)，即 g=4*f(3)，该语句调用 f(3)；

由于 3 不等于 1，执行 g=n*f(n-1)，即 g=3*f(2)，该语句调用 f(2)；

由于 2 不等于 1，执行 g=n*f(n-1)，即 g=2*f(1)，该语句调用 f(1)；

当 n 等于 1 时，返回 g=1，停止函数调用。

经以上 4 次递归调用后，f 函数参数值变为 1，故不再继续递归调用而开始逐层返回：

f(1) 的函数返回值为 1；

f(2) 的返回值为 2*1=2；

f(3) 的返回值为 3*2=6；

f(4) 的返回值为 4*6=24；

最后返回值 f(5) 为 5*24=120。

这一递归调用与返回的实施过程如下：

f(5)——f(4)——f(3)——f(2)——f(1)——f(2)——f(3)——f(4)——f(5)

　　　　　递归段　　　　　　　　　　　　　回溯段

（6）时间复杂度分析

求 n! 的递归设计，递归阶段是线性的，回溯阶段也是线性的，因而应用递归设计求 n! 的时间复杂度为 O(n)。

从例 4-1 的设计求解可知，应用递归方法求解问题的基本步骤是：构建递归关系、确定递归边界、写出递归函数，最后设计主函数带实参调用递归函数。

例 4-3　计算阿克曼函数。

阿克曼（Ackerman）函数 a(n,m) 递归定义如下：

$$a(m,n)=\begin{cases} n+1 & m=0 \\ a(m-1,1) & n=0 \\ a(m-1,a(m,n-1)) & m,n\geq 1 \end{cases}$$

试输出阿克曼函数的（m≤3, n≤10）的值。

解：阿克曼函数 a(m,n) 带两个参量，a(m,n) 的值随着变量 m，n 的变化而改变。

阿克曼函数以递归的形式定义：

当 m=0 时，a(0,n)=n+1，这是递归终止条件（递归出口）；

当 n=0 时，a(m,0)=a(m-1,1)，这是 n=0 时的递归关系；

当 m,n≥1 时，a(m,n)=a(m-1,a(m,n-1))，这是一般的递归关系。

试以 a(1,3) 为例，说明函数的递归过程：

a(1,3)= a(0,a(1,2))= a(0,a(0,a(1,1)))= a(0,a(0,a(0,a(1,0))))

　　　= a(0,a(0,a(0,a(0,1))))= a(0,a(0,a(0,2)))

　　　= a(0,a(0,3))= a(0,4)=5

（1）a 函数递归描述

```
int a(int m,int n)
{  if(m==0)  return n+1;
   else if(n==0) return a(m-1,1);
   else return a(m-1,a(m,n-1));
}
```

（2）设计主程序调用递归函数，并以表格形式输出

```
// 以表格形式输出阿克曼函数的(m≤3,n≤10)的值
#include <stdio.h>
void main()
{ int m,n;
  printf("a(m,n)");
  for(n=0;n<=10;n++)
     printf(" n=%1d ",n);
  printf("\n");
  for(m=0;m<=3;m++)
     { printf(" m=%d",m);
       for(n=0;n<=10;n++)
          printf("%5d",a(m,n));        // 调用并输出 a(m,n)
       printf("\n");
     }
}
```

（3）数据测试与估算

a(m,n)	n=0	n=1	n=2	n=3	n=4	n=5	n=6	n=7	n=8	n=9	n=10
m=0	1	2	3	4	5	6	7	8	9	10	11
m=1	2	3	4	5	6	7	8	9	10	11	12
m=2	3	5	7	9	11	13	15	17	19	21	23
m=3	5	13	29	61	125	253	509	1021	2045	4093	8189

当 m≥4 时，a(m,n)的增长快得惊人。a(4,0)=13，a(4,1)=65533，a(4,2)可达上万位，而 a(4,3)即使是位数也不易估计。

4.2 汉诺塔游戏

汉诺塔（Hanoi）问题又称河内塔问题，是印度的一个经典传说。

开天辟地的神勃拉玛在一个庙里留下了三根金刚石的棒，第一根上面套着 64 个圆的金片，最大的一个在底下，其余一个比一个小，依次叠上去。庙里的众僧不倦地把它们一个个地从这根棒搬到另一根棒上，规定可利用中间的一根棒作为帮助，但每次只能搬一片，而且规定大的金片不能放在小的金片上面。

后来，这个传说就演变为汉诺塔游戏：

（1）有三根桩子 A、B、C。A 桩上有 n 个圆盘，最大的一个圆盘在底下，其余圆盘一个比一个小，依次叠上去。

（2）每次只移动一块圆盘，规定小盘的只能叠放在大盘的上面，而大盘不能叠放在小盘的上面。

（3）目标是把 n 个圆盘从 A 桩全部移到 C 桩上，如图 4-4 所示。

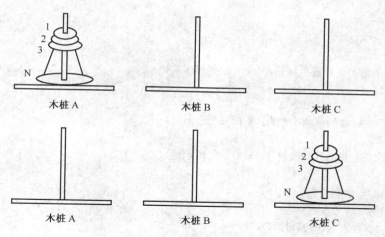

图 4-4　汉诺塔游戏示意图

试求解 n 个圆盘从 A 桩全部移到 C 桩上的移动次数，并展示这 n 个圆盘的移动过程。

4.2.1　移动次数求解

应用递归设计求解 n 个圆盘从 A 桩全部移到 C 桩上的移动次数。

1. 递归设计要点

当 n=1 时，只有一个盘，移动一次即完成。

当 n=2 时，由于条件是一次只能移动一个盘，且不允许大盘叠放在小盘上面：

首先把小盘从 A 桩移到 B 桩；

然后把大盘从 A 桩移到 C 桩；

最后把小盘从 B 桩移到 C 桩，移动 3 次完成。

设移动 n 个盘需 g(n) 次完成。分以下三个步骤：

（1）首先将 n 个盘中上面的 n-1 个盘借助 C 桩从 A 桩移到 B 桩上，需 g(n-1) 次；

（2）然后将 A 桩上最大的第 n 个盘移到 C 桩上，需 1 次；

（3）最后，将 B 桩上的 n-1 个盘借助 A 桩移到 C 桩上，需 g(n-1) 次。

因而有递归关系：

$$g(n)=2*g(n-1)+1$$

初始条件（递归出口）：

$$g(1)=1$$

2. 求解汉诺塔移动次数的递归函数描述

```
// 求移动次数的递归函数
double g(int m)
  { double s;
    if(m==1)   s=1;          // 确定初始条件
    else s=2*g(m-1)+1;       // 递归调用
    return s;
  }
```

3. 设计主程序带实参 n 调用 g(m)

```
// 汉诺塔 n 盘移动次数
#include<stdio.h>
```

```
void main()
{double g(int m);
 int n;
 printf(" 请输入盘片数n: ");
 scanf("%d",&n);
 if(n<=40)
    printf(" %d 盘的移动次数为: %.0f\n",n,g(n));
else
    printf(" %d 盘的移动次数为: %.4e\n",n,g(n));
}
```

4. 数据测试与分析

```
请输入盘片数n: 40
40 盘的移动次数为: 1099511627775
请输入盘片数n: 64
64 盘的移动次数为: 1.8447e+019
```

这64盘的移动次数是一个很大的天文数字, 若按每秒移动一次计算, 那么需要数亿个世纪才能完成这64个盘的移动。

主函数以实参n调用g(n), g(n)调用g(n-1), g(n-1)调用g(n-2), ……, 直到g(2)调用g(1), 得g(1)=1, 递归阶段结束。

由g(1)返回调用它的g(2), 得g(2)=3; 由g(2)返回调用它的g(3), 得g(3)=10; ……直到由g(n-1)返回调用它的g(n), 返回阶段结束, 输出g(n)的值。

求解汉诺塔移动次数的递归调用是线性的, 递归设计的时间复杂度为O(n)。

4.2.2 移动过程实现

应用递归设计展示n个圆盘从A桩全部移到C桩上的移动过程。

1. 递归设计要点

设递归函数hn(m,a,b,c)展示把m个盘从A桩借助B桩移到C桩的过程, 函数mv(a,c)输出从a桩到c桩的一次移动过程, 即A-->C。

实现hn(m,a,b,c), 当m=1时, 即mv(a,c)。

当m>1时, 分以下三步:

（1）将A桩上面的m-1个盘借助C桩移到B桩上, 即hn(m-1,a,c,b);

（2）将A桩上第m个盘移到C桩上, 即mv(a,c);

（3）将B桩上的m-1个盘借助A桩移到C桩上, 即hn(m-1,b,a,c)。

在主程序中, 带实参n、"A"、"B"、"C"调用hn(m,a,b,c), 这里n为具体移动盘的个数。同时设置变量k, 统计移动的次数。

2. 展示汉诺塔移动过程递归设计描述

函数mv(x,y)输出从x桩到y桩的过程, 这里x、y分别取"A"或"B"或"C", 主函数调用hn(m,a,b,c)。

（1）输出移动函数描述

```
#include <stdio.h>
long k=0;
void mv(char x,char y)                  // 输出函数
  { printf(" %c-->%c  ",x,y);
```

```
    k++;                                    // 统计移动次数
      if(k%5==0)  printf("\n");             // 控制一行输出 5 次移动
    }
```

（2）展示汉诺塔移动过程的递归函数描述

```
void hn(int m, char a, char b, char c)      // 递归函数
  { if(m==1)  mv(a, c);
      else
        { hn(m-1, a, c, b);
          mv(a, c);
          hn(m-1, b, a, c);
        }
  }
```

（3）主程序设计

```
void main()
  { int n;
    printf("\n input n: ");
    scanf("%d", &n);
    hn(n, 'A', 'B', 'C');                   // 主函数带实参调用递归函数
    printf("\n 移动次数为:%ld \n", k);       // 最后输出移动次数
  }
```

3．数据测试与剖析

```
input n: 4
A-->B    A-->C    B-->C    A-->B    C-->A
C-->B    A-->B    A-->C    B-->C    B-->A
C-->A    B-->C    A-->B    A-->C    B-->C
移动次数为:15
```

（1）上面的运行结果是实现函数 hn(4, A, B, C) 的过程，可分解为以下三步：

1）A-->B　A-->C　B-->C　A-->B　C-->A　C-->B　A-->B，这 7 步是实施 hn(3, A, C, B)，即完成把上面 3 个盘从 A 桩借助 C 桩移到 B 桩。

2）A-->C，这 1 步是实施 mv(A, C)，即把最下面的盘从 A 桩移到 C 桩。

3）B-->C　B-->A　C-->A　B-->C　A-->B　A-->C　B-->C，这 7 步是实施 hn(3, B, A, C)，即完成把 B 桩的 3 个盘借助 A 桩移到 C 桩。

（2）其中实现 hn(3, A, C, B) 的过程又可分解为以下三步：

1）A-->B　A-->C　B-->C，这 3 步是实施 hn(2, A, B, C)，即完成把上面两个盘从 A 桩借助 B 桩移到 C 桩。

2）A-->B，这 1 步是实施 mv(A, B)，即把第 3 个盘从 A 桩移到 B 桩。

3）C-->A　C-->B　A-->B，这 3 步是实施 hn(2, C, A, B)，即完成把 C 桩的两个盘借助 A 桩移到 B 桩。

从以上的结果分析可进一步帮助学生理解递归设计展示移动过程。

4．递归展示汉诺塔移动过程的时间复杂度

展示汉诺塔移动过程的递归设计，当 n 规模较大时，因移动次数多，且每一步移动都需输出，运行程序会随 n 的增加而变得困难。

设 T(n) 为对 n 个盘移动的次数，根据递归关系有

$$T(n) = 2t(n-1) + 1$$

于是

$$
\begin{aligned}
T(n) &= 2T(n-1) + 1 \\
&= 2(2T(n-2) + 1) + 1 = 4T(n-2) + 1 + 2 \\
&= 4(2T(n-3) + 1) + 1 + 2 = 8T(n-3) + 1 + 2 + 4 \\
&\quad\cdots\cdots \\
&= 2^{n-1}T(1) + (1 + 2 + 4 + \cdots + 2^{n-2}) \\
&= 2^n - 1
\end{aligned}
$$

可知递归展示汉诺塔移动过程的时间复杂度为 $O(2^n)$。

4.3 排队购票问题

4.3.1 常规排队

一场球赛开始前，售票工作正在紧张进行中。每张球票为 50 元，现有 30 个人排队等待购票，其中有 20 个人手持 50 元的钞票，另外 10 个人手持 100 元的钞票。假设开始售票时，售票处没有零钱，求出这 30 个人排队购票，使售票处不致出现找不开钱的局面的不同排队种数（约定：拿同样面值钞票的人对换位置为同一种排队）。

1. 递归设计要点

我们考虑一般情形：有 m+n 个人排队等待购票，其中有 m 个人手持 50 元的钞票，另外 n 个人手持 100 元的钞票。求出这 m+n 个人排队购票，使售票处不致出现找不开钱局面的不同排队种数。

这是一个典型的组合计数问题，可以应用递归求解，也可以应用递推求解。

令 $f(m, n)$ 表示有 m 个人手持 50 元钞，n 个人手持 100 元钞时的不同排队总数。我们分以下 3 种情况来讨论。

（1）n=0

当 n=0 时，意味着排队购票的所有 m 个人手中拿的都是 50 元，注意到拿同样面钞的人对换位置为同一种排队，那么这 m 个人的排队总数为 1，即 $f(m, 0)=1$。

（2）m＜n

当 m＜n 时，即排队购票的人中持 50 元的人数小于持 100 元的人数，即使把 m 张 50 元的钞票都找出去，仍会出现找不开钱的局面，所以这时排队总数为 0，即 $f(m, n)=0$。

（3）其他情况

我们考虑最后第 m+n 个人站在第 m+n-1 个人的后面，第 m+n 个人手持钞票有以下列两种情况：

1）第 m+n 个人手持 100 元钞，则在他之前的 m+n-1 个人中有 m 个人手持 50 元钞，有 n-1 个人手持 100 元钞，此种情况共有 $f(m, n-1)$ 种。

2）第 m+n 个人手持 50 元钞，则在他之前的 m+n-1 个人中有 m-1 个人手持 50 元钞，有 n 个人手持 100 元钞，此种情况共有 $f(m-1, n)$ 种。

由加法原理得：

$$f(m, n) = f(m, n-1) + f(m-1, n)$$

一般地，排队购票的递归关系：

$$f(j,i)=f(j,i-1)+f(j-1,i) \quad (0<i\leq n, \ 0<j\leq m)$$

初始条件：

当 $j<i$ 时，$f(j,i)=0$

当 $i=0$ 时，$f(j,i)=1$

2. 购票排队递归描述

```
// 常规购票排队
long f(int j,int i)
  {long y;
   if(i==0) y=1;
   else if(j<i) y=0;                // 确定初始条件
   else y=f(j-1,i)+f(j,i-1);        // 实施递归
   return y;
  }
#include<stdio.h>
void main()                         // 主函数调用
  {int m,n;
   printf(" input m,n: "); scanf("%d,%d",&m,&n);
   printf("   f(%d,%d)=%ld\n",m,n,f(m,n));
  }
```

3. 购票排队递推设计

以上的递归关系即递推关系，因而可应用递推设计求解。

```
// 递推实现购票排队
#include<stdio.h>
void main()
{int m,n,i,j;
 long f[100][100];
 printf(" input m,n: "); scanf("%d,%d",&m,&n);
 for(j=1;j<=m;j++)
     f[j][0]=1;
 for(j=0;j<=m;j++)                  // 确定初始条件
 for(i=j+1;i<=n;i++)
     f[j][i]=0;
 for(i=1;i<=n;i++)
 for(j=i;j<=m;j++)
     f[j][i]=f[j-1][i]+f[j][i-1];   // 实施递推
 printf("   f(%d,%d)=%ld\n",m,n,f[m][n]);
}
```

4. 数据测试与分析

```
input m,n: 20,10
f(20,10)=15737865
```

递归设计中，每调用一次递归函数 $f(j,i)$，就要调用另两个函数 $f(j,i-1)$ 和 $f(j-1,i)$，调用结构是二叉树。如果取实参 m,n 的最小值为 n，递归设计的时间复杂度为 $O(4^n)$，显然为指数时间。当 n 规模较大时，递归无法实现。

而递推设计应用二重循环完成，递推设计的时间复杂度为 $O(n^2)$。显然递推算法的运行效

率要远高于递归设计。

4.3.2 带条件限制的排队

在以上基本排队的基础上附加某些限制条件是有趣的，设计求解的难度也会增加。

1. 购票排除问题附加条件

一场球赛开始前，售票工作正在紧张进行中。每张球票为 50 元，现有 m+n 个人排队等待购票，其中有 m 个人手持 50 元钞，另外 n 个人手持 100 元钞。这 m+n 个人排队购票时，特别规定第 5 位为持 50 元者，第 8 位为持 100 元者。假设开始售票时，售票处没有零钱，求出这 m+n 个人排队购票，使售票处不致出现找不开钱的局面的不同排队种数（约定：m>n≥8，拿同样面值钞票的人对换位置为同一种排队）。

2. 设计要点

令 $f(m,n)$ 表示有 m 个人手持 50 元钞、n 个人手持 100 元钞时的排除总数。同上得到 $f(m,n)$ 的递推关系：

$$f(m,n)=f(m,n-1)+f(m-1,n)$$

一般地，排队购票的递推关系

$$f(j,i)=f(j,i-1)+f(j-1,i) \quad (j=1,2,\cdots,m;\ i=1,2,\cdots,n)$$

初始条件：

当 $j<i$ 时，$f(j,i)=0$

当 $i=0$ 时，$f(j,i)=1$

排队对应如图 4-5 所示的每一条从 $(0,0)$ 至 (m,n) 的最短路线，其中每一"横段"代表一个持 50 元者，每一"竖段"代表一个持 100 元者。

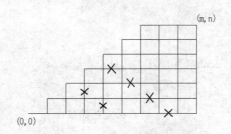

图 4-5　带限制条件的示意图

为了满足"第 5 位为持 50 元者"的规定，把图中左下角两条可位于第 5 位的"竖段"标注"×"，列为禁止通过。这两段上的交叉点 $(4,1)$ 与 $(3,2)$ 就只能与其左边的 $(3,1)$ 与 $(2,2)$ 点发生关系，即

```
if(j==4 && i==1 || j==3 && i==2)
    f(j,i)=f(j-1,i);
```

同样，为了满足"第 8 位为持 100 元者"的规定，把图中右边 4 条可位于第 8 位的"横段"标注"×"，列为禁止通过。其中 $(7,1)$、$(6,2)$、$(5,3)$ 这 3 点只能与其下边的点发生关系，即

```
if(j==7 && i==1 || j==6 && i==2 || j==5 && i==3)
    f(j,i)=f(j,i-1);
```

而最下面的"×"影响其右边的点 $(8,0)$，$\cdots$，$(m,0)$，即其右边的这些点的数组值只能取"0"。因而初始条件变为：

```
        if(i==0 && j<8) y=1;
        else if(j<i || i==0 && j>=8) y=0;
```

3. 限制条件排队的递归描述

```
// 限制(第 5 位持 50 元,第 8 位持 100 元)购票排队递归设计
long f(int j,int i)
{long y;
 if(i==0 && j<8) y=1;
 else if(j<i || i==0 && j>=8) y=0;        // 确定初始条件
 else if(j==4 && i==1 || j==3 && i==2)
      y=f(j-1,i);                          // 限制第 5 位
 else if(j==7 && i==1 || j==6 && i==2 || j==5 && i==3)
      y=f(j,i-1);                          // 限制第 8 位
 else
      y=f(j-1,i)+f(j,i-1);                 // 实施递归
 return y;
}
#include<stdio.h>
void main()                               // 主函数调用
{int m,n;
 printf("input m,n(m>n>=8):");
 scanf("%d,%d",&m,&n);
 printf("  f(%d,%d)=%ld\n",m,n,f(m,n));
 }
```

4. 限制条件排队的递推描述

```
// 限制(第 5 位持 50 元,第 8 位持 100 元)购票排队递推设计
#include<stdio.h>
void main()
{int m,n,i,j;
 long f[100][100];
 printf("input m,n(m>n>=8): ");
 scanf("%d,%d",&m,&n);
 for(j=0;j<=m;j++)
 for(i=0;i<=n;i++)
    if(i==0 && j<8) f[j][i]=1;
    else f[j][i]=0;                        // 确定初始条件
 for(i=1;i<=n;i++)
 for(j=i;j<=m;j++)                          // 实施递推
    if(j==4 && i==1 || j==3 && i==2)
        f[j][i]=f[j-1][i];
    else if(j==7 && i==1 || j==6 && i==2 || j==5 && i==3)
        f[j][i]=f[j][i-1];
    else
        f[j][i]=f[j-1][i]+f[j][i-1];
 printf("  f(%d,%d)=%ld\n",m,n,f[m][n]);
}
```

5. 算法测试

```
input m,n(m>n>=8): 20,10
f(20,10)=3895353
```

对限制条件的处理是本设计的难点，需根据图示中的"×"转变为特殊赋值。带限制条件的递归与递推算法复杂性分析与前相同。

4.4 多转向旋转方阵

把前 n^2 个正整数 1，2，...，n^2 填入 n×n 方阵，分以下 4 个转向：

（1）从方阵的左上角开始，由外层至中心按顺时针方向螺旋排列所成的数字方阵，称 n 阶顺转向内方阵；

（2）从方阵的左上角开始，由外层至中心按逆时针方向螺旋排列所成的数字方阵，称 n 阶逆转向内方阵；

（3）从方阵的中心开始至左上角结束，按顺时针方向螺旋排列所成的数字方阵，称 n 阶顺转向外方阵；

（4）从方阵的中心开始至左上角结束，按逆时针方向螺旋排列所成的数字方阵，称 n 阶逆转向外方阵。

图 4-6 所示即为 6 阶顺转向内与 6 阶逆转向外方阵。

```
 1  2  3  4  5  6       36 35 34 33 32 31
20 21 22 23 24  7       17 16 15 14 13 30
19 32 33 34 25  8       18  5  4  3 12 29
18 31 36 35 26  9       19  6  1  2 11 28
17 30 29 28 27 10       20  7  8  9 10 27
16 15 14 13 12 11       21 22 23 24 25 26
```

图 4-6 6 阶顺转向内与 6 阶逆转向外方阵

试设计选择转向，分别构造并输出这 4 种 n 阶方阵的算法。

1. 递归设计要点

设计以顺转向内展开，设置二维数组 a(h,v) 存放方阵中第 h 行第 v 列元素。

把 n 阶方阵从外到内分圈，外圈内是一个 n-2 阶顺转方阵，除起始数不同外，具有与原问题相同的特征属性。

因此，设置旋转方阵递归函数 t(b,s,d)，其中 b 是每个方阵的起始位置；s 是方阵的阶数；d 是为 a 数组赋值的整数。

b 赋初值 0，因方阵的起始位置为(0,0)。以后每一圈后进入下一内方阵，起始位置 b 需增 1。

d 从 1 开始递增 1 取值，分别赋值给数组的各元素，至 n^2 为止。

s 从方阵的阶数 n 开始，以后每一圈后进入下一内方阵，s=s-2。

若 s>1 时，在函数 t(b,s,d) 中还需调用 t(b+1,s-2,d)。至 s=0 时返回，作为递归的出口。

若 n 为奇数，s 递减 2 至 s=1 时，此时方阵只有一个数，显然为 a(b,b)=d。

2. 递归函数赋值

递归函数 t(b, s, d) 中对方阵的一圈的各边中各个元素赋值:

（1）一圈的上行从左至右递增, 行号 h 不变, 列号 v 递增, 数 d 递增。

　　　a[h][v]=d;v++;d++;

（2）一圈的右列从上至下递增, 列号 v 不变, 行号 h 递增, 数 d 递增。

　　　a[h][v]=d;h++;d++;

（3）一圈的下行从右至左递增, 行号 h 不变, 列号 v 递减, 数 d 递增。

　　　a[h][v]=d;v--;d++;

（4）一圈的左行从下至上递增, 列号 v 不变, 行号 h 递减, 数 d 递增。

　　　a[h][v]=d;h--;d++;

经以上 4 步, 完成一圈的赋值。

3. 递归函数描述

```
void t(int b, int s, int d)              // 定义递归函数
  { int j, h=b, v=b;
      if(s==0) return;                   // s=0, 1 时为递归出口
      if(s==1)
          { a[b][b]=d;return;}
      for(j=1;j<s;j++)                   // 一圈的上行从左至右递增
          { a[h][v]=d;v++;d++;}
      for(j=1;j<s;j++)                   // 一圈的右列从上至下递增
          { a[h][v]=d;h++;d++;}
      for(j=1;j<s;j++)                   // 一圈的下行从右至左递增
          { a[h][v]=d;v--;d++;}
      for(j=1;j<s;j++)                   // 一圈的左行从下至上递增
          { a[h][v]=d;h--;d++;}
      t(b+1, s-2, d);                    // 调用内圈递归函数
  }
```

4. 设计主程序调用

主程序中, 只要带实参调用递归函数 t(0, n, 1) 即可。

根据对所有 4 种转向选择的 p, 在设置的行 h 列 v 输出循环中, 应用 switch 语句实现多分支输出:

p=1 时, printf("%3d", a[h][v]); 输出顺转向内方阵;

p=2 时, printf("%3d", a[v][h]); 输出逆转向内方阵;

p=3 时, printf("%3d", n*n+1-a[v][h]); 输出顺转向外方阵;

p=4 时, printf("%3d", n*n+1-a[h][v]); 输出逆转向外方阵。

主程序清单:

```
// 多转向旋转方阵递归设计
#include <stdio.h>
int n, a[20][20]={0};
void main()
{ int h, v, b, p, s, d;
printf(" 请选择方阵阶数 n: ");
scanf("%d", &n);
```

```
printf("  方阵转向有以下 4 个：\n");
printf("  1：顺转向内      2：逆转向内\n");
printf("  3：顺转向外      4：逆转向外\n");
printf("  请选择方阵转向：");
scanf("%d",&p);
printf("  %d 阶",n);
switch(p)
{ case 1:  printf("顺转向内方阵：\n");break;
  case 2:  printf("逆转向内方阵：\n");break;
  case 3:  printf("顺转向外方阵：\n");break;
  case 4:  printf("逆转向外方阵：\n");break;
}
b=1;s=n;d=1;
void t(int b,int s,int d);  // 递归函数说明
t(b,s,d);
for(h=1;h<=n;h++)
  { for(v=1;v<=n;v++)
    switch(p)
      { case 1:  printf(" %3d",a[h][v]);break;
        case 2:  printf(" %3d",a[v][h]);break;
        case 3:  printf(" %3d",n*n+1-a[v][h]);break;
        case 4:  printf(" %3d",n*n+1-a[h][v]);break;
      }
    printf("\n");
  }
return;
}
```

5. 算法测试与分析

```
请选择方阵阶数 n:7
请选择方阵转向:2
7 阶逆转向内方阵：

   1  24  23  22  21  20  19
   2  25  40  39  38  37  18
   3  26  41  48  47  36  17
   4  27  42  49  46  35  16
   5  28  43  44  45  34  15
   6  29  30  31  32  33  14
   7   8   9  10  11  12  13
```

递归按圈实施，实际上是对每一个元素操作处理，时间复杂度为 $O(n^2)$。

4.5 快速排序与选择

排序就是将一组数据按指定顺序排列成一个有序序列，是数据处理中的一种应用广泛的、技巧性很强的运算手段。

排序的方法非常多，寻求时间复杂度较低的排序算法是我们追求的目标。

本节介绍应用递归设计实现分区交换的分治手段，从而达到快速排序与选择的目的，是

成功运用分治策略的典范。

4.5.1 分区交换排序

1. 排序概述

排序分为升序与降序。通常把待排序的 n 个数据存放在一个数组，排序后的 n 个数据仍存放在原数组中。

最简单的排序是逐个比较排序（约定为升序，下同），把存放在 r 数组的 n 个数据逐个比较，必要时进行数据交换。

当 i=1 时，r(1)分别与其余 n-1 个数据 r(j)（j=2, 3, …, n）比较，若 r(1)＞r(j)，借助另一变量 t 实施交换，确保 r(1)最小。

当 i=2 时，r(2)分别与其余 n-2 个数据 r(j)（j=3, 4, …, n）比较，若 r(2)＞r(j)，借助变量 t 实施交换，确保 r(2)次小。

依此类推，最后当 i=n-1 时，r(n-1)与 r(n)比较，若 r(n-1)＞r(n)实施交换，确保 r(n)最大。

逐个比较升序排序的算法描述：

```
for(i=1;i<=n-1;i++)
for(j=i+1;j<=n;j++)
  if(r[i]>r[j])
    {t=r[i];r[i]=r[j];r[j]=t;}
```

显然，逐个比较排序的数据比较的次数为

$$s = 1 + 2 + \cdots + (n-1) = \frac{n(n-1)}{2}$$

可见逐个比较排序的时间复杂度为 $O(n^2)$。当 n 非常大时，排序所需时间很长。考虑到逐个比较排序设计简单，当 n 不是很大时也常使用。

当排序的数量规模很大时，排序的时间也就相应地大。为了缩减排序的时间，降低排序的时间复杂度，出现了很多新颖而有特色的排序算法，下面介绍的应用分区交换的快速排序法就是其中之一。

2. 分区交换思路

分区交换实现排序，其基本思想是分治，即分而治之：在待排序的 n 个数据 r(1), r(2), …, r(n)中任取一个数（例如 r(1)）作为基准，把其余 n-1 个数据分为两个区，小于基准的数放在左边，大于基准的数放在右边。

这样分成的两个区实际上是待排序数据的两个子列。然后对这两个子列分别重复上述分区过程，直到所有子列只有一个元素，即所有元素按升序排位后，输出排序结果。

3. 分区交换递归函数描述

```
void qk(int m1,int m2)          // 快速排序递归函数
{ int i,j;
  if(m1<m2)
    { i=m1;j=m2;r[0]=r[i];        // 定义第 i 个数作为分区基准
      while(i!=j)
      { while(r[j]>=r[0] && j>i)  // 从右至左逐个检查是否大于基准
          j=j-1;
        if(i<j) {r[i]=r[j];i=i+1;} // 把小于基准的一个数赋给 r(i)
```

```
        while(r[i]<=r[0] && j>i)      // 从左至右逐个检查是否小于基准
          i=i+1;
        if(i<j) {r[j]=r[i];j=j-1;}    // 把大于基准的一个数赋给 r(j)
      }                               // 通过循环完成分区
    r[i]=r[0];                        // 分区的基准为 r(i)
    qk(m1,i-1); qk(i+1,m2);           // 在两个区中继续分区
    }
  return;
}
```

4. 设计主程序调用递归函数

```c
// 递归实现快速排序
#include <stdio.h>
#include <stdlib.h>
#include <time.h>
int r[20001];
void main()
{ int i,n,t;
  void qk(int m1,int m2);           // 函数声明
  t=time(0)%1000;srand(t);          // 随机数发生器初始化
  printf("  input n:");
  scanf("%d",&n);
  printf("  参与排序的%d 个整数为：\n",n);
  for(i=1;i<=n;i++)
    {r[i]=rand()%(4*n)+10;          // 随机产生并输出 n 个整数
     printf("%d ",r[i]);
    }
  qk(1,n);
  printf("  \n  以上%d 个整数从小到大排序为：\n",n);
  for(i=1;i<=n;i++)
    printf("%d ",r[i]);             // 输出排序结果
  printf("\n");
}
```

5. 分区交换过程剖析

为了解分区交换的实施，我们以具体数据稍加剖析。

设 n=12，参与排序的 12 个整数为：

$$r[1]=25,45,40,13,30,27,56,23,34,41,46,r[12]=52$$

主程序调用 qk(1,n)，在序号 1～12 内实施分区交换：

（1）i=1，j=12，通常选用 r[1]=25 为基准，并赋给 r[0]，即 r[0]=25，进入 1～12 实施分区交换的 while 循环：

从右至左逐个检查大于基准 25 的数，至 j=8，r[8]=23 小于基准，则 r[1]=23，i=2；

从左至右逐个检查小于基准 25 的数，至 i=2，r[2]=45 大于基准，则 r[8]=45，j=7；

交换结果：r[0]=25；23，45，40，13，30，27，56，45，34，41，46，52

（2）在序号 2～7 分区交换：

i=2，j=7，i≠j，继续 while 循环：

从右至左逐个检查大于基准 25 的数，至 j=4，r[4]=13 小于基准，则 r[2]=13，i=3；

从左至右逐个检查小于基准 25 的数，至 i=3,r[3]=40 大于基准，则 r[4]=40,j=3；

交换结果：r[0]=25；23, <u>13</u>, 40, <u>40</u>, 30, 27, 56, 45, 34, 41, 46, 52

（3）控制结束分区交换

i=3, j=3, i=j, 结束 while 循环，由 r[i]=r[0]定位基准为 r[3]=25。

交换结果：r[1]=23, 13, <u>25</u>, 40, 30, 27, 56, 45, 34, 41, 46, r[12]=52

（4）继续细化分区

在 qk(1,12)中调用 qk(m1,i-1)即 qk(1,2)，实现小于基准的数分区交换。

在 qk(1,12)中调用 qk(i+1,m2)即 qk(4,12)，实现大于基准的数分区交换。

直到 m1=m2 时终止调用 qk(1,12)，返回主程序，输出排序结果。

6. 算法测试与分析

```
input n:20
随机产生参与排序的 20 个整数为：
78 81 25 88 32 59 19 30 72 57 52 27 34 56 69 54 61 42 43 44
以上 20 个整数从小到大排序为：
19 25 27 30 32 34 42 43 44 52 54 56 57 59 61 69 72 78 81 88
```

快速排序的时间复杂度分析：

设 $T(n)$ 为对 n 个元素快速排序进行的时间，每次分区正好把待分区间分为长度相等的两个子区间。注意到每一次分区时对每一个元素者要扫描一遍，所需时间为 $O(n)$，于是

$$T(n) = 2T(n/2) + n$$
$$= 2(2T(n/4) + n/2) + n = 4T(n/4) + 2n$$
$$= 4(2T(n/8) + n/4) + 2n = 8T(n/8) + 3n$$
$$\cdots\cdots$$
$$= nT(1) + n\log_2 n$$
$$= O(n\log_2 n)$$

以上分区按每个区数的个数相等计算。如果每次分区时，各区数的个数不一定相等，则平均时间性能为 $O(n\log n)$。

可见快速排序的时间复杂度为 $O(n\log n)$，比前面所述逐个比较排序的时间复杂度 $O(n^2)$ 要低。

4.5.2 分区交换选择

1. 选择问题

在一个无序序列 $r(1), r(2), \cdots, r(n)$ 中，寻找第 k 小元素的问题称为选择。这里第 k 小元素是序列按升序排列后的第 k 个元素。

特别地，当 $k=n/2$ 时，即寻找位于 n 个元素中的中间元素，称为中值问题。

2. 分区交换设计

很自然的想法是将序列实施升序排列，第 k 个元素即为所寻找的第 k 小元素。上面的快速排序算法的时间复杂度是 $O(n\log_2 n)$，寻求比 $O(n\log_2 n)$ 更小时间的选择算法是我们的目标。

参照上述分区交换的快速排序算法，在待选择的 n 个数据 $r(1), r(2), \cdots, r(n)$ 中任取一个数（例如 $r(1)$）作为基准，把其余 $n-1$ 个数据分为两个区，小于基准的数放在左边，大于基准的数放在右边，分区交换后基准定位在 s，则：

（1）若 s=k，基准数即为所寻求的第 k 小元素。

（2）若 s＞k，可知左边小于该基准数的个数 s-1≥k，则在左边的子区继续分区。

（3）若 s＜k，可知所寻求的第 k 小元素在右边子区，则在右边的子区继续分区。

依此（2）和（3）继续分区，直到出现（1）结束分区，输出结果。

3. 分区交换的递归函数描述

```
int ch(int m1,int m2,int k)                    // 分区交换递归函数
{ int i,j;
  if(m1<m2)
    { i=m1;j=m2;r[0]=r[i];                     // 定义第 i 个数作为分区基准
      while(i!=j)
        { while(r[j]>=r[0] && j>i)             // 从右至左逐个检查是否大于基准
            j=j-1;
          if(i<j) {r[i]=r[j];i=i+1;}           // 把小于基准的一个数赋给 r(i)
          while(r[i]<=r[0] && j>i)             // 从左至右逐个检查是否小于基准
            i=i+1;
          if(i<j) {r[j]=r[i];j=j-1;}           // 把大于基准的一个数赋给 r(j)
        }
      r[i]=r[0];                               // 分区的基准为 r(i)
      if(i==k)  return r[k];                   // 完成选择结束
      else if(i>k) return ch(m1,i-1,k);        // 选择继续分区
      else return ch(i+1,m2,k);
    }
}
```

4. 调用递归的主程序描述

```
// 递归实现快速选择
#include <stdio.h>
#include <stdlib.h>
#include <time.h>
int m1,m2,k,r[20001];
void main()
{ int i,j,n,t;
  int ch(int m1,int m2,int k);       // 函数声明
  t=time(0)%1000;srand(t);           // 随机数发生器初始化
  printf("  参与选择的有 n 个整数,请确定 n: ");
  scanf("%d",&n);
  printf("  选择第 k 小整数,请确定 k: ");
  scanf("%d",&k);
  printf("  参与选择的%d 个整数为:\n",n);
  for(i=1;i<=n;i++)
    { t=rand()%(4*n)+10;             // 随机产生并输出 n 个整数
      for(j=1;j<i;j++)
        if(t==r[j]) break;
      if(j==i)
        {r[i]=t; printf("  %d",r[i]);}
      else {i--; continue;}
    }
```

```
ch(1, n, k);
printf(" \n  以上%d 个整数中第%d 小整数为%d. \n", n, k, r[k]);
}
```

5. 数据测试与分析

参与选择的有 n 个整数, 请确定 n: 15

选择第 k 小整数, 请确定 k: 3

参与选择的 15 个整数为:

26 41 57 30 50 45 25 53 68 60 46 32 59 61 52

以上 15 个整数中第 3 小整数为 30.

快速选择的时间复杂度分析:

设 T(n)为对 n 个元素分区选择所进行的时间，每次分区正好把待分区间分为长度相等的两个子区间。注意到每一次分区时对每一个元素都要扫描一遍，则所需时间为 O(n)，于是

$$T(n) = T(n/2) + n = T(n/4) + n/2 + n$$
$$= T(n/8) + n/4 + n/2 + n = \cdots\cdots$$
$$= nT(1) + n$$
$$= O(n)$$

以上分区按每个区数的个数相等计算。如果每次分区时，各区的个数不相等，则平均时间性能为 O(n)，低于分区快速排序的时间 O(nlogn)。

4.6　实现排列组合

排列组合是组合数学的基础，也是算法设计的基础。

所谓排列，是从 n 个不同元素中任取 m 个，约定 1<m≤n，按任意一种次序排成一列，称为排列，其排列种数记为 A(n,m)。

所谓组合，是从 n 个不同元素中任取 m 个（约定 1<m<n）成一组，称为一个组合，其组合种数记为 C(n,m)。

计算 A(n,m)与 C(n,m)时，只要简单进行乘运算即可，要具体展现出排列的每一列与组合的每一组，决非轻而易举。

本节在应用递归设计实现基本排列与组合的基础上，进而实现若干复杂的排列组合。

4.6.1　基本排列实现

1. 实现基本排列 A(n,m)

对指定的正整数 m, n（约定 1<m≤n），具体实现从 n 个不同元素中任取 m 个元素 A(n,m)的每一排列。

2. 递归设计要点

设置 a 数组存储 n 个整数 1~n。

递归函数 p(k)的变量 k 从 1 开始取值。当 k≤m 时，第 k 个数 a(k)取 i(1~n)，并标志量 u=0。

（1）若 a(k)与其前面已取的数 a(j)（j<k）比较，出现 a(k)=a(j)，即第 k 个数取 i 不成功，则标志量 u=1。

（2）若 a(k)与所有前面已取的 a(j)比较，没有一个相等，则第 k 个数取 i 成功，标志

量保持 u=0，然后判断：

1）若 k=m，即已取了 m 个数，输出这 m 个数即为一个排列，用 s 统计排列的个数并输出这一排列后，a(k)继续从 i+1 开始取数，直到全部取完，返回上一次调用 p(k)处，即回溯到 p(k-1)，第 k-1 个数继续往下取值。

2）若 k＜m，即还未取 m 个数，即在 p(k)状态下调用 p(k+1)继续探索下一个数，下一个数 a(k+1)在（1～n）范围中取数。

（3）若标志量 u=1，第 k 个数取 i 不成功，则接着从 i+1 开始取下一个数。若在 1～n 中的每一个数都取了，仍是 u=1，则返回调用 p(k)处，即回溯到 p(k-1)，第 k-1 个数继续往下取值。

可见递归具有回溯的功能，即 p(k)在取所有 n 个数之后，自动返回调用 p(k)的上一层，即回溯到 p(k-1)，第 k-1 个数继续往下取值。若 p(k-1)在取所有 n 个数之后，自动返回调用 p(k-1)的上一层，即回溯到 p(k-2)，第 k-2 个数继续往下取值……依此类推，这也是递归能把所有排列全部展示的原因所在。

在主程序中只要调用 p(1)即可，所有排列在递归函数中输出。最后返回 p(1)的 a(1)取完所有数，返回调用 p(1)的主程序，输出排列的个数 s 后结束。

3. 实现排列 A(n,m)递归设计描述

```c
// 实现排列 A(n,m)
#include <stdio.h>
int m, n, a[30]; long s=0;
void main()
{ int p(int k);
  printf(" input n   (n<10):"); scanf("%d",&n);
  printf(" input m(1<m<=n):"); scanf("%d",&m);
  p(1);                        // 从第 1 个数开始
  printf("\n 总数为:%ld \n", s);   // 输出 A(n,m)的值
}
// 排列递归函数 p(k)
int p(int k)
{ int i, j, u;
  if(k<=m)
    { for(i=1;i<=n;i++)
      { a[k]=i;                      // 探索第 k 个数赋值 i
        for(u=0,j=1;j<=k-1;j++)
          if(a[k]==a[j]) u=1;        // 若出现重复数字，则 u=1
        if(u==0)                     // 若第 k 数可置 i，则检测是否到 m 个数
          { if(k==m)                 // 若已到 m 个数，则打印出一个解
            { s++; printf(" ");
              for (j=1;j<=m;j++)
                printf("%d",a[j]);
              if(s%10==0) printf("\n");
            }
          else  p(k+1);              // 若没到 m 个数，则探索下一个数 p(k+1)
          }
      }
    }
```

```
    }
  return s;
  }
```

4. 递归数据测试与回溯剖析

```
input n  (n<10):3
input m(1<m<=n):2
   12 13 21 23 31 32
总数为：6
```

下面以 n=3，m=2 为例，说明递归设计实现排列的回溯功能。

（1）主程序调用 p(1)。

a[1]=1;u==0,k<m, 调用 p(2)；

a[2]=1;u==1; a[2]=2;u==0;k==m; 输出排列 <u>12</u>。

继续，a[2]=3;u==0;k==m; 输出排列 <u>13</u>。

继续 a[2]已无数可取，返回（即回溯）到 p(1)。

（2）继续 a[1]=2;u==0,k<m, 调用 p(2)。

a[2]=1;u==0;k==m; 输出排列 <u>21</u>。

继续 a[2]=2;u==1;

继续 a[2]=3;u==0;k==m; 输出排列 <u>23</u>。

继续 a[2]已无数可取，返回（回溯）到 p(1)。

（3）继续 a[1]=3;u==0,k<m, 调用 p(2)。

a[2]=1;u==0;k==m; 输出排列 <u>31</u>。

继续 a[2]=2; u==0;k==m; 输出排列 <u>32</u>。

继续 a[2]=3;u==1;

继续 a[2]已无数可取，返回（回溯）到 p(1)。

（4）a[1]已无数可取，返回（回溯）到调用 p(1)的主程序，输出排列数 6 后结束。

可见，在执行 p(1)过程中，3 次调用 p(2)，3 次回溯到 p(1)。

5. 时间复杂度分析

以上递归设计实现 A(n,m)，m 个元素在 n 个数中取值，其频数为 n^m。同时每取一个数都必须与已取的数比较，所得每一个排列的 m 个元素都要输出，操作总频数为 m^2n^m。当 m 不大时，算法的时间复杂度为 $O(n^m)$；当 m=n 时，算法的时间复杂度为 $O(n^{n+2})$。因此，当 m 与 n 规模较大时，算法很难实现。

注意：当 n＞9 时，为使输出更为清晰，每一排列中的每一个元素后要留有空格。

4.6.2 复杂排列实现

1. 复杂排列

应用递归探讨实现从 n 个不同元素中取 r（约定 1＜r≤n）个元素，与另外 m 个相同元素组成的复杂排列。

2. 递归设计要点

设 n 个不同元素为 1, 2, …, n, m 个相同元素为 0。

应用递归探索从 n 个不同元素（1～n）中取 r 个元素，与另外 m 个相同元素 0 组成的排列。

递归函数 p(k) 的变量 k 从 0 开始取值。当 k≤r+m 时，第 k 个数 a(k) 取 i（0～n），且标志量 u=0。

（1）若 a(k) 与其前面已取的正整数 a(j)（j<k）比较，出现 a(k)=a(j)，即第 k 个数取 i 不成功，标志量 u=1。

（2）若 a(k) 与所有前面已取的正整数 a(j) 比较，没有一个相等，则第 k 个数取 i 成功，标志量 u=0，然后判断：

1）若 k=r+m，即已取了 r+m 个数。此时需统计"0"的个数是否为 m，若"0"的个数 h=m，输出这 r+m 个数即为一排列，并用 s 统计排列的个数。

输出一个排列后，a(k) 继续从 i+1 开始，在余下的数中取下一个数。

若"0"的个数 h≠m，a(k) 继续从 i+1 开始，在余下的数中取下一个数。

直到全部取完，返回上一次调用 p(k) 处，即回溯到 p(k-1)，第 k-1 个数继续往下取值。

2）若 k<r+m，即还未取 m 个数，即在 p(k) 状态下调用 p(k+1) 继续探索下一个数，下一个数 a(k+1) 又从（0～n）中取数。

（3）标志量 u=1，第 k 个数取 i 不成功，则接着从 i+1 开始取下一个数。若在 0～n 中的每一个数都取了，仍是 u=1，则返回上一次调用 p(k) 处，即回溯到 p(k-1)，第 k-1 个数继续往下取值。

可见递归的回溯功能是递归能把所有排列既不重复又不遗漏、全部展示的原因所在。

在主程序中只要调用 p(1) 即可，所有排列在递归函数中输出。

最后 p(1) 的 a(1) 取完所有数后，返回 s，即输出排列的个数后结束。

3．复杂排列递归描述

```c
// 从 n 个不同元素取 r 个与另 m 个相同元素的复杂排列
#include <stdio.h>
int m,n,r,a[30]; long s=0;
void main()
{ int p(int k);
  printf(" input n: "); scanf("%d",&n);
  printf(" input r(1<r<=n): "); scanf("%d",&r);
  printf(" input m: "); scanf("%d",&m);
  printf(" 从%d 个不同元素取%d 个与另%d 个相同元素的排列:\n",n,r,m);
  p(1);                          // 从第 1 个数开始
  printf("\n s=%ld \n",s);       // 输出复杂排列的个数
}
// 复杂排列递归函数
int p(int k)
{ int h,i,j,u;
  if(k<=r+m)
    { for(i=0;i<=n;i++)
      { a[k]=i;                          // 探索第 k 个数赋值 i
        for(u=0, j=1;j<=k-1;j++)
          if(a[j]!=0 && a[k]==a[j])      // 若出现非零元素相同，则 u=1
            u=1;
        if(u==0)                         // 若第 k 数可置 i，则检测是否是 r+m 个数
          { if(k==r+m)                   // 若已到 r+m 个数，则检测 0 的个数 h
            { for(h=0,j=1;j<=r+m;j++)
```

```
               if(a[j]==0) h++;
          if(h==m)        // 若相同元素 0 的个数为 m 个,输出一排列
          { s++; printf(" ");
            for(j=1;j<=r+m;j++)
                printf("%d",a[j]);
            if(s%10==0) printf("\n");
          }
        }
        else
          p(k+1);         // 若没到 r+m 个数,则探索下一个数 p(k+1)
      }
    }
}
return s;
}
```

4. 算法测试与分析

```
input n: 4
input r(1<r<=n): 2
input m: 2
从 4 个不同元素取 2 个与另 2 个相同元素的排列:
0012 0013 0014 0021 0023 0024 0031 0032 0034 0041
......
3100 3200 3400 4001 4002 4003 4010 4020 4030 4100
4200 4300
s=72
```

实现复杂排列的递归算法时间复杂度与上面实现排列的分析相同,当 n 及 m+r 都比较大时,排列数量也大,算法实现困难。

4.6.3　组合实现

对指定的正整数 m,n(约定 1<m<n),具体实现从 n 个不同元素中任取 m 个元素 C(n,m) 的每一组合。

1. 在实现排列基础上修改

注意到组合与组成元素的顺序无关,约定组合中的组成元素按递增排序。因而,把以上排序程序中的约束条件作简单修改:

"a[j]==a[i]" 修改为 "a[j]>a[i]",或("a[k]==a[j]")修改为 "a[k]>a[j]",即可实现从 n 个不同元素中取 m 个(约定 1<m<n)的组合 C(n,m)。

这样修改实现了组合的取值次数、判别次数均与实现排列相同,显然做了大量无效操作,效率太低。

2. 实现组合递归设计

考虑到组合中的组成元素按递增排序,实现 a 数组取值的 i 循环设置为:

```
for(i=a[k-1]+1;i<=n+k-m;i++)
    a[k]=i;
```

循环起点为 a[k-1]+1,即 a[k]取值要比 a[k-1]大,避免了元素取相同值的判别。

循环终点为 n+k-m,即 a[k]最大只能取 n+k-m,为后面 m-k 个元素 a[k+1],…,a[m]留下

取值空间（后面的元素取值比 a[k] 大，且最大只能到 n）。

　　显然 a[1] 需从 1 开始取值，因而循环前设置 a[0]=0。

　　在递归函数 c(k) 中，a[k] 取值后，即调用 c(k+1)，a[k+1] 取值后，……。

　　当 k=m 时，输出一个组合；然后 a[m] 继续往后取值，继续输出组合；直到 a[m] 取值结束，返回，即回溯到前 c(m-1) 状态，a[m-1] 继续往后取值。

　　最后 c(1) 状态中的 a[1] 取值结束，即返回主程序，输出组合的种数 s。

3.　实现组合递归设计描述

```c
// 递归实现组合 C(n,m)
#include <stdio.h>
int m,n,a[100]; long s=0;
void main()
{ int c(int k);
  printf(" input n   (n<10):"); scanf("%d",&n);
  printf(" input m(1<m<=n):"); scanf("%d",&m);
  c(1);                                    // 从第 1 个数开始
  printf("\n C(%d,%d)=%ld \n",n,m,s);      // 输出 C(n,m) 的值
}
// 组合递归函数 c(k)
int c(int k)
{ int i,j;
  if(k<=m)
    { a[0]=0;
      for(i=a[k-1]+1;i<=n+k-m;i++)
        { a[k]=i;                  // 探索第 k 个数赋值 i
          { if(k==m)              // 若已到 m 个数,则打印出一个解
            { s++; printf(" ");
              for (j=1;j<=m;j++)
                printf("%d",a[j]);
              if(s%10==0) printf("\n");
             }
           else
            c(k+1);              // 若没到 m 个数,则探索下一个数 c(k+1)
          }
        }
    }
  return s;
}
```

4.　算法数据测试与分析

```
input n   (n<10):6
input m(1<m<=n):3
      123 124 125 126 134 135 136 145 146 156
      234 235 236 245 246 256 345 346 356 456
C(6,3)=20
```

注意到算法中没有多余检测，操作频数为每一组合的元素个数之和，即 m*C(n,m)。

5．实现可重复的组合

注意到可重复的组合的组成元素可以相同，因而，把以上递归函数中 a[i]的取值范围作简单修改：

```
a[0]=1;
for(i=a[k-1];i<=n;i++)
```

即后一个元素可与前面的元素取值相同，每一个元素都可取到 n。这样修改可实现从 n 个不同元素中取 m 个（约定 1<m<n）可重复的组合。同时，在输出时注明"可重复"。

可重复组合测试：

```
input n   (n<10):5
input m(1<m<=n):3
      111 112 113 114 115 122 123 124 125 133
      134 135 144 145 155 222 223 224 225 233
      234 235 244 245 255 333 334 335 344 345
      355 444 445 455 555
可重复 C(5,3)=35
```

6．算法变通

把以上实现排列或实现组合程序中的输出语句"printf("%d",a[j]);"改为"printf("%c",a[j]+64);"，排列（或组合）输出由前 n 个正整数改变为前 n 个大写英文字母输出。

当排列或组合的元素超过 10 个时，为区别 12 是一个元素 12 还是两个元素 1、2，可在输出排列的每一个元素后加空格。

4.7　整数的拆分式

本节所探讨的整数拆分与上一章的整数划分都是把一个整数（和数）分解为若干个数（零数）之和，所不同的是：整数划分允许零数重复，而整数拆分不允许零数重复。整数划分未指定零数的范围（默认所有不大于和数的正整数），而本节探讨的整数拆分需指定零数的范围。

1．问题提出

给定正整数 s（简称为和数），把 s 拆分成为连续整数 1～m（m≤s）（简称为零数或部分）之和，拆分式中不允许零数重复，且不记零数的次序。

例如，把 s=9 拆分成为连续整数 1～5 的拆分式为：9=4+5、9=1+3+5、9=2+3+4，共 3 个。

输入正整数 s,m（m≤s），试求 s 共有多少个不同的拆分式？并展示出这些拆分式。

2．递归算法设计要点

我们在以上实现组合的基础上求解拆分式。

注意到拆分与式中各零数的排列顺序无关，我们考虑从连续整数 1～m 这 m 个数中取 w（w<m）个数的所有组合结果入手。

对于给定的和数 s 与最大零数 m，首先计算拆分式中零数的最少个数 wmin 与零数的最多个数 wmax，显然，拆分式中零数的个数 w 的取值在区间[wmin, wmax]中。

建立组合递归函数 c(k)，得到从 1～m 这 m 个数中取 w（wmin≤w≤wmax）个数的所有组合{a(1),…,a(w)}，当这 w 个数之和 a(1)+…+a(w)＝s 时，输出 s 的一个拆分式，并用 n 统计拆分式的个数。

w 在区间[wmin，wmax]中全部取完，则 s 的所有拆分式全部找到。

3. 递归设计描述

```c
// 和数 s, 零数取自 1~m
#include <stdio.h>
int k, w, n, m, s, a[100];
void main()
  { int i, h, wmin, wmax;
    int c(int k);
    printf("　请输入和数，最大零数：");
    scanf("%d,%d", &s, &m);
    for(h=0, i=1; i<=m; i++)
       { h=h+i;
           if(h>s) {wmax=i-1; break;}
       }
    if(i>m)                      // 输入的最大零数太小，程序返回
       { printf("　输入的最大零数太小！\n"); return; }
    for(h=0, i=m; i>=1; i--)
       { h=h+i;
           if(h>s) {wmin=m-i; break;}
       }
    for(w=wmin; w<=wmax; w++)     // 从 1~m 中取 w 个数
      c(1);
    printf("n=%d\n", n);          // 输出拆分种数 n
  }

// 组合递归函数 c(k)
int c(int k)
{ int i, j, t;
  if(k<=w)
    { a[0]=0;
      for(i=a[k-1]+1; i<=m+k-w; i++)
        { a[k]=i;                 // 探索第 k 个数赋值 i
          if(k==w)                // 若已到 w 个数，则检测其和
          { for(t=0, j=w; j>0; j--)
              t=t+a[j];
            if(t==s)              // 满足条件时，输出一个拆分式
              { n++; printf("%d=", s);
                for(j=1; j<w; j++)
                  printf("%2d+", a[j]);
                printf("%2d\n", a[w]);
              }
          }
          else  c(k+1);           // 若没到 w 个数, 则调用 c(k+1)
        }
    }
}
```

```
    return n;
}
```

4.　数据测试与分析

请输入和数，最大零数:20, 8
    20= 5+ 7+ 8
    20= 1+ 4+ 7+ 8
    20= 1+ 5+ 6+ 8
    20= 2+ 3+ 7+ 8
    20= 2+ 4+ 6+ 8
    20= 2+ 5+ 6+ 7
    20= 3+ 4+ 5+ 8
    20= 3+ 4+ 6+ 7
    20= 1+ 2+ 3+ 6+ 8
    20= 1+ 2+ 4+ 5+ 8
    20= 1+ 2+ 4+ 6+ 7
    20= 1+ 3+ 4+ 5+ 7
    20= 2+ 3+ 4+ 5+ 6
    n=13

以上递归设计具体说明了组合这一基础工具在实现整数拆分中的应用。

4.8　递归与递推

本章应用递归求解了排队购票计数问题，展示了汉诺塔的移动过程，构建了旋转数阵，实现了快速排序与选择。同时，利用递归的回溯功能实现排列组合与整数的拆分。

递归与递推是联系非常紧密、应用非常广泛的常用算法。

（1）某些计数问题求解既可应用递推，也可应用递归。

一些计数问题可应用递推求解，也可应用递归求解。例如在"排队购票"案例求解时，我们应用了递归与递推两种算法设计。

（2）递归与递推是完全不同的算法，不可等同，不能相互取代。

展示与构造性案例求解，递推与递归难以相互替代。

递归具有回溯功能，因而递归可利用其回溯实现排列组合与其他需回溯才能实现的案例求解；而递推没有回溯功能，不能求解需回溯才能实现的实际案例。

（3）递归的求解效率低于递推

递归的运算方法决定了它的效率较低，因为数据要不断地进栈出栈，且存在大量的重复计算。在应用递归时，只要输入的 n 值稍大，算法实现就比较困难。

递推免除了数据进出栈的过程，即不需要函数不断地向边界值靠拢，而直接从边界出发，逐步推出函数值，避免了重复计算。因而从计算效率来说，递推远远高于递归。

例如，计算斐波那契数列第 5 项 $f(5)$，应用递归计算 $f(5)$ 的过程如图 4-7 所示。

由图 4-7 可见 $f(1)$ 被调用了 2 次，$f(2)$ 被调用了 3 次，$f(3)$ 被调用了 2 次，作了很多重复工作。

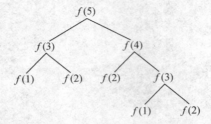

图 4-7　计算 f(5)的递归树

递推计算 f(5)，从初始条件 f(1)=f(2)=1 出发，依据递推关系 f(n)=f(n-2)+f(n-1)逐步直接推出 f(5)：

f(1)=f(2)=1→f(3)=f(1)+f(2)=2→f(4)=f(2)+f(3)=3→f(5)=f(3)+f(4)=5

递推过程直观明了。

在有些情况下，递归可以转化为效率较高的递推。但是递归作为重要的基础算法，它的作用不可替代，在把握这两种算法的时候应该特别注意。

为了便于比较，我们应用递归与递推分别求整数 s 的划分数的时间测试。

例 4-4　将正整数 s 表示成一系列正整数之和，s=n1+n2+⋯+nk，其中 n1≥n2≥⋯≥nk，k≥1。例如 6 有 11 种不同的划分式：6；5+1；4+2；4+1+1；3+3；3+2+1；3+1+1+1；2+2+2；2+2+1+1；2+1+1+1+1；1+1+1+1+1。

应用递归求整数 s 的划分式的个数。

（1）确定递归关系

设 n 的"最大零数不超过 m"的划分式个数为 q(n,m)，则

　　　q(n,m)=1+q(n,n-1)　　(n=m)

等式右边的"1"表示 n 只包含 n 本身；q(n,n-1)表示 n 的所有其他划分，即最大零数超过 n-1 的划分。

　　　q(n,m)=q(n,m-1)+q(n-m,m)　　(1<m<n)

其中 q(n,m-1)表示零数中不包含 m 的划分式数目；q(n-m,m)表示零数中包含 m 的划分数目，因为如果确定了一个划分的零数中包含 m，则剩下的部分就是对 n-m 进行不超过 m 的划分。

加入递归的停止条件。第一个停止条件：q(n,1)=1，表示当最大的零数是 1 时，该整数 n 只有一种划分，即 n 个 1 相加；第二个停止条件：q(1,m)=1，表示整数 n=1 只有一个划分，不管上限 m 是多大。

（2）递归描述

```
// 整数划分递归计数
#include<stdio.h>
long q(int n, int m)      // 定义递归函数 q(n,m)
 {if(n<1 || m<1)  return 0;
  if(n==1 || m==1) return 1;
  if(n<m) return q(n,n);
  if(n==m) return q(n,m-1)+1;
  return q(n,m-1)+q(n-m,m);
 }
void main()
 { int s;
```

```
    printf("  请输入 s:"); scanf("%d",&s);
    printf("  %d 划分式的个数为:%ld \n",s,q(s,s));  // 调用递归函数
}
```

（3）递推与递归计算效率测试比较

上一章应用递推设计求出整数划分式的个数，比较递推与递归两个算法求解的计算效率，可应用时间测试函数在不同的和数 s 点进行计算时间测试，测试结果如表 4-1 所示。

表 4-1 递归算法与递推算法计算时间测试结果

整数 s	20	40	60	80	100
划分式个数	627	37338	966467	15796476	190569292
递归时间（毫秒）	0	10	130	2143	25377
递推时间	0	0	0	0	0

可见，和数 s 越大，递归与递推的计算效率相差越大。必须说明，表中数据只是作效率的相对比较。时间为"0"并不是说不需要时间，只是因运行太快，测试反映不出来。

习题 4

4-1 阶乘的倒数和

阶乘 n!定义: n!=1(n=1); n!=n*(n-1)!（n>1）

设计求 n!的递归函数，调用以下函数求解。

$$s = 1 + \frac{1}{1!} + \frac{1}{2!} + \cdots + \frac{1}{n!}$$

4-2 递归求解斐波那契数列

已知斐波那契数列定义:

$$f_1 = f_2 = 1, \quad f_n = f_{n-1} + f_{n-2}\ (n > 2)$$

建立 f 数列的递归函数，求 f 数列的第 n 项与前 n 项之和。

4-3 递归求解 b 数列

已知 b 数列定义:

$$b_1 = 1, \quad b_2 = 2, \quad b_n = 3b_{n-1} - 2b_{n-2}\ (n > 2)$$

建立 b 数列的递归函数，求 b 数列的第 n（n≤30）项与前 n 项之和。

4-4 递归求解双递推摆动数列

已知递推数列:

a(1)=1, a(2i)=a(i)+1, a(2i+1)=a(i)+a(i+1)（i 为正整数）

试建立递归，求该数列的第 n（n<100000）项与前 n 项之和。

4-5 杨辉三角的递归求解

应用递归，设计输出 n 行杨辉三角。

4-6 顺转矩阵的递归设计

当数阵的行数与列数不相等时，数阵称为矩阵。显然，顺转方阵是顺转矩阵的特例。图 4-8 为 5 行 6 列的顺转矩阵。

试应用递归设计构造并输出任意指定 m 行×n 列的顺转矩阵。

```
 1   2   3   4   5   6
18  19  20  21  22   7
17  28  29  30  23   8
16  27  26  25  24   9
15  14  13  12  11  10
```

图 4-8　5 行 6 列顺转矩阵

4-7　顺转矩阵的递推设计

试把 m×n 顺转矩阵的递归设计转变为递推设计，并进行比较。

4-8　复杂排列的递归实现

应用递归设计实现 n 个相同元素与另 m 个相同元素的所有排列。

4-9　指定零数拆分的递归设计

我们探讨求解一般的整数拆分问题：把指定整数 ss 拆分为 ms 个指定互不相同的整数 $b_1, b_2, \cdots, b_{ms}$ 之和，共有多少种不同的拆分法？展示出所有这些拆分式。

第5章　回溯法

　　回溯法有"通用解题法"之美称，是一种可比枚举效率更高的搜索技术。

　　回溯在搜索过程中动态地产生问题的解空间，系统地搜索问题的所有解。如果需要，可通过比较，在所有解中找出满足某些约束条件的最佳解。如果该结点肯定不包含，则"见壁回头"，跳过以该结点为根的子树的搜索，逐层向其祖先结点回溯，可缩减无效操作，提高搜索效率。

5.1　回溯法概述

　　在上一章讲述递归时，我们已经接触到了"回溯"。实际上，递归过程分为"前进"段与"回溯"段两个阶段，也就是说，递归有回溯功能。

　　本章具体介绍回溯设计及其应用，有些案例通常在回溯设计的基础上，同时应用递归回溯进行求解。

5.1.1　回溯的概念

　　回溯法（back track method）是一种比枚举"聪明"的搜索算法。有许多问题，当需要找出它的解集或者要求回答什么解是满足某些约束条件的最佳解时，往往使用回溯法。

1. 回溯的基本思想

　　回溯法是一种试探求解的方法：通过对问题的归纳分析，找出求解问题的一个线索，沿着这一线索往前试探，若试探成功，即得到解；若试探失败，就逐步往回退，换其他路线再往前试探。回溯法的试探搜索是一种组织得井井有条、能避免一些不必要搜索的枚举式搜索。回溯法在问题的解空间树中，从根结点出发搜索解空间树，搜索至解空间树的任意一个结点，先判断该结点是否包含问题的解，如果肯定不包含，则跳过对以该结点为根的子树的搜索，逐层向其父结点回溯；否则，进入该子树，继续搜索。因此，回溯法可以形象地概括为"向前走，碰壁回头"，这样可减少无效操作，提高搜索效率。

　　从解的角度理解，回溯法将问题的候选解按某种顺序进行枚举和检验。当发现当前候选解不可能是解时，就选择下一个候选解。在回溯法中，放弃当前候选解、寻找下一个候选解的过程称为回溯。若当前候选解除了不满足问题规模要求外，满足所有其他要求时，继续扩大当前候选解的规模，并继续试探。如果当前候选解满足包括问题规模在内的所有要求时，该候选解就是问题的一个解。

　　与枚举法相比，回溯法的"聪明"之处在于能适时"回头"，若再往前走不可能得到解，就回溯，退一步另找线路，这样可省去一些无效操作。因此，回溯与枚举相比，回溯更适于量比较大、候选解比较多的案例求解。

2. 回溯过程剖析

　　为了具体了解回溯的实施，不妨对 4 皇后问题的回溯试探过程进行剖析。

例 5-1　如何在 4×4 方格棋盘上放置 4 个皇后，使它们互不攻击，即任意两个皇后不允许处在棋盘的同一横排、同一纵列，也不允许处在与棋盘边框成 45°角的同一斜线上。

图 5-1 揭示了应用回溯的实施过程，其中方格中的数字表示该行皇后所在列，方格中的"×"表示由于受前面已放置的皇后的攻击而放弃的位置。

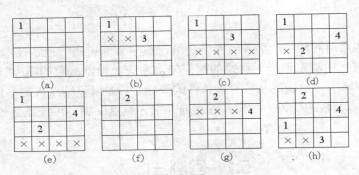

图 5-1　4 皇后问题回溯实施

图（a）为在第 1 行第 1 列放置一个皇后的初始状态。

图（b）中，第 2 个皇后不能放在第 1、2 列，因而放置在第 3 列上。

图（c）中，表示第 3 行的所有各列均不能放置皇后，从而省去对第 4 行的探索，"碰壁回头"，回溯至第 2 行，第 2 个皇后需后移。

图（d）中，第 2 个皇后后移到第 4 列，第 3 个皇后放置在第 2 列。

图（e）中，第 4 行的所有各列均不能放置皇后，则回溯至第 3 行；第 3 个皇后后移的所有位置均不能放置皇后，则回溯至第 2 行；第 2 个皇后已无位可退，则回溯至第 1 行；第 1 个皇后需后移。该图包含了回溯 3 行。

图（f）中，第 1 个皇后后移至第 2 格。

图（g）中，第 2 个皇后不能放在第 1、2、3 列，因而放置在第 4 列上。

图（h）中，第 3 个皇后放在第 1 列；第 4 个皇后不能放置第 1、2 列，于是放置在第 3 列。

这样经以上探索与回溯，得到 4 皇后问题的一个解：2413（第 1 行皇后在第 2 列；第 2 行皇后在第 4 列；第 3 行皇后在第 1 列；第 4 行皇后在第 3 列）。

继续探索与回溯，可得 4 皇后问题的另一个解：3142。

继续探索与回溯，直到第 1 行的皇后至第 4 格后无位可退，探索结束。

5.1.2　回溯的数学概括与效益分析

1. 回溯的数学概括

回溯求解的问题 P 通常要能表达为：对于已知的由 n 元组（$x_1, x_2, \cdots, x_n$）组成的一个状态空间 $E=\{(x_1, x_2, \cdots, x_n) \mid x_i \in s_i, i=1, 2, \cdots, n\}$，给定关于 n 元组中的一个分量的约束集 D，要求 E 中满足 D 的全部约束条件的所有 n 元组，其中 s_i 是分量 x_i 的定义域，$i=1, 2, \cdots, n$。称 E 中满足 D 的全部约束条件的任一 n 元组为问题 P 的一个解。

解问题 P 的最朴素的方法就是枚举，即对 E 中的所有 n 元组逐一地检验其是否满足 D 的全部约束。若满足，则为问题 P 的一个解。显然，当 P 的数量规模比较大时，枚举计算量是相当大的。

对于约束集 D 具有完备性的问题 P，一旦检测断定某个 j 元组（$x_1, x_2, \cdots, x_j$）违反 D 中仅涉及 $x_1, x_2, \cdots, x_j$ 的一个约束，就可以肯定，以（$x_1, x_2, \cdots, x_j$）为前缀的任何 n 元组

（$x_1, x_2, \cdots, x_j, x_{j+1}, \cdots, x_n$）都不会是问题 P 的解，因而就不必去搜索它们，省略了对部分元素（$x_{j+1}, \cdots, x_n$）的操作与测试。

回溯法正是针对这类问题，利用这类问题的上述性质而提出来的搜索算法。

2.　回溯法的效益分析

应用回溯设计求解实际问题，由于解空间的结构差异，很难精确计算与估计回溯产生的结点数，这是分析回溯法效率时遇到的主要困难。

回溯法因"适时回头"省去了部分结点的操作与检测，实际操作的结点数通常只有解空间所有结点数的一小部分，这也是回溯法的探索效率高于枚举的原因所在。

回溯求解过程实质上是遍历一棵"状态树"的过程，只是这棵树不是遍历前预先建立的。回溯法在搜索过程中，只要所激活的状态结点满足终结条件，就应该将其输出或保存。由于在回溯法求解问题时，一般要求输出问题的所有解，因此在得到并输出一个解后并不终止，还要进行回溯，以便得到问题的其他解，直至回溯到状态树的根，且根的所有子结点均已被搜索过为止。

组织解空间使算法在求解集时更易于搜索，典型的组织方法是图或树。一旦定义了解空间的组织方法，这个空间即可从开始结点进行搜索。

回溯法的时间通常取决于状态空间树上实际生成的那部分问题状态的数目。对于元组长度为 n 的问题，若其状态空间树中结点总数为 n!，则回溯算法的最坏情形的时间复杂度可达 $O(p(n)n!)$；若其状态空间树中结点总数为 2^n，则回溯算法的最坏情形的时间复杂度可达 $O(p(n)2^n)$，其中 $p(n)$ 为 n 的多项式。

对于不同的实例，回溯法的计算时间有很大的差异。对于数量规模比较大的求解实例，应用回溯法一般可在较短的时间内求得其解，可见回溯法不失为一种快速有效的算法。

对于某一具体实际问题的回溯求解，常通过计算实际生成结点数的方法即蒙特卡罗方法（Monte carlo）来评估其计算效率。蒙特卡罗方法的基本思想是在状态空间树上随机选择一条路径（$x_0, x_1, \cdots, x_{n-1}$），设 X 是这一路径上部分向量（$x_0, x_1, \cdots, x_{k-1}$）的结点，如果在 x 处不受限制的子向量数是 m_k，则认为与 X 同一层的其他结点不受限制的子向量数也都是 m_k。也就是说，若不受限制的 x_0 取值有 m_0 个，则该层上有 m_0 个结点；若不受限制的 x_1 取值有 m_1 个，则该层上有 $m_0 m_1$ 个结点，依此类推。由于认为在同一层上不受限制的结点数相同，因此，该路径上实际生成的结点数估计为

$$s = 1 + m_0 + m_0 m_1 + m_0 m_1 m_2 + \cdots$$

计算路径上结点数 m 的蒙特卡罗算法描述如下：

```
// 已知随机路径上取值数据 m0, m1, …, mk-1
s=1;t=1;
for(j=0;j<=k-1;j++)
    { t=t*m[j];
      s=s+t;
    }
printf("%ld",s);
```

把所求得的随机路径上的结点数（或若干条随机路径的结点数的平均值）与状态空间树上的总结点数进行比较，由其比值可以初步看出回溯设计的效益。

5.1.3　回溯法的分类

回溯分为迭代回溯与递归回溯两类。迭代回溯是非递归回溯，通过迭代式实施回溯，而

递归回溯通过递归调用实施回溯。

1. 迭代回溯

（1）迭代回溯框架描述

具体求解问题的搜索范围与要求不同，在应用回溯设计时，需根据问题的具体实际确定数组元素的初值、取值点与回溯点，同时需对问题中的约束条件进行必要的分解，以适应求解回溯流程。

其中实施向前回溯的循环：

while(a[i]==<回溯点> && i>1) i--;

具体是向前回溯一步、回溯两步还是更多步，完全根据 a[i] 是否达到回溯点来确定。例如，回溯点是 n，i=6，当 a[6]=n 时回溯到 i=5，当 a[5]=n 时回溯到 i=4，依此类推。

因为回溯由迭代式 i--;（即 i=i-1;）实施，因而又称为迭代回溯，简称回溯。

对于一般含参量 m,n 的搜索问题，回溯框架描述如下：

```
input n,m,(n≥m)                        // 输入参数
i=1;a[i]=<元素初值>;
while (1)
  {for(g=1,k=i-1;k>=1;k--)
     if(<约束条件1>) g=0;               // 检测约束条件
  if(g && <约束条件2>)
     print(a[1: m]);                    // 输出一个解
  if(i<n && g)
     {i++;a[i]=<取值点>;continue;}
  while(a[i]==<回溯点> && i>1) i--;      // 向前回溯
  if(a[i]==n && i==1) break;            // 退出循环，结束
  else a[i]=a[i]+1;
  }
```

（2）4 皇后问题迭代回溯

设置数组 a(4)，数组元素 a(i) 表示第 i 行的皇后位于第 a(i) 列。

求 4 皇后问题的一个解，即寻求 a 数组的一组取值，该组取值中每一元素的值互不相同（即没有任两个皇后在同一行或同一列），且第 i 个元素与第 k 个元素相差不为 |i-k|（即任两个皇后不在同一 45°角的斜线上）。

问题的解空间是由整数 1~4 组成的 4 项数组，其约束条件是没有相同整数且每两个整数之差不等于其所在位置之差。

在永真循环中，a(i) 从 1~4 范围内取一个值。

为了检验 a(i) 是否满足上述要求，设置标志变量 g，g 赋初值 1。a(i) 逐个与其前面的元素 a(k) 比较，若出现相同或同处一对角线上时，g=0。

若出现 g=0，则表明 a(i) 不满足要求，a(i) 增 1 后再试，依此类推。

若 i=4 且 g=1，则满足要求，用 s 统计解的个数后，输出这组解。

若 i<4 且 g=1，表明还不到 4 个数，则 i 增 1 后，a(i) 从 1 开始赋值继续。

若 a(4)=4，则返回前一个数组元素 a(3) 增 1 赋值（此时，a(4) 又从 1 开始）再试。

若 a(3)=4，则返回前一个数组元素 a(2) 增 1 赋值再试。

一般地，若 a(i)=4（i>1），则回溯到前一个数组元素 a(i-1) 增 1 赋值再试。

直到 a(1)=4 时，已无法返回，意味着已完成回溯试探，求解结束。

4 皇后问题迭代回溯描述：

```
int i,g,k,j,a[20];
i=1;a[i]=1;
while (1)
   {  g=1;for(k=i-1;k>=1;k--)
      if(a[i]==a[k] || a[i]-a[k]==i-k || a[k]-a[i]==i-k)
         g=0;                       // 检测约束条件并标记
      if(g && i==4)
        { for(j=1;j<=4;j++)         // 输出一个解
             printf("%d",a[j]);
          printf("\n");
        }
      if(i<4 && g) {i++;a[i]=1;continue;}
      while(a[i]==4 && i>1) i--;     // 向前回溯
      if(a[i]==4 && i==1) break;     // 退出循环，结束探索
      else a[i]=a[i]+1;
   }
```

2. 递归回溯

上一章应用递归实现排列组合的设计中，我们已经知道递归也能实现回溯。递归回溯通过递归尝试遍历问题的各个可能解的通路。当发现此路不通时，回溯到上一步，继续尝试其他通路。

（1）递归回溯框架描述

递归回溯通过递归函数的调用与返回实施回溯。

例如，在递归函数 put(i) 定义中调用 put(i+1) 的语句，在调用 put(k) 时，当检测约束条件不可操作时，即再往前不可能得解，则返回调用 put(k) 的 put(k-1) 状态。这实际上就是回溯，是递归回溯的机理。

如果是主程序调用 put(1)，最后返回到主程序调用 put(1) 的后续语句，完成回溯。

递归回溯框架描述：

```
int put(int k)
{ int i,j,u;
  if( k<=<规模>)
    { u=0;
      if( <约束条件> ) u=1;    // 当 u=1 时不可操作
      if(u==0)                 // 当 u=0 时可操作
        { if(k==<规模>)        // 若已满足规模，则打印出一个解
             printf( <一个解> );
          else  put(k+1);      // 调用 put(k+1)
        }
    }
}
```

（2）4 皇后问题的递归回溯

设计针对 4 皇后问题的递归函数 put(k)，设 4 皇后问题的数字解的 4 个整数中，第 k 个整数为 a(k)，a(k) 取值为 i（1,2,3,4），a(k) 逐一与已取值的 a(j)（j=1,…,k-1）比较：

若满足 a(k)=a(j) or a(k)-a(j)=k-j or a(j)-a(k)=k-j，即存在同行、同列或同对角线，

显然不符合题意要求，记 u=1，即所取 a(k)不妥，表示该行该列已放不下皇后，于是 a(k)继续下一个 i 取值。

否则，符合题意要求，保持 u=0，即所取 a(k)妥当。此时检测所完成的行数：

若 k=4 成立，完成了 4 行，按格式输出一个数字解；

若 k=4 不成立，未完成 4 行，继续调用 put(k+1)，探讨下一行取值。

若 a(k)取值到 4 仍不妥，则返回（回溯）到调用 put(k)的 put(k-1)环境下，继续 a(k-1)的下一个取值。

递归函数 put(k)描述：

```
void put(int k)
{ int i,j,u;
  if(k<=4)
  { for(i=1;i<=4;i++)        // 探索第 k 行从第 1 格开始放皇后
    { a[k]=i;
      for(u=0,j=1;j<=k-1;j++)
      if(a[k]==a[j] || a[k]-a[j]==k-j || a[j]-a[k]==k-j)
          u=1;              // 若第 k 行第 i 格放不下,则置 u=1
      if(u==0)              // 若第 k 行第 i 格可放,则检测是否满 4 行
      { if(k==4)            // 若已放满到 4 行时,则打印出一个解
        { for(j=1;j<=4;j++)
             printf("%d",a[j]);
          printf(" \n");
        }
        else  put(k+1);  // 若没满 4 行,则放下一行 put(k+1)
      }
}}}
```

在主程序中调用 put(1)，递归实施到最后，若 a(1)取值到 4 仍不妥，则返回到调用 put(1)的主程序，输出解的个数 s,回溯结束。

5.2 桥本分数式

"桥本分数式"是一个新颖的填数题，下面分别应用迭代回溯与递归回溯求解这一简单趣题，并比较两种回溯的具体实现与区别。

1. 问题背景

日本数学家桥本吉彦教授于 1993 年 10 月在我国山东举行的中日美三国数学教育研讨会上，向与会者提出以下填数趣题：把 1,2,…,9 这 9 个数字填入下式的 9 个方格中（数字不得重复），使下面的分数等式成立：

$$\frac{\square}{\square\square} + \frac{\square}{\square\square} = \frac{\square}{\square\square}$$

桥本教授当即给出了一个解答。这一填数趣题的解是否唯一？如果不唯一，究竟有多少个解？试求出所有解答（等式左边两个分数交换次序只算一个解答）。

2. 回溯设计

（1）回溯设计要点

我们采用回溯法逐步调整探求。

设置 a 数组，式中每一"□"位置用一个数组元素来表示：

$$\frac{a(1)}{a(2)a(3)} + \frac{a(4)}{a(5)a(6)} = \frac{a(7)}{a(8)a(9)}$$

注意到等式左侧两分数交换次序只算一个解，为避免解的重复，设 $a(1) < a(4)$。

同时，记式中的 3 个分母分别为

$$\begin{aligned} m1 &= a(2)a(3) = a(2)*10 + a(3) \\ m2 &= a(5)a(6) = a(5)*10 + a(6) \\ m3 &= a(8)a(9) = a(8)*10 + a(9) \end{aligned}$$

(5.1)

先在第一个"□"中填入一个数字（从 1 开始递增），然后从小到大地选择一个不同于前面□的数字填在第二个"□"中，依此类推，把九个"□"都填入没有重复的数字后，检验是否满足等式。若等式成立，打印所得的解。

可见，问题的解空间是 9 位的整数组，其约束条件是 9 位数中没有相同数字且必须满足分式的要求。

所求分数等式

$$a(1)/m1 + a(4)/m2 = a(7)/m3$$

(5.2)

等价于整数等式

$$a(1)*m2*m3 + a(4)*m1*m3 = a(7)*m1* m2$$

(5.3)

这一转化可以把分数的测试转化为整数测试。

式中 9 个"□"各填一个数字，不允许重复。为判断数字是否重复，设置中间变量 g：先赋值 g=1，若出现某两数字相同（即 a(i)=a(k)）或 a(1)>a(4)，则赋值 g=0（重复标记）。

首先从 a(1)=1 开始，逐步给 a(i)（$1 \leq i \leq 9$）赋值，每一个 a(i) 赋值从 1 开始递增至 9。直至 a(9) 赋值，判断：

若 i=9, g=1, a(1)*m2*m3+a(4)*m1*m3=a(7)*m1*m2 同时满足，则为一组解，用 n 统计解的个数后，格式输出这组解。

若 i<9 且 g=1，表明还不到 9 个数字，则下一个 a(i) 从 1 开始赋值继续。

若 a(9)=9，则返回前一个数组元素 a(8) 增 1 赋值（此时，a(9) 又从 1 开始）再试。若 a(8)=9，则返回前一个数组元素 a(7) 增 1 赋值再试。依此类推，直到 a(1)=9 时，已无法返回，意味着已全部试毕，求解结束。

（2）回溯描述

```
// 把 1, 2, ..., 9 填入□/□□+□/□□=□/□□
main()
{int g, i, k, s, a[10];
 long m1, m2, m3;
 i=1; a[1]=1; s=0;
 while (1)
  {g=1;
   for(k=i-1; k>=1; k--)
     if(a[i]==a[k]) {g=0; break;}            // 两数相同, 标记 g=0
```

```
    if(i==9 && g==1 && a[1]<a[4])
     { m1=a[2]*10+a[3];
       m2=a[5]*10+a[6];
       m3=a[8]*10+a[9];
       if(a[1]*m2*m3+a[4]*m1*m3==a[7]*m1*m2)   // 判断等式
         { s++;printf("(%2d) ",s);
           printf("%d/%1d+%d/",a[1],m1,a[4]);
           printf("%1d=%d/%1d   ",m2,a[7],m3);
           if(s%2==0) printf("\n");
         }
     }
    if(i< 9 && g==1)
     {i++;a[i]=1;continue;}        // 不到 9 个数,往后继续
    while(a[i]==9 && i>1) i--;     // 往前回溯
    if(a[i]==9 && i==1) break;
    else a[i]++;                   // 至第 1 个数为 9 结束
  }
printf("  共以上%d 个解。\n",s);
}
```

3. 递归设计

（1）递归函数要点

设置桥本分数式递归函数 put(k)：

当 k≤9 时，第 k 个数字取值 a[k]=i(i=1,2,…,9)，标记 u=0。

每一个 a[k]与之前已取的 a[j]（j<k）比较，是否出现重复数字。若 a[k]==a[j]，则第 k 个数字取值不成功，标记 u=1；重新取值。

若保持 u=0，第 k 个数字取值成功：

1）检测 k 是否到 9；若到 9 且满足等式，输出一个解。

2）若不到 9，或不满足等式要求，则调用 put(k+1)。

若 a[k]已取到 9，返回 k-1 状态，即回溯到 k-1 状态重新取值。

主程序调用 put(1)，返回 put(1)时，即输出解的个数 s，结束。

（2）递归描述

```
// 桥本分数式递归求解
int a[10],s=0;
main()
{ int put(int k);
  put(1);                         // 调用递归函数 put(1)
  printf("  共有以上%d 个解。\n",s);
}
// 桥本分数式递归函数
int put(int k)
{ int i,j,u,m1,m2,m3;
  if(k<=9)
    { for(i=1;i<=9;i++)           // 探索第 k 个数字取值 i
      { a[k]=i;
        for(u=0,j=1;j<=k-1;j++)
```

```
        if(a[k]==a[j])
            u=1;                    // 出现重复数字, 则置 u=1
        if(u==0)                    // 若第 k 个数字可为 i
        { if(k==9 && a[1]<a[4])     // 若已到 9 个数字, 则检查等式
          {m1=a[2]*10+a[3];m2=a[5]*10+a[6];
           m3=a[8]*10+a[9];
           if(a[1]*m2*m3+a[4]*m1*m3==a[7]*m1*m2)
              { s++; printf("%2d: ",s);     // 输出一个解
                   printf("%d/%d+%d/%d",a[1],m1,a[4],m2);
                printf("=%d/%d   ",a[7],m3);
                if(s%2==0) printf("\n");
              }
          }
          else  put(k+1); // 若不到 9 个数字, 则调用 put(k+1)
        }
      }
    }
return s;
}
```

4. 算法测试与说明

(1) 1/26+5/78=4/39　　(2) 1/32+5/96=7/84
(3) 1/32+7/96=5/48　　(4) 1/78+4/39=6/52
(5) 1/96+7/48=5/32　　(6) 2/68+9/34=5/17
(7) 2/68+9/51=7/34　　(8) 4/56+7/98=3/21
(9) 5/26+9/78=4/13　　(10) 6/34+8/51=9/27
共以上 10 个解。

测试以上求解桥本分数式的回溯设计与递归设计, 都能快捷地求出问题的 10 个解。

关于桥本分数式求解, 已有应用程序设计得到 9 个解的报道, 显然遗失了 1 个解。可见在算法设计求解时, 如果程序中结构欠妥或参量设置不当, 也可能导致解的遗失。

变通: 修改以上算法实现倒桥本分数式。

把 $1, 2, \ldots, 9$ 这 9 个数字填入下式的 9 个方格中, 数字不得重复, 要求 1 不得填在各分数的分母, 且式中各分数的分子和分母没有大于 1 的公因数, 使下面的分数等式成立

$$\frac{\Box\Box}{\Box} + \frac{\Box\Box}{\Box} = \frac{\Box\Box}{\Box}$$

这一填数分数等式共有多少个解?

5.3　直尺与串珠

本节应用回溯探索涉及直尺刻度分布的"古尺神奇"与涉及环序列覆盖的"数码串珠"两个应用案例。

5.3.1　古尺神奇

有一年代尚无考究的古尺长 36 寸, 因使用太久, 尺上的刻度只剩下 8 条, 其余刻度均已

不复存在。神奇的是，用该尺仍可一次性度量 1 至 36 之间任意整数寸长度。

试确定古尺上 8 条刻度的位置。

1. 回溯设计要点

我们探索一般尺长 s，刻度数为 n（s，n 均为正整数）的完全度量问题。

为了寻求实现尺长 s 完全度量的 n 条刻度的分布位置，设置以下两个数组：

a 数组元素 a(i) 为第 i 条刻度距离尺左端线的长度，约定 a(0)=0 以及 a(n+1)=s 对应尺的左右端线。注意到尺的两端至少有一条刻度距端线为 1（否则长度 s-1 不能度量），不妨设 a(1)=1，其余的 a(i)（i=2,…,n）在 2～s-1 中取数。不妨设

$$2 \leqslant a(2) < a(3) < \cdots < a(n) \leqslant s-1$$

从 a(2) 取 2 开始，以后 a(i) 从 a(i-1)+1 开始递增 1 取值，直至 s-(n+1)+i 为止。

当 i=n 时，n 条刻度连同尺的两条端线共 n+2 条，从 n+2 取 2 的组合数为 C(n+2, 2)，记为 m，显然有

$$m = C(n+2, 2) = \frac{(n+1)(n+2)}{2}$$

m 种长度赋给 b 数组元素 b(1)，b(2)，...，b(m)。为判定某种刻度分布能否实现完全度量，设置特征量 u，对于 1≤d≤s 的每一个长度 d，如果在 b(1)～b(m) 中存在某一元素等于 d，特征量 u 值增 1。

最后，若 u=s，说明从 1 至尺长 s 的每一个整数 d 都有一个 b(i) 相对应，即达到完全度量，于是输出直尺的 n 条刻度分布位置。

若 i<n，i 增 1 后 a(i)=a(i-1)+1 后继续探索。

当 i>1 时 a(i) 增 1 继续，至 a(i)=s-(n+1)+i 时回溯。

2. 回溯描述

```
// 尺长 s，寻求 n 条刻度分布回溯探索
main()
{int d,i,j,k,t,u,s,m,n,a[30],b[300];
 printf(" 尺长 s，寻求 n 条刻度分布，请确定 s,n: ");
 scanf("%d,%d",&s,&n);
 a[0]=0;a[1]=1;a[n+1]=s;
 m=(n+2)*(n+1)/2;
 i=2;a[i]=2;
 while(1)
   {if(i<n)
      {i++; a[i]=a[i-1]+1; continue;}
    else
      {for(t=0,k=0;k<=n;k++)
       for(j=k+1;j<=n+1;j++)
         {t++;b[t]=a[j]-a[k];}           // 序列部分和赋值给 b 数组
       for(u=0,d=1;d<=s;d++)
       for(k=1;k<=m;k++)
         if(b[k]==d) {u+=1;k=m;}          // 检验 b 数组取 1～s 有多少个
       if(u==s)                           // b 数组值包括 1～s 所有整数
         {if((a[n]!=s-1) || (a[n]==s-1) && (a[2]<=s-a[n-1]))
            {printf("┌");                 // 输出尺的上边
             for(k=1;k<=s-1;k++) printf("─");
```

```
            printf("¬ \n");
            printf(" | ");
            for(k=1;k<=n+1;k++)                    // 输出尺的数字标注
               {for(j=1;j<=a[k]-a[k-1]-1;j++) printf("  ");
                if(k<n+1) printf("%2d",a[k]);
                else printf(" | \n");
               }
            printf(" ∟");                          // 输出尺的下边与刻度
            for(k=1;k<=n+1;k++)
               {for(j=1;j<=a[k]-a[k-1]-1;j++) printf("—");
                if(k<n+1) printf("⊥");
                else printf("⌐ \n");
               }
            printf("直尺的段长序列为：");            // 输出段长序列
            for(k=1;k<=n;k++) printf("%2d,",a[k]-a[k-1]);
            printf("%2d \n",s-a[n]);
            }
          }
       }
    while(a[i]==s-(n+1)+i && i>1) i--;              // 实施调整或回溯
    if(i>1) a[i]++;
    else break;
    }
}
```

3. 算法测试与思考

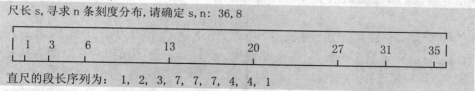

尺长 s, 寻求 n 条刻度分布, 请确定 s,n: 36,8

| 1 3   6   13   20   27   31   35 |

直尺的段长序列为： 1, 2, 3, 7, 7, 7, 4, 4, 1

思考：由以上程序得到的刻度分布图与直尺的段长序列，是否可以推得以下一般结论：
尺长为 7n-20（n＞6）的直尺上分布 n 条刻度，n 条刻度把尺分为如下分布的 n+1 段

$$1, \ 2, \ 3, \ 7, \ 7, \cdots, \ 7, \ 4, \ 4, \ 1$$

其中尺的中部有连续 n-5 个"7"段，则该尺可完全度量。
请证明你的结论。

5.3.2 数码串珠

在某佛寺遗址考古发掘中意外发现一串奇特的数码珠串，珠串上共串缀有 6 颗宝珠，每一宝珠上都刻有一个神秘的正整数。专家考证所串 6 颗宝珠上的整数具有以下奇异特性：

（1）6 颗宝珠上的整数互不相同。

（2）这 6 个整数之和为 31，沿珠串相连的若干颗（1～6 颗）珠上整数之和为 1, 2, …,31 不间断，即可完全覆盖区间[1, 31]中的所有整数。

请确定珠串上 6 颗宝珠的整数及其相串的顺序。

1. 回溯设计要点

把问题一般化：在如图 5-2 所示圆上的 6 个小圆圈中各填入一个整数，这 6 个整数之和为 s，且沿圆圈相连的若干个（1～6 个）整数之和覆盖区间[1,s]中的所有整数。求 s 的最大值。

问题要求的两点中，抓住核心的第（2）条设计。在满足（2）的解中，去除有整数相同的解即可。

（1）部分和的数量

图 5-2　佛珠数码示意图

一般地，求解环上有 n 个整数，其和为 s，沿环的部分和为区间[1-s]上的所有整数。

为叙述方便，称沿圆环若干个相连整数之和为"部分和"，称部分和为区间[1,s]中的所有整数为"完全覆盖"。

首先探讨沿圆环 6 个整数组成部分和的个数。

部分和为 1 个整数，共 6 个；相应部分和为 5 个相连整数组成，也为 6 个。

部分和为 2 个相连整数组成，共 6 个；相应部分和为 4 个相连整数组成，也为 6 个。

部分和为 3 个相连整数组成，共 6 个；

部分和为所有 6 个相连整数组成，共 1 个。

因而部分和的个数为：$6 \times 5 + 1 = 31$。

共有 31 个部分和，如果 s=31，要覆盖[1，31]，意味着 31 个部分和没有相同的。

若环上为 n 个整数，部分和为 $n(n-1)+1$ 个。

（2）建立数学模型

为了确定和为 s 的 n 个整数取值及这些整数的分布，使沿环的部分和能完全覆盖[1,s]，建立以下数学模型：

设圆圈的周长为 s，在圆圈上划 n 条刻度，用 a 数组作标记。起点为 a(0)=0，约定 a(1)-a(0)为第 1 个数，a(2)-a(1)为第 2 个数，……，一般地，a(i)-a(i-1)为第 i 个数。因为共 n 个数，显然刻度 a(n)=s 且与起点 a(0)重合。

因 n 个数中至少有一个数为 1（否则不能覆盖 1），不妨设第 1 个数为 1，即 a(1)=1。

n 个数的每一个数都可以与（约定顺时针方向）相连的 1，2，…，n-1 个数组成部分和。为构造部分和方便，定义 a(n+1)与 a(1)重合，即 a(n+1)=s+a(1)；定义 a(n+2)与 a(2)重合，即 a(n+2)=s+a(2)；……；最后有 a(2n-1)与 a(n-1)重合，即 a(2n-1)=s+a(n-1)。

（3）判别完全覆盖

设置 b 数组存储部分和，变量 u 统计 b 数组覆盖区间[1,s]中数的个数。若 u=s-1（s 本身显然覆盖，除去不计），即完全覆盖，输出和为 s 时的解。

（4）取数与回溯

若 i<n-1，i 增 1 后，a(i)=a(i-1)+1，继续探索。

当 i>1 时，a(i)增 1 继续，至 a(i)=s-n+i 时回溯。

变量 s 与 n 的值从键盘输入。算法测试时，选择 s 是从 n(n-1)+1 开始，逐减取值输入，最先所得解为对应 n 的 s 最大值，然后再从这些解中选取没有相同整数的解。

2. 回溯设计描述

```
// n 个数码串珠回溯探索
main()
```

```
{int d,h,i,j,k,t,u,s,n,a[30],b[300];
 printf("   n 个整数和为 s,部分和完全覆盖,请确定 s,n: ");
 scanf("%d,%d",&s,&n);
 a[0]=0;a[1]=1;a[n]=s;
 i=2;a[i]=2;h=0;
 while(1)
   {if(i<n-1)
      {i++; a[i]=a[i-1]+1; continue;}
    else
     {for(k=n+1;k<=2*n-1;k++)
        a[k]=s+a[k-n];
      for(t=0,k=0;k<=n-1;k++)
      for(j=k+1;j<=k+n-1;j++)
        {t++;b[t]=a[j]-a[k];}               // 序列部分和赋值给 b 数组
      for(u=0,d=1;d<=s-1;d++)
      for(k=1;k<=t;k++)
        if(b[k]==d) {u++;k=t;}              // 检验 b 数组取 1～s 有多少个
      if(u==s-1)                            // b 数组值包括 1～s 所有整数
        { h++; printf("  %2d: 1",h);        // 输出串珠上的数码
          for(k=2;k<=n;k++)
            printf(",%2d",a[k]-a[k-1]);
          if(h%2==0) printf("\n");
        }
     }
    while(a[i]==s-n+i && i>1) i--;          // 调整或回溯
    if(i>1) a[i]++;
    else break;
   }
}
```

3. 算法测试与说明

```
n 个整数和为 s,部分和完全覆盖,请确定 s,n: 31,6
 1: 1, 2, 5, 4, 6,13    2: 1, 2, 7, 4,12, 5
 3: 1, 3, 2, 7, 8,10    4: 1, 3, 6, 2, 5,14
 5: 1, 5,12, 4, 7, 2    6: 1, 7, 3, 2, 4,14
 7: 1,10, 8, 7, 2, 3    8: 1,13, 6, 4, 5, 2
 9: 1,14, 4, 2, 3, 7   10: 1,14, 5, 2, 6, 3
```

探索所得的 10 个解中没有出现重复整数,均满足题目要求条件(1)。

这 10 个解两两配对,互为顺时针与逆时针关系。例如,第 1 个解与第 8 个解是一对,第 3 个解与第 7 个解是一对等。其中第 3 个解的数码珠串排列如图 5-3 所示。

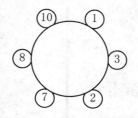

图 5-3　数码 6 珠串示意图

请具体实施，图 5-3 上的数码串珠能否完全覆盖区间[1,31]上的所有整数？

注意到环上的 6 个数所能组成的部分和总数为 31，区间[1,31]上的完全覆盖意味着没有任意两个部分和是重复的。

变通：请修改程序，探索 5 数码串珠能完全覆盖的和 s 的最大值。

5.4　逐位整除数

定义 n 位逐位整除数：从其高位开始，高 1 位能被 1 整除（显然），高 2 位能被 2 整除，…，一般地，高 k 位能被 k 整除，直到整个 n 位数能被 n 整除。

例如 102450 就是一个 6 位逐位整除数：10 能被 2 整除；102 能被 3 整除；1024 能被 4 整除；10245 能被 5 整除；102450 能被 6 整除。

对于指定的正整数 n，共有多少个不同的 n 位逐位整除数？存在 n 位逐位整除数的 n 是否有最大值？

试探索指定的 n 位逐位整除数，输出所有 n 位逐位整除数。

拟应用回溯与递推两种算法设计分别求解。

5.4.1　回溯探索

1. 回溯设计要点

设置 a 数组存放求解的逐位整除数的各位，a(1)存储最高位数字，a(2)存储次高位数字，…，a(n)存储 n 位数的个位数字。

在 a 数组中，数组元素 a(1)从 1 开始取值，显然能被 1 整除；a(2)从 0 开始取值，存放第 2 位数，前 2 位即 a(1)*10+a(2)能被 2 整除。

为了判别已取的 i 位数能否被 i 整除，设置 j 循环：

```
for(r=0,j=1;j<=i;j++)
    { r=r*10+a[j]; r=r%i; }
```

（1）若 r=0，即该 i 位数能被 i 整除，保持标志量 t=0，此时有两个选择：

若已取了 n 位，则输出一个 n 位逐位整除数；最后一位增 1 后继续。

若不到 n 位，则 i=i+1 继续探索下一位。

（2）若 r≠0，即前 i 位数不能被 i 整除，取标志量 t=1。此时 a(i)=a(i)+1，即第 i 位增 1 后继续。

若增值至 a(i)>9，则 a(i)=0 将该位清"0"后，i=i-1 迭代回溯到前一位。直到第 1 位增值超过 9 后，退出循环结束。

该算法可探索并输出所有 n 位逐位整除数，用 s 统计解的个数。若 s=0，说明没有找到 n 位逐位整除数，输出"无解"。

2. 回溯设计描述

```
// n 位逐位整除探索
main()
 {int i,j,n,r,t,s,a[100];
  printf("　逐位整除 n 位，请确定 n:");
  scanf("%d",&n);
  printf("　所求%d 位逐位整除数:\n",n);
```

```
      for(j=1;j<=100;j++) a[j]=0;
      t=0;s=0;
      i=1;a[1]=1;
      while(a[1]<=9)
        { if(t==0 && i<n) i++;
          for(r=0,j=1;j<=i;j++)          // 检测 i 时是否整除 i
            { r=r*10+a[j]; r=r%i; }
          if(r!=0)
            { a[i]=a[i]+1;t=1;           // 余数 r!=0 时，a[i]增 1,t=1
              while(a[i]>9 && i>1)
                { a[i]=0;
                  i--;                   // 实施回溯
                  a[i]=a[i]+1;
                }
            }
          else t=0;                      // 余数 r=0 时,t=0
          if(t==0 && i==n)
            { s++;printf(" %d: ",s);
              for(j=1;j<=n;j++)
                printf("%d",a[j]);
              printf("\n");
              a[i]=a[i]+1;
            }
        }
      if(s==0) printf(" 没有找到! \n");
      else  printf(" 共以上%d 个解. \n",s);
    }
```

3. 算法测试

> 逐位整除 n 位，请确定 n:25
> 所求 25 位逐位整除数：
> 1：3608528850368400786036725

输入 n＞25 时无解，这说明逐位整除数位数的最大值为 25。

请验证以上求得的 25 位逐位整除数是否满足逐位整除数的整除特性：数的高 k 位能被 k 整除，k=1, 2, …, 25。

5.4.2　递推求解

1. 递推设计要点

注意到逐位整除数的构造特点：n 位逐位整除数的高 n-1 位是一个 n-1 位逐位整除数。因而可在每一个 n-1 位逐位整除数后加一个数字 j（0～9），得到一个 n 位数。测试该 n 位数如果能被 n 整除，则得到一个 n 位逐位整除数。

递推基础为 n=1 位，显然是 g=9 个一位数 j（1～9）。

为了递推方便，设置 2 个二维数组：

a(i,d)为 n-1 位的第 i 个逐位整除数从高位开始的第 d（1～n-1）位数字。

j（j=0, 1, …, 9）为添加的一个数字。

b(m,d)为递推得到 n 位的第 m 个逐位整除数从高位开始的第 d（1～n）位数字。

完成从 n-1 位推出 n 位之后，需把 m 赋值给 g，把 b 数组赋值给 a 数组，为下一步递推做准备。同时输出递推得到的 n 位逐位整除数的个数 g 及其中的最大数。

当递增至 n 位没有得到 n 位逐位整除数时（g=0），输出"无解！"后结束。

2. 递推描述

```
// 递推探索 n 位逐位整除数
main()
{int d,g,i,j,k,m,n,r, a[3000][30],b[3000][30];
 printf("  请输入逐位整除数的位数 n:");
 scanf("%d",&n);
 g=9;                              // 递推基础：1 位时赋初值
 for(j=1;j<=g;j++) a[j][1]=j;
 for(k=2;k<=n;k++)                 // 递推位数 k 从 2 开始递增
 { m=0;
   for(i=1;i<=g;i++)              // 枚举 g 个 n-1 位逐位整除数
   for(j=0;j<=9;j++)             // n 位数的个位数字为 j
     { a[i][k]=j;
       for(r=0,d=1;d<=k;d++)     // 检测 n 位数除 n 的余数 r
         { r=r*10+a[i][d]; r=r%k; }
       if(r==0)
       { m++;
         for(d=1;d<=k;d++)
         b[m][d]=a[i][d];         // 将满足条件的 n 位数赋值给 b 数组
       }
     }
   g=m;                           // 递推得 g 个 n 位逐位整除数
   for(i=1;i<=g;i++)
   for(d=1;d<=k;d++)
     a[i][d]=b[i][d];             // g 个 b 数组向 a 数组赋值，准备下一步递推
 }
 if(g>0)                          // 输出 n 位的个数及其中的最大数
 { printf("  %d 位逐位整除数共%4d 个:\n", n, g);
   for(i=1;i<=g;i++)
   { printf("  %d: ",i);
     for(d=1;d<=n;d++)
       printf("%d",a[i][d]);
     printf("\n");
   }
 }
 else
 { printf("  无解！\n");return;}
}
```

3. 算法测试与分析

逐位整除 n 位，请确定 n:24
所求 24 位逐位整除数：
1: 144408645048225636603816
2: 360852885036840078603672
3: 402852168072900828009216
共以上 3 个解.

注意到本案例 n 不可能大于 25，在此范围内，以上两个设计均能快速求得相应的解。

变通：修改算法，求解 n 位逐位整除数的个数 f(n) 的最大值。

5.5　二组均分

参加拔禾比赛的 16 个同学的体重分别为：

　　24　37　29　45　40　34　30　34　33　48　50　45　38　47　39　23

请把这 16 个同学分为两个组，每组 8 人。为使比赛公平，要求计算每组 8 人的体重之和，使两组的体重之和相等。

请设计解决以上二组均分问题，并求出共有多少种不同的分组法？。

1. 回溯设计要点

一般地，对已知的 2n(n 从键盘输入) 个整数，确定把这些数分成两个组，每组 n 个数，且每组数据的和相等。

我们可采用回溯法逐步实施调整。

对于已有的存储在 b 数组的 2n 个数，求出总和 s 与其和的一半 s1（若这 2n 个数的和 s 为奇数，显然无法分组）。为方便分组调整，设置数组 a 存储 b 数组的下标值，即 a(i):1～2n。

考察 b(1) 所在的组，只要另从 b(2)～b(2n) 中选取 n-1 个数。即定下 a(1)=1，其余的 a(i) (i=2,…,n) 在 2～2n 中取不重复的数。因组合与顺序无关，不妨设

$$2 \leqslant a(2) < a(3) < \cdots < a(n) \leqslant 2n$$

从 a(2) 取 2 开始，以后 a(i) 从 a(i-1)+1 开始递增 1 取值，直至 n+i 为止。这样可避免重复。

当 a(n) 已取值，计算 s=b(1)+b(a(2))+…+b(a(n))，对和 s 进行判别：

若 s=s1，满足要求，实现平分。

若 s≠s1，则 a(n) 继续增 1 再试。如果 a(n) 已增至 2n，则回溯前一个 a(n-1) 增 1 再试。如果 a(n-1) 已增至 2n-1，继续回溯。直至 a(2) 增至 n+2 时结束。

若 2n 个整数之和 s 为奇数，二组均分问题肯定无解。即使 s 为偶数，二组均分问题也不一定有解。有解时，找到并输出所有解。没有解时，显示相关提示信息"无法实现平分"。

2. 回溯设计描述

```
// 二组均分
main()
{int n,m,a[50],b[100],i,j,t;
 long s1,s=0;
 t=time(0)%1000;srand(t);        // 随机数发生器初始化
 printf("  请输入整数 n:");
 scanf("%d",&n);
 for(s=0,i=1;i<=2*n;i++)          // 产生 2n 个不同的随机整数
    { b[i]=rand()%(4*n)+20;
      s+=b[i]; printf("%d ",b[i]);
    }
 if(s%2==0)
   { printf("\n  以上%d 个整数总和为%d. \n",2*n,s);
     s1=s/2;
```

```
    }
  else
     printf("\n  和%ld 为奇数,无法平分!\n",s);
  a[1]=1;i=2;a[i]=2;
  m=0;
  while(1)
    {if(i==n)
       { for(s=0,j=1;j<=n;j++)
         s+=b[a[j]];
         if(s==s1)                      // 满足均分条件时输出
           { m++; printf("\n NO%d:  ",m);
             for(j=1;j<=n;j++)
               printf("%d  ",b[a[j]]);
           }
       }
     else
        {i++; a[i]=a[i-1]+1; continue;}
     while(a[i]==n+i) i--;              // 调整或回溯
     if(i>1) a[i]++;
     else break;
    }
    if(m>0) printf("\n  共有以上%d 种分法。",m);
    else   printf(" 无法实现二组均分.");
}
```

3. 算法测试与分析

```
请输入整数n:8
24  37  29  45  40  34  30  34  33  48  50  45  38  47  39  23
以上 16 个整数总和为 596.
  NO   1:  24  37  29  45  40  34  50  39
  NO   2:  24  37  29  45  40  30  48  45
  ……
  NO 146:  24  34  48  45  38  47  39  23
共有以上 146 种分法.
```

以上输出的解为含第 1 个数据所在的组,隐去其余数据为另一组。

本算法数据采用随机输入,对特定的数据改为从键盘输入即可。

该回溯算法从 2n-1 个数据中挑选 n-1 个,共有 C(2n,n-1) 种,同时需输出第一组的 n 个数据,总的操作频数为 n*C(2n,n-1)。可见算法的时间复杂度很高,当 n 规模较大时,算法很难通过。

变通:设计算法,确定把已知的 2n 个整数(n 与各个整数从键盘输入)分成两个组,使两组整数的和相等(取消各组个数相等要求)。

5.6　伯努利装错信封问题

某人给 6 个朋友每人写了一封信,同时写了 6 个有这些朋友地址的信封。有多少种投放信笺的方法,使每封信与信封上的收信人都不相符?

这是波兰的一道数学竞赛试题，也是伯努利装错信封问题的一个特例。

伯努利装错信封问题的一般表述：

某人写了 n 封信，写了这 n 封信对应的 n 个信封。把所有的信都装错了信封的情况共有多少种？展示所有信都装错了信封的情形。

这是组合数学中有名的错位问题。著名数学家伯努利（Bernoulli）曾最先考虑此题。后来，欧拉大师对此题产生了兴趣，称此题是"组合理论的一个妙题"，并独立地解出了此题。这些数学大师都只给出错位问题的数量，本例要求设计展示出所有错位状态。

5.6.1　回溯设计

1. 回溯设计要点

为叙述方便，把某一元素在自己相应位置（如"2"在第 2 个位置）称为在自然位；把某一元素不在自己相应位置称为错位。

事实上，所有 n 个元素全排列分为 3 类：

（1）所有元素都在自然位，实际上只有一个排列。当 n=5 时，即 12345。

（2）所有元素都错位。当 n=5 时，例如 24513。

（3）部分元素在自然位，部分元素错位。当 n=5 时，例如 21354。

装错信封问题实际上是求解 n 个元素全排列中"所有元素都错位"的子集。

当 n=2 时显然只有一个解：21（"2"不在第 2 个位置且"1"不在第 1 个位置）。

当 n=3 时，有 231 和 312 两个解。

求"所有元素都错位"子集，可在实现排列算法中加上"限制取位"的条件。

设置一维 a 数组，a(i)在 1～n 中取值，当出现 a(i)在自然位或出现数字相同（a(j)=a(i)）时返回（j=1, 2, …, n-1）。

当 i<n 时，还未取 n 个数，i 增 1 后 a(i)=1 继续；

当 i=n 且最后一个元素不在自然位（a(n)≠n）时，输出一个全错位排列，并设置变量 s 统计错位排列的个数。

当 a(i)<n 时，a(i)增 1 继续。

当 a(i)=n 时，回溯或调整。直到 i=1 且 a(1)=n 时结束。

2. 回溯设计描述

```
// 装错信封问题
main()
{int n,i,j,t,a[30]; long s=0;
 printf(" input n (2<n<10):"); scanf("%d",&n);
 i=1;a[i]=2;
 while(1)
   {t=1;
    if(a[i]!=i)
      {for(j=1;j<i;j++)
        if(a[j]==a[i])                    // 出现相同元素时返回
          {t=0;break;}
      }
    else t=0;                             // 元素在自然位时 t=0
    if(t && i==n)                         // 已到 n，输出一个解
```

```
    {s++;
     for(j=1;j<=n;j++)
        printf("%d",a[j]);
     printf("  ");
     if(s%10==0) printf("\n");
    }
   if(t && i<n)
     {i++;a[i]=1;continue;}
   while(a[i]==n && i>0) i--;        // 调整或回溯
   if(i>0) a[i]++;
   else break;
   }
printf("\n s=%ld\n",s);
}
```

3. 算法测试

```
input n   (n<10):5
21453   21534   23154   23451   23514   24153   24513   24531   25134   25413
25431   31254   31452   31524   34152   34251   34512   34521   35124   35214
35412   35421   41253   41523   41532   43152   43251   43512   43521   45123
45132   45213   45231   51234   51423   51432   53124   53214   53412   53421
54123   54132   54213   54231
s=44
```

输入 n=6，即得 265 个 6 位全错位排列，也是上面所提竞赛题的解。

5.6.2 递归探索

下面应用递归回溯探索这一"组合理论的妙题"。

1. 递归设计要点

设置 a 数组在 n 个整数 1~n 中选取 n 个数。

递归函数 p(k) 的变量 k 从 1 开始取值。当 k≤n 时，第 k 个数 a(k) 取 i（1~n），并标志量 u=0。

（1）若 a(k) 在自然位，即刻返回进行下一轮探索，或 a(k) 与其前面已取的数 a(j)（j<k）比较，出现相同元素 a(k)=a(j)，即第 k 个数取 i 不成功，标志量 u=1。

（2）若 a(k) 不在自然位且与所有前面已取的 a(j) 比较，没有一个相等，则第 k 个数取 i 成功，标志量 u=0，然后判断：

1）若 k=n，即已取了 n 个数，且第 n 个元素不在自然位，即 a(n)!=n，输出这 n 个数即为一错位排列，并用 s 统计排列的个数；输出一个排列后，a(k) 继续从 i+1 开始，在余下的数中取下一个数。直到全部取完，返回上一次调用 p(k) 处，即回溯到 p(k-1)，第 k-1 个数继续往下取值。

2）若 k<n，即还未取 n 个数，在 p(k) 状态下调用 p(k+1) 继续探索下一个数，下一个数 a(k+1) 又从 1~n 中取数。

（3）标志量 u=1，第 k 个数取 i 不成功，则接着从 i+1 开始中取下一个数。若在 1~n 中的每一个数都取了，仍是 u=1，则返回上一次调用 p(k) 处，即回溯到 p(k-1)，第 k-1 个数继续往下取值。

可见递归具有回溯的功能，即 p(k) 在取所有 n 个数之后，自动返回调用 p(k) 的上一层，即回溯到 p(k-1)，第 k-1 个数继续往下取值。这也是递归能把所有错位排列全部展示的原因所在。

在主程序，只要调用 p(1) 即可，所有错位排列在递归函数中输出。最后 p(1) 的 a(1) 取完所有数，返回 s，即输出错位排列的个数后结束。

2. 递归描述

```
// 装错信封问题
int n,a[30]; long s=0;
main()
{ int put(int k);
  printf(" input n  (2<n<10):"); scanf("%d",&n);
  put(1);                              // 从第 1 个数开始
  printf("\n 总数为: %ld \n",s);       // 输出个数
}
// 装错信封问题递归函数 put(k)
int put(int k)
{ int i,j,u;
  if(k<=n)
    { for(i=1;i<=n;i++)
       { a[k]=i;                       // 探索第 k 个数赋值 i
         if(a[k]!=k)
           {for(u=0,j=1;j<=k-1;j++)
            if(a[k]==a[j])             // 若出现重复数字
            u=1;                       // 第 k 数不可置 i, 则 u=1
           }
         else continue;               // a[i] 在自然位时返回进行下一轮探索
         if(u==0)                      // 若第 k 数可置 i, 则检测是否到 n 个数
           { if(k==n)                  // 已到 n 个数，则输出解
             { s++; printf(" ");
               for(j=1;j<=n;j++)
                 printf("%d",a[j]);
               if(s%10==0) printf("\n");
             }
           else
             put(k+1);                 // 若没到 n 个数, 则探索下一个数 put(k+1)
           }
       }
    }
return s;
}
```

3. 算法测试与分析

```
input n  (2<n<10):6
214365 214563 214635 215364 215634 215643 216345 216534 216543 231564
231645 234165 234561 234615 235164 235614 235641 236145 236514 236541
......
645321 651234 651243 651324 651342 652134 652143 652314 652341 654123
654132 654213 654231 654312 654321
总数为: 265
```

对于 n 规模很大时，排列的数量会相当大。例如 n 的全排列输出就为 n！个，"错位排列"的数量要小一些，但增加了许多判断处理，显然其时间复杂度是很高的。无论是回溯还是递归，对大 n 的排列与"错位排列"都将难以胜任。

变通：修改以上算法，实现在 1～n 的全排列中，统计并展示偶数在其自然位而奇数全错位的所有排列。

5.7 情侣拍照

别出心裁的情侣拍照是一个复杂而有趣的排列案例。

编号分别为 1, 2, …, 8 的 8 对情侣参加聚会后拍照。主持人要求这 8 对情侣共 16 人排成一横排，规定每对情侣男左女右且不得相邻：编号为 1 的情侣之间有 1 个人，编号为 2 的情侣之间有 2 个人，……，编号为 8 的情侣之间有 8 个人。并且规定，排的左端编号小于右端编号。

问所有满足以上要求的不同拍照排队方式共有多少种？输出其中排左端为 1 且排右端为 8 的排队。

5.7.1 逐位安排回溯设计

试对一般 n 对情侣拍照排列进行设计。求满足编号为 k（k=1, 2, …, n）的情侣之间有 k 个人要求的所有不同拍照排队方式共有多少种？输出其中排左端为 1 且排右端为 n 的排队。

例如，n=3 时的一种拍照排队为"231213"。

1. 逐位安排回溯设计要点

（1）排队设置

对应 n 组、每组 2 个相同元素（相当于 n 对情侣）进行排列，设置 a 数组，数组元素从 0 到 2n-1 不重复取值，对 n 同余的两个数为一对编号：余数为 0 的为 1 号，余数为 1 的为 2 号，……，余数为 n-1 的为 n 号。

例如，n=4，数组元素为 0 与 4，对 4 同余，为一对"1"；1 与 5 对 4 同余，为一对"2"；一般地，i 与 4+i 对 4 同余，为一对 i+1（i=0, 1, 2, 3）。

（2）返回条件

a(j)=a(i) or a(j)%n=a(i)%n and (a(j)>a(i) or a(j)+2!=i-j)（当 j＜i 时）

其中 a(j)=a(i)，确保 a 数组的 2n 个元素不重复取值；

a(j)%n=a(i)%n and a(j)>a(i)，避免同一对取余相同的数左边大于右边，导致重复；

a(j)%n=a(i)%n and a(j)+2!=i-j，避免同一对情侣位置相差不满足题意相间要求。

例如，a(j)=0 时，此时 a(i)=n，为一对 1 号情侣，位置应相差 2（中间有 1 人），即满足条件 i-j=a(j)+2=2。

a(j)=1 时，此时 a(i)=n+1，为一对 2 号情侣，位置应相差 3（中间有 2 人），即满足条件 i-j=a(j)+2=3。

这些都应满足位置条件 a(j)+2=i-j。如果 a(j)+2!=i-j，不满足同一对情侣位置要求。

所有满足返回条件的标注 g=0，意味着 a(i) 取值不合格，返回。

（3）回溯实施

当元素 a(i) 取值到 2*n-1 且 i＞0 时，可连续回溯。

```
    while(a[i]==2*n-1 && i>0) i--;
```

（4）输出条件

若 g=1，且已取到 2n，同时排左端编号小于右端编号，即满足拍照条件：g>0 and i=2*n and a(1)%n<a(m)%n），此为一个拍照排列，用 s 统计解的个数（不一定输出）。

在满足以上拍照条件下，若还满足排左端为 1 号同时排右端为 n 号，即满足条件（a(1)=0 and a(m)%n=n-1），则输出一个排队解。

2.　回溯描述

```
// 情侣拍照：编号为 1，2，…n 的 n 对情侣排列
// 第 i 对情侣中间恰有 i 个人，1<=i<=n
main()
{int  i,j,g,n,m,s,a[20];
 printf(" input n   (2<n): ");
 scanf("%d",&n);
 m=2*n;
 i=1;a[i]=0;s=0;
 while(1)
   {g=1;
   for(j=1;j<i;j++)
     if(a[j]==a[i] || a[j]%n==a[i]%n && (a[j]>a[i] || a[j]+2!=i-j))
       {g=0;break;}    // 出现相同元素或同余小在后时返回
   if(g && i==m && a[1]%n<a[m]%n)        // 满足统计解的个数条件
       {s++;
        if(a[1]==0 && a[m]%n==n-1)        // 满足输出解的条件
          {for(j=1;j<=m;j++)
               printf("%d",a[j]%n+1);      // 输出一个排列
           printf("  ");
          }
       }
   if(g && i<m)
     {i++;a[i]=0;continue;}
   while(a[i]==m-1 && i>0) i--;            // 回溯到前一个元素
   if(i>0) a[i]++;
   else break;
   }
 printf("\n 拍照排队共有解 s=%d 个. \n",s);
}
```

3.　算法测试与说明

```
input n   (2<n): 8
1316738524627548  1317538642572468  1514678542362738
1516478534623728  1516738543627428  1517368534276248
1613758364257248  1713568347526428
拍照排队共有解 s=150 个.
```

注意：在 n=8 的共 150 个拍照排队解中，只输出排左为 1 号且排右为 8 号的 8 个解。此案例说明了把统计解的个数与输出解分别开来需满足附加条件。

4. 解的讨论

如果输入 n 为 6，则没有满足要求的解。我们可证明 n=6 时无解。

事实上，设 12 个位置的编号分别为 1，2，…，12。

显然这 12 个编号加起来的和为 S1=1+2+3+4+5+6+7+8+9+10+11+12＝78。

同时设两个"1"的位置编号为 a 和 a+2；

两个"2"的位置编号为 b 和 b+3；

两个"3"的位置编号为 c 和 c+4；

两个"4"的位置编号为 d 和 d+5；

两个"5"的位置编号为 e 和 e+6；

两个"6"的位置编号为 f 和 f+7；

将这 12 个位置编号加起来的和 S2=a+(a+2)+b+(b+3)+c+(c+4)+d+(d+5)+e+(e+6)+f+(f+7)=2(a+b+c+d+e+f)+27。

显然 S2 是一个奇数，与 S1 是一个偶数矛盾。可见，当 n=6 时无解。

同理可证，n=5 时也无解（此时 S2 为偶数，S1 为奇数）。

一般地，可证明当 n%4=1 或 n%4=2 时无解。

5.7.2 成对安排回溯设计

应用以上回溯设计分别求解 n=11 和 12 时的拍照排队时所需时间太长。为了提高当 n 较大时的求解速度，拟改进回溯设计，实施成对安排与回溯。

1. 成对安排回溯设计要点

注意到男左女右，在每对情侣中，女伴编号在男伴编号基础上加 n。例如 5 号男，其女伴的编号为 n+5。这样，n 对情侣的编号恰好是 1，2，…，2n。

座位按 1，2，…，2n 编号。设置数组 a 表示每个人的座号。例如第 i 号男子坐在第 j 号，则 a[i]=j，他的女伴应该坐在第 j+i+1 号，即 a[i+n]=j+i+1。

设置数组 b 表示每个座位上所坐人的号码，第 i 对情侣的号码都用 i。比如，前面的坐法可写为 b[j]=b[j+i+1]=i。

安排的初始值：a[1]＝1，a[n+1]＝3；即 b[1]=b[3]=1。

对第 i 对情侣安排，如果安排男在第 j 位，即 a[i]=j（1≤j≤2n-i-1），则其女伴需安排在第 i+j+1 号，因而作赋值 b[j]=b[i+j+1]=i。这样成对安排的前提是这两个位置是空的，即 b[j]=b[i+j+1]=0。该对安排成功标记 g=1。

如果对所有的 j，第 i 对情侣安排不了，标记 t=0，i--，回溯到其前面一对调整。

如果第 i 对情侣安排成功，检测 i=n 且 b[1]<b[2n]（为避免重复），则输出一个拍照排列，同时 t=0。

设置 t=0 的调整回溯循环，把前面安排不成功的位置清空：b[a[i]]=b[a[i]+i+1]=0（输出一个解后，也需把最后位置清空）；然后探索从 j 位开始（a[i]+1≤j≤2n-i-1）进行新的成对安排。

当 n 较大时，拍照排列的解很多。所以当 n 较大时，约定只求出其前 3 个解。

2. 成对安排回溯描述

```
// 成对安排回溯设计
main()
```

```
{int   i, j, g, n, m, t, a[200], b[200];
 long s;
 printf(" input n : ");
 scanf("%d", &n);
 m=2*n; t=1; s=0;
 for(j=0; j<=m; j++) b[j]=a[j]=0;
 i=1; a[1]=1; a[n+1]=3; b[1]=b[3]=1;
 while(i>0)
   {if(i==n && b[1]<b[m])
     { s++;
       printf("%ld: ", s);
       for(j=1; j<=m; j++) printf("%d ", b[j]);
       printf("\n");
       if(n>=10 && s==5) return;
       b[a[n]]=b[a[m]]=0; t=0; i--;
     }
   else if(t==1)
     { i++; g=0;
       for(j=1; j<=m-i-1; j++)
         if(b[j]==0 && b[i+j+1]==0)
           { a[i]=j; a[n+i]=j+i+1;
             b[j]=b[i+j+1]=i; g=1; break;
           }
       if(g==0) { t=0; i--; }              // 没有新对定位则回溯
     }
   if(t==0)
     { g=0; b[a[i]]=b[a[i]+i+1]=0;         // 一对位清空
       for(j=a[i]+1; j<=m-i-1; j++)
         if(b[j]==0 && b[i+j+1]==0)        // 从后一位开始搜索新的定位对
           { a[i]=j; a[n+i]=j+i+1;
             b[j]=b[i+j+1]=i; g=1; t=1; break;
           }
       if(g==0) i--;                       // 没有新对定位则回溯
     }
   }
 printf("s=%ld\n", s);
}
```

3. 算法测试与说明

```
input n : 16
1: 1 2 1 3 2 4 16 3 13 5 4 15 12 14 6 5 7 8 11 9 10 6 13 16 7 12 8 15 14 9 11 10
2: 1 2 1 3 2 4 15 3 14 5 4 16 12 13 6 5 7 8 11 9 10 6 15 14 7 12 8 13 16 9 11 10
3: 1 2 1 3 2 4 16 3 13 5 4 15 12 14 6 5 7 8 10 11 9 6 13 16 7 12 8 15 14 10 9 11
4: 1 2 1 3 2 4 15 3 14 5 4 16 12 13 6 5 7 8 10 11 9 6 15 14 7 12 8 13 16 10 9 11
5: 1 2 1 3 2 4 15 3 16 5 4 11 13 14 6 5 7 12 8 9 10 6 15 11 7 16 13 8 14 9 12 10
```

变通：如果要求输出的拍照排队的左端为 1，排队的右端为 n，算法应如何修改？

在求解情侣拍照案例中，尽管"成对安排与回溯"算法的具体时间复杂度难以确定，但从程序实际运行可知，该算法从时间复杂度方面大大改进了"逐位安排与回溯"算法。

5.8　回溯应用小结

本章应用回溯设计求解了逐位整除数、桥本分数式与两组均分等涉及数与序列的典型案例，求解了直尺刻度分布与数码串珠等趣题，也求解了伯努利装错信封问题与情侣拍照问题，可见回溯法的应用范围是非常广泛的。

一般来说，回溯的时间复杂度并不容易估算。从本章各案例的处理来看，前几节的案例规模受到限制，未予以讨论。后几节案例所涉 n 不限，回溯并不适用于大规模 n 数量的处理。

在应用回溯求解案例时，要注意结合案例的具体实际，确定各元素的取值范围、取值点与约束条件，结合案例实际确定合适的回溯点是应用回溯求解的关键。

本章案例一般应用迭代回溯设计求解，为了方便迭代回溯与递归回溯的比较，在"桥本分数式"与"伯努利装错信封"等案例的处理中，既应用了回溯设计，也应用了递归设计。

一般地，递归算法描述较为简单，消除递归就可以描述为迭代回溯。因此，递归算法可以解决的问题应用迭代回溯也可以求解。

例如，前一章应用递归实现组合 $C(n,m)$，应用回溯也可以实现组合 $C(n,m)$。

例 5-2　应用回溯设计实现组合 $C(n,m)$。

（1）回溯算法设计

考虑到组合中的组成元素按递增排序，第 i 个元素 $a[i]$ 满足

$$a(i-1) < a(i) \leq n+i-m$$

即 $a(i)$ 取值起点为 $a(i-1)+1$，$a(i)$ 要比 $a(i-1)$ 大，避免了元素取相同值的判别。$a(i)$取值终点为 $n+i-m$，即 $a[i]$ 最大只能取 $n+i-m$，为后面 $m-i$ 个元素留下取值空间（后面的元素取值比 $a(i)$ 大，且最大只能到 n）。

当 i<m 时，不足 m 个，i=i+1；继续后一个元素；

当 i=m 时，输出一个组合；

当 $a(i)=n+i-m$ 时，$a(i)$ 不可再增值，i=i-1；实施回溯；

直至 i=0 时，退出循环结束。

（2）回溯实现组合 $C(n,m)$ 描述

```
// 回溯实现组合 C(n,m)
main()
{ int i,j,m,n,s,a[100];
  printf("实现C(n,m)，输入n,m (m<n):");
  scanf("%d,%d",&n,&m);
  i=1; a[i]=1; s=0;
  while(i<=m)
   {if(i==m)
      {s++;
       for(j=1;j<=m;j++)                    // 输出一个组合
          printf("%d",a[j]);
       printf("  ");
```

```
        if(s%10==0) printf("\n");
      }
    else
      { i++;a[i]=a[i-1]+1;continue;}
    while(a[i]==n+i-m && i>0) i--;          // 调整或回溯
    if(i>0) a[i]++;
    else break;
    }
  printf("\n C(%d,%d)=%d \n",n,m,s);         // 输出 C(n,m)的值
}
```

通过以上诸例，可简要概括回溯与递归之间的关联。尽管递归的效率不高，但递归设计的简明是一般回溯设计所不及的。

在应用回溯求解实际案例时，选择合适的回溯模式、确定合适的回溯参数直接关系到回溯搜索的效率。

回溯法的时间复杂度因案例的具体实际而异，其计算时间可用蒙特卡罗方法计算。从一般实际案例的求解实践可以看出，回溯搜索效率要高于枚举。

顺便指出，回溯在省略检测时可完全等同于枚举，此时没有"碰壁"，当然也谈不上"回头"，时间复杂度自然等同于枚举。

习题 5

5-1 倒桥本分数式

把 1,2,…,9 这 9 个数字填入下式的 9 个方格中，数字不得重复，要求 1 不得填在各分数的分母，且式中各分数的分子和分母没有大于 1 的公因数，使下面的分数等式成立。

$$\frac{\square\square}{\square} + \frac{\square\square}{\square} = \frac{\square\square}{\square}$$

这一分数等式填数题共有多少个解？

5-2 10 数字分数式

把 0,1,2,…,9 这 10 个数字填入下式的 10 个方格中，要求：

（1）各数字不得重复；

（2）数字"0"不得填在各分数的分子或分母的首位；

（3）式中各分数为最简真分数，即分子和分母没有大于 1 的公因数。

$$\frac{\square}{\square\square} + \frac{\square}{\square\square\square} = \frac{\square}{\square\square}$$

这一分数等式填数趣题究竟共有多少个解答？试应用回溯求出所有解答。

5-3 回溯探索 n 数素数和环

把前 n 个正整数摆成一个环，如果环中所有相邻的两个数之和都是一个素数，该环称为一个 n 项素数和环。

对于指定的 n，构造并输出所有不同的素数和环。

5-4　枚举求解 8 项素数和环

枚举求解 8 项素数和环，并与回溯结果进行比较。

5-5　递归求解 20 项素数和环

应用递归求解 20 项素数和环。

5-6　奇数位全错位问题

在 1～n 的全排列中，统计并展示偶数在其自然位而奇数全错位的所有排列。

5-7　德布鲁金序列

由 2^n 个 0 或 1 组成的数环形成 2^n 个由相连 n 个 0、1 数字组成的二进制数恰在环序列中出现一次，这个序列被称作 n 阶德布鲁金（Debrujin）序列（约定 n 阶德布鲁金序列由 n 个 0 开头）。

例如，n=3 时，即 3 阶德布鲁金序列有 00010111 与 00011101 两个解。

输入正整数 n，求解 n 阶德布鲁金序列。

5-8　回溯实现复杂排列

应用回溯设计，探索从 n 个不同元素中取 m（约定 1<m≤n）个元素与另外 n-m 个相同元素组成的复杂排列。

5-9　8 对夫妇的特殊拍照

一对夫妇邀请了 7 对夫妇朋友来家餐聚，东道主夫妇编为 0 号，其他各对按先后分别编为 1～7 号。

餐聚后拍照，摄影师要求这 8 对夫妇男左女右站在一排，东道主夫妇相邻排位在横排的正中央，其他各对排位，1 号夫妇中间安排 1 个人，2 号夫妇中间安排 2 个人，依此类推。共有多少种拍照排队方式？

第6章 动态规划

动态规划（Dynamic Programming）是运筹学的一个分支，是求解决策过程最优化的数学方法。早在 20 世纪 50 年代，美国数学家贝尔曼（Rechard Bellman）等人在研究多阶段决策过程的优化问题时，提出了著名的最优性原理，把多阶段决策过程转化为一系列单阶段问题逐个求解，创立了解决多阶段过程优化问题的新方法——动态规划。

动态规划问世以来，在经济管理、生产调度、工程技术等多阶段决策问题的最优控制方面得到了广泛的应用。随着最优化应用的不断深入，动态规划技术越来越成为解决许多重要应用问题的关键技术。

6.1 动态规划概述

6.1.1 动态规划的概念

1. 多阶段决策问题

动态规划处理的对象是多阶段决策的优化问题。

多阶段决策问题是指这样的一类特殊的活动过程：问题可以分解成若干相互联系的**阶段**，在每一个阶段都要做出**决策**，形成一个**决策序列**，该决策序列也称为一个**策略**。对于每一个决策序列，可以在满足问题的约束条件下，用一个数值函数（即**目标函数**）衡量该策略的优劣。多阶段决策问题的最优化目标是获取导致问题**最优值**的最优决策序列（最优策略），即得到**最优解**。

为了清楚这些概念及其联系，不妨看一个 0-1 背包的例子。

例 6-1 已知 6 种物品和 1 个可载重量为 60 的背包，物品 i（i=1, 2, …, 6）的重量分别为 w_i（15, 17, 20, 12, 9, 14），产生的效益分别为 p_i（32, 37, 46, 26, 21, 30）。在装包时，每一件物品可以装入，也可以不装，但不可拆开装。试确定如何装包，使所得装包总效益最大。

这就是一个多阶段决策问题，装每一件物品就是一个阶段，每一个阶段都要有一个决策：该物品装包还是不装。

这一装包问题的**约束条件**为：$\sum_{i=1}^{6} x_i w_i \leqslant 60$

目标函数为：$\max \sum_{i=1}^{6} x_i p_i, x_i \in \{0,1\}$

对于这 6 个阶段的问题，每一个阶段即面对一件物品，该物品面临"装包"与"不装包"两个选择，因而共存在 2^6 个决策序列。

（1）决策第 1 件与第 6 件物品不装，装第 2、3、4、5 件物品，这就是一个决策序列，或简写为序列（0, 1, 1, 1, 1, 0），这一决策序列的总载重量为 58，满足约束条件，该策略所得总效益为 130。

　　（2）决策第 5 件与第 6 件物品不装，装第 1、2、3、4 件物品，这又是一个决策序列，简写为序列（1，1，1，1，0，0），这一决策序列的总载重量为 64，不满足约束条件，该策略所得总效益为 141。

　　（3）决策第 1 件与第 4 件物品不装，第 2、3、5、6 件物品装包，简写为装包决策序列（0，1，1，0，1，1），这一决策序列的所得总载重量为 60，满足约束条件，该策略所得装包总效益为 134。

　　依此枚举所有 2^6 个决策序列，把所有这些决策序列分为两类：

　　①不满足约束条件，即装包重量大于 60，如（2）所示；

　　②满足约束条件，即装包重量不大于 60，如（1）和（3）所示。

　　比较所有满足约束条件的决策序列所产生的效益，可得效益的最大值为 134。因而得该 0-1 背包问题的最优值为 134，决策序列（0，1，1，0，1，1）为最优决策序列，或称为最优策略，即最优解。

　　应用枚举或回溯设计求解 n 件物品的 0-1 背包问题的时间复杂度为 $O(2^n)$，本章将应用动态规划设计来求解这类多阶段决策最优化问题，可大大降低设计求解的时间复杂度。

　　2．最优性原理

　　在求解多阶段决策问题时，各个阶段的决策依赖于当时的状态并影响以后的发展，即引起状态的转移。一个决策序列是随着变化的状态而产生的，因而有"动态"的含义。

　　应用动态规划设计使多阶段决策过程达到最优（成本最省、效益最高、路径最短等），依据动态规划的最优性原理：作为整个过程的最优策略具有这样的性质，无论过去的状态和决策如何，对前面的决策所形成的状态而言，余下的诸决策必须构成最优策略。也就是说，最优决策序列中的任何子序列都是最优的。

　　"最优性原理"用数学语言描述为：假设为了解决某一多阶段决策过程的优化问题，需要依次做出 n 个决策 $D_1, D_2, \cdots, D_n$，若这个决策序列是最优的，对于任何一个整数 k，$1 < k < n$，不论前面 k 个决策 $D_1, D_2, \cdots, D_k$ 是怎样的，以后的最优决策只取决于由前面决策所确定的当前状态，即以后的决策序列 $D_{k+1}, D_{k+2}, \cdots, D_n$ 也是最优的。

　　最优性原理体现为问题的最优子结构特性。当一个问题的最优解中包含了子问题的最优解时，则称该问题具有最优子结构特性。最优子结构特性使得在从较小问题的解构造较大问题的解时，只需考虑子问题的最优解，从而大大减少了求解问题的计算量。最优子结构特性是动态规划求解的必要条件。

　　例如，在以后案例求解中，要在数字串 847313926 中插入 5 个乘号，把该数字串分为 6 个整数相乘，使乘积最大的最优解为：

$$8*4*731*3*92*6=38737152$$

该最优解包含了以下子问题的最优解：

　　①在 84731 中插入 2 个乘号，使乘积最大，该子问题的最优解为：8*4*731；

　　②在 7313 中插入 1 个乘号，使乘积最大，该子问题的最优解为：731*3；

　　③在 3926 中插入 2 个乘号，使乘积最大，该子问题的最优解为：3*92*6；

　　④在 4731392 中插入 3 个乘号，使乘积最大，该子问题的最优解为：4*731*3*92。

　　这些子问题的最优解都包含在原问题的最优解中，这就是最优子结构特性。

　　可以用反证法来证明。例如，如果在 7313 中插入 1 个乘号，若插入方式 73*13 比 731*3 方式的乘积更大，则在数字串 847313926 中插入 5 个乘号时，插入方式 8*4*73*13*92*6 比

8*4*731*3*92*6 方式的乘积更大，与最优解为 8*4*731*3*92*6 相矛盾。可见所有子问题的最优解都包含在原问题的最优解中。

最优性原理是动态规划的基础。任何一个问题，如果失去了这个最优性原理的支持，就不可能用动态规划设计求解。能采用动态规划求解的问题都需要满足以下条件：

①问题中的状态必须满足最优性原理；

②问题中的状态必须满足无后效性。

所谓无后效性是指，下一时刻的状态只与当前状态有关，而和当前状态之前的状态无关，当前状态是对以往决策的总结。

6.1.2　动态规划实施步骤

动态规划求解最优化问题，通常按以下几个步骤进行。

1.　问题分阶段，刻划其结构特性

把所求最优化问题分成若干个相互联系的阶段，找出最优解的性质，并刻划其结构特性。最优子结构特性是动态规划求解的必要条件，只有满足最优子结构特性的多阶段决策问题，才能应用动态规划设计求解。

2.　确定各个阶段状态之间的关系

将问题发展到各个阶段时，所处不同的状态用递推或递归式表示出来，确定各个阶段状态之间的转移关系（称为状态转移方程），并确定初始（边界）条件。

通过设置相应的函数表示各个阶段的最优值，分析归纳出各个阶段状态之间的转移关系，即确定从规模较小的子问题开始，到规模较大的问题之间的转化，是应用动态规划设计求解的关键。

3.　应用递推（或递归）求解最优值

动态规划求解的问题具有最优子结构特性，常可以用递归实现。注意到递推可以充分利用前面保存的子问题的解来减少重复计算，所以递推方法有着递归公式不可比拟的优势。本章应用动态规划设计求解时，多采用递推方法实现。

递推（或递归）计算最优值是动态规划的实施过程，具体应用与所设置的表示各个阶段最优值的函数密切相关。

应用递推计算最优值时，可以实施逆推，也可以实施顺推，需根据最优值函数来具体决定递推模式，并没有一个硬性规定。

4.　根据计算最优值时所记录的信息，构造最优解

构造最优解就是具体求出最优决策序列。通常在计算最优值时，根据问题的具体实际记录必要的信息，再依据所记录的信息构造出问题的最优解。

以上步骤中，前 3 个是动态规划设计求解最优化问题的基本步骤。当只需求解最优值时，第 4 个步骤可以省略。

若需求出问题的最优解，则必须执行第 4 个步骤。构造最优解，在计算最优值时就必须记录相关的信息，这是较难把握的一环。记录哪些信息，应用什么方式记录这些信息，完全根据最优解构造的需要决定。

6.2 0-1 背包问题

0-1 背包问题是一个经典的多阶段决策问题，本节应用动态规划求解通常意义的、只带一个约束条件的 0-1 背包问题，并在此基础上进一步拓展，求解带二维约束条件的 0-1 背包最优化问题。

6.2.1 一般 0-1 背包问题

已知 n 个物品和一个可容纳 c 重量的背包，物品 i（i=1, 2, …, n）的重量为 w_i，产生的效益为 p_i。在装包时，物品 i 可以装入，也可以不装，但不可拆开装。即物品 i 可产生的效益为 $x_i p_i$，这里 $x_i \in \{0,1\}$，$c, w_i, p_i \in N^+$。

试设计如何装包，所得装包总效益最大。

1. 最优子结构特性

首先证明 0-1 背包的最优解具有最优子结构特性。

设 $(x_1, x_2, \cdots, x_n)$，$x_i \in \{0,1\}$ 是 0-1 背包的最优解，那么 $(x_2, x_3, \cdots, x_n)$ 必然是 0-1 背包子问题的最优解。

证：背包载重量 $c - x_1 w_1$，共有 n-1 件物品，物品 i 的重量为 w_i，产生的效益为 p_i，$2 \leqslant i \leqslant n$。若不然，设 $(z_2, z_3, \cdots, z_n)$ 是该子问题的最优解，而 $(x_2, x_3, \cdots, x_n)$ 不是该子问题的最优解，由此可知

$$\sum_{2 \leqslant i \leqslant n} z_i p_i > \sum_{2 \leqslant i \leqslant n} x_i p_i \quad \text{且} \quad x_1 w_1 + \sum_{2 \leqslant i \leqslant n} z_i w_i \leqslant c$$

因此

$$x_1 p_1 + \sum_{2 \leqslant i \leqslant n} z_i p_i > \sum_{1 \leqslant i \leqslant n} x_i p_i \quad \text{且} \quad x_1 w_1 + \sum_{2 \leqslant i \leqslant n} z_i w_i \leqslant c$$

显然 $(x_1, z_2, z_3, \cdots, z_n)$ 比 $(x_1, x_2, \cdots, x_n)$ 收益更高，$(x_1, x_2, \cdots, x_n)$ 不是背包问题的最优解，与假设矛盾。因此，$(x_2, x_3, \cdots, x_n)$ 必然是 0-1 背包子问题的一个最优解。最优性原理对 0-1 背包问题成立。

2. 动态规划递推求解

（1）建立递推关系

与一般背包问题不同，0-1 背包问题要求 $x_i \in \{0,1\}$，即物品 i 不能拆开，或者整体装入，或者不装。当约定每件物品的重量与效益均为整数时，可用动态规划求解。

按每一件物品装包为一个阶段，共分为 n 个阶段。

目标函数：$\max \sum\limits_{i=1}^{n} x_i p_i$

约束条件：$\sum\limits_{i=1}^{n} x_i w_i \leqslant c$ （$x_i \in \{0,1\}$，$c, w_i, p_i \in N^+, i = 1, 2, \cdots, n$）

设 $m(i, j)$ 为背包容量 j，可取物品范围为 i, i+1, …, n 的最大效益值。则

当 $0 \leqslant j < w(i)$ 时，物品 i 不可能装入。最大效益值与 $m(i+1, j)$ 相同。

而当 $j \geqslant w(i)$ 时，有两个选择：

①不装入物品 i，这时最大效益值为 $m(i+1, j)$；

②装入物品 i，这时已产生效益 p(i)，背包剩余容积 j−w(i)，可以选择物品 i+1,…,n 来装，最大效益值为 m(i+1, j−w(i))+p(i)。

我们期望的最大效益值是两者中的最大者。于是有递推关系：

$$m(i,j)=\begin{cases} m(i+1,j) & 0\leq j<w(i) \\ \max(m(i+1,j),m(i+1,j-w(i))+p(i)) & j\geq w(i) \end{cases}$$

其中 w(i) 和 p(i) 均为正整数，x(i)∈{0, 1}，i=1, 2, …, n。

边界条件为：

$$m(n, j)=p(n) \qquad j\geq w(n)$$
$$m(n, j)=0 \qquad j<w(n)$$

所求最大效益即最优值为 m(1, c)。

（2）构造最优解

若 m(i, cw)>m(i+1, cw)，i=1, 2, …, n−1，则 x(i)=1，装载 w(i)。其中 cw=c 开始，cw=cw−x(i)∗w(i)；否则 x(i)=0，不装载 w(i)。

最后，所装载的物品效益之和与最优值比较，决定 w(n) 是否装载。

（3）0-1 背包问题逆推描述

```
// 逆推 0-1 背包问题
main()
  {int i,j,c,cw,n,sw,sp,p[50],w[50],m[50][500];
  printf(" input n:"); scanf("%d",&n);        // 输入已知条件
  printf(" input c:"); scanf("%d",&c);
  for(i=1;i<=n;i++)
    { printf("input w%d,p%d:",i,i);
      scanf("%d,%d",&w[i],&p[i]);
    }
  for(j=0;j<=c;j++)
  if(j>=w[n] )
    m[n][j]=p[n];                             // 首先计算 m(n, j)
  else
    m[n][j]=0;
  for(i=n-1;i>=1;i--)                          // 逆推计算 m(i, j)
  for(j=0;j<=c;j++)
    if(j>=w[i] && m[i+1][j]<m[i+1][j-w[i]]+p[i])
      m[i][j]= m[i+1][j-w[i]]+p[i];
    else
      m[i][j]=m[i+1][j];
cw=c;
printf("c=%d \n",c);
printf("背包所装物品:\n");
printf(" i      w(i)      p(i)\n");
for(sp=0,sw=0,i=1;i<=n-1;i++)                  // 以表格形式输出结果
   if(m[i][cw]>m[i+1][cw])
      {cw-=w[i];sw+=w[i];sp+=p[i];
       printf("%2d      %3d      %3d \n",i,w[i],p[i]);
```

```
          }
   if(m[1][c]-sp==p[n])
      { sw+=w[i];sp+=p[i];
        printf("%2d    %3d    %3d \n ",n,w[n],p[n]);
      }
   printf("w=%d,  pmax=%d \n",sw,sp);
}
```

3. 动态规划顺推求解

（1）建立递推关系

设 g(i,j) 为背包容量 j，可取物品范围为 1,2,…,i 的最大效益值。则

当 0≤j<w(i)时，物品 i 不可能装入。最大效益值与 g(i-1,j)相同。

而当 j≥w(i)时，有两种选择：

①不装入物品 i，这时最大效益值为 g(i-1,j)；

②装入物品 i，这时已产生效益 p(i)，背包剩余容积 j-w(i)可以选择物品 1,2,…,i-1 来装，最大效益值为 g(i-1,j-w(i))+p(i)。期望的最大效益值是两者中的最大者。

于是有递推关系：

$$g(i,j)=\begin{cases} g(i-1,j) & 0\leqslant j<w(i) \\ \max(g(i-1,j),g(i-1,j-w(i))+p(i)) & j\geqslant w(i) \end{cases}$$

其中 w(i)和 p(i)均为正整数，x(i)∈{0,1}，i=1,2,…,n。

边界条件为：

$$g(1,j)=p(1) \qquad j\geqslant w(1)$$
$$g(1,j)=0 \qquad j<w(1)$$

所求最大效益即最优值为 g(n,c)。

（2）构造最优解

若 g(i,cw)>g(i-1,cw)，i=n,n-1,…,2，则 x(i)=1，装载 w(i)。其中 cw=c 开始，cw=cw-x(i)*w(i)；否则 x(i)=0，不装载 w(i)。

最后，所装载的物品效益之和与最优值比较，决定 w(1)是否装载。

（3）0-1 背包问题顺推描述

```
// 顺推 0-1 背包问题
main()
  {int i,j,c,cw,n,sw,sp,p[50],w[50],g[50][500];
   printf(" input n:"); scanf("%d",&n);    // 输入已知条件
   printf(" input c:"); scanf("%d",&c);
   for(i=1;i<=n;i++)
     { printf("input w%d,p%d:",i,i);
       scanf("%d,%d",&w[i],&p[i]);
     }
   for(j=0;j<=c;j++)
     if(j>=w[1] ) g[1][j]=p[1];         // 首先计算 g(1,j)
     else  g[1][j]=0;
   for(i=2;i<=n;i++)                     // 顺推计算 g(i,j)
   for(j=0;j<=c;j++)
```

```
    if(j>=w[i] && g[i-1][j]<g[i-1][j-w[i]]+p[i])
      g[i][j]= g[i-1][j-w[i]]+p[i];
    else  g[i][j]=g[i-1][j];
  cw=c;
  printf("背包所装物品: \n");                    // 构造最优解
  printf(" i      w(i)     p(i)\n");
  for(sp=0,sw=0,i=n;i>=2;i--)                  // 以表格形式输出最优解
    if(g[i][cw]>g[i-1][cw])
      {cw-=w[i];sw+=w[i];sp+=p[i];
       printf("%2d      %3d       %3d \n",i,w[i],p[i]);
      }
  if(g[n][c]-sp==p[1])
    { sw+=w[i];sp+=p[i];
      printf("%2d       %3d        %3d \n ",1,w[1],p[1]);
    }
  printf("w=%d,  pmax=%d \n",sw,sp);
}
```

4. 算法测试与分析

```
input n:6
input c:50
input w1,p1:15,32
input w2,p2:17,37
input w3,p3:20,46
input w4,p4:12,26
input w5,p5:9,21
input w6,p6:14,30
背包所装物品:
i      w(i)     p(i)
2       17        37
3       20        46
4       12        26
w=49,   pmax=109
```

即装第 2、3、4 三件，装包重量为 49，获取最大效益 109。

以上动态规划算法的时间复杂度为 $O(nc)$，空间复杂度也为 $O(nc)$。如果 $c>n$，算法的时间复杂度高于 $O(n^2)$，但远低于枚举复杂度 $O(2^n)$。

6.2.2　二维约束 0-1 背包问题

1. 案例拓广

已知 n 种物品和一个可容纳 c 重量、d 容积的背包，物品 i（i=1,2,…,n）的重量为 w_i，容积为 v_i，产生的效益为 p_i。在装包时，物品 i 可以装入，也可以不装，但不可拆开装，物品 i 可产生的效益为 $x_i p_i$，这里 $x_i \in \{0,1\}$，$c,w_i,p_i \in N^+$。

试设计如何装包，使所得效益最大。

在一般 0-1 背包案例基础上增加容积的约束条件即为二维约束 0-1 背包问题。

下面应用动态规划设计求解。

2. 动态规划设计要点

当物品种数 n 从键盘输入确定，每一件物品的重量、容积与效益均为正整数时，可应用动态规划设计求解。

（1）建立递推关系

与以上一维的背包问题相同，二维约束的 0-1 背包问题同样要求 $x_i \in \{0,1\}$，即物品 i 不能拆开，或者整体装入，或者不装。与以上一维的背包问题不同，二维约束的 0-1 背包问题增加了容积的限制。

目标函数：$\max \sum\limits_{i=1}^{n} x_i p_i$

约束条件：$\sum\limits_{i=1}^{n} x_i w_i \leqslant c, \quad \sum\limits_{i=1}^{n} x_i v_i \leqslant d,$

$$x_i \in \{0,1\}, c,d,w_i,v_i,p_i \in N^+, i=1,2,\cdots,n$$

设三维数组 $m(i,j,k)$ 为背包还可载重量 j，还可载容积为 k，可取物品范围为：$i,i+1,\cdots,n$ 的最大效益值。则

当 $0 \leqslant j < w(i)$ 或 $0 \leqslant k < v(i)$ 时，物品 i 不可能装入。最大效益值与 $m(i+1,j,k)$ 相同。

而当 $j \geqslant w(i)$ 且 $k \geqslant v(i)$ 时，有两种选择：

①不装入物品 i，这时最大效益值为 $m(i+1,j,k)$；

②装入物品 i，这时已产生效益 $p(i)$；剩余载重量为 $j-w(i)$，可装容积为 $k-v(i)$，可以选择物品 $i+1,\cdots,n$ 来装，最大效益值为 $m(i+1,j-w(i),k-v(i))+p(i)$。

我们期望的最大效益值是两者中的最大者。于是有递推关系：

$$m(i,j,k) = \begin{cases} m(i+1,j,k) & 0 \leqslant j < w(i) \text{ or } 0 \leqslant k < v(i) \\ \max(m(i+1,j,k), m(i+1,j-w(i),k-v(i))+p(i)) & j \geqslant w(i) \text{且} k \geqslant v(i) \end{cases}$$

其中 $w(i)$、$v(i)$、$p(i)$ 均为正整数，$x(i) \in \{0,1\}$，$i=1,2,\cdots,n$。

（2）确定边界条件

$$m(n,j,k)=p(n) \qquad j \geqslant w(n) \text{ 且 } k \geqslant v(n)$$
$$m(n,j,k)=0 \qquad j < w(n) \text{ 或 } k < v(n)$$

（3）构造最优解

若 $m(i,cw,cv) > m(i+1,cw,cv)$，则 $x(i)=1$，装载第 i 件物品（其中 cw=c 开始，cw=cw-x(i)*w(i)；cv=d 开始，cv=cv-x(i)*v(i)）；否则 $x(i)=0$，不装载第 i 件物品。

最后，所装载的物品效益之和与最优值比较，决定第 n 件物品是否装载。

3. 算法描述

```
// 二维约束0-1背包问题
main()
{int p[9],w[9],v[9],m[9][45][72];
 int i,j,k,c,d,cw,cv,n,sw,sv,sp;
 printf(" input n: "); scanf("%d",&n);        // 输入已知条件
 printf(" input c: "); scanf("%d",&c);
 printf(" input d: "); scanf("%d",&d);
 for(i=1;i<=n;i++)
   { printf("input w%d, v%d, p%d: ",i,i,i);
     scanf("%d,%d,%d",&w[i],&v[i],&p[i]);
```

```
    }
   for(j=0;j<=c;j++)
   for(k=0;k<=d;k++)
     if(j>=w[n] && k>=v[n]) m[n][j][k]=p[n];  // 首先计算 m(n,j,k)
      else  m[n][j][k]=0;
   for(i=n-1;i>=1;i--)                    // 逆推，计算 m(i,j,k)
   for(j=0;j<=c;j++)
   for(k=0;k<=d;k++)
     if(j>=w[i] && k>=v[i] && m[i+1][j][k]<m[i+1][j-w[i]][k-v[i]]+p[i])
        m[i][j][k]= m[i+1][j-w[i]][k-v[i]]+p[i];
      else  m[i][j][k]=m[i+1][j][k];
 cw=c; cv=d;
 printf("背包所装物品:\n");
 printf(" i     w(i)      v[i]      p(i)    \n");
 for(sp=0, sw=0, sv=0, i=1;i<=n-1;i++)        // 以表格形式输出结果
   if(m[i][cw][cv]>m[i+1][cw][cv])
     { cw-=w[i];cv-=v[i];
       sw+=w[i];sv+=v[i];sp+=p[i];
       printf("%2d    %3d    %3d      %3d \n",i,w[i],v[i],p[i]);
     }
 if(m[1][c][d]-sp==p[n])
    {sw+=w[i];sv+=v[i];sp+=p[i];
     printf("%2d    %3d    %3d      %3d \n ",n,w[n],v[n],p[n]);
    }
 printf("sw=%d,   sv=%d,   pmax=%d \n",sw,sv,sp);
}
```

4. 算法测试与分析

```
input n: 8
input c: 40
input d: 70
input w1,v1,p1: 8,14,20
input w2,v2,p2: 6,10,14
input w3,v3,p3: 11,19,28
input w4,v4,p4: 13,22,31
input w5,v5,p5: 7,13,19
input w6,v6,p6: 15,27,40
input w7,v7,p7: 12,21,30
input w8,v8,p8: 9,16,23
c=40, d=70
背包所装物品:
 i      w(i)    v[i]     p(i)
 1      8       14       20
 5      7       13       19
 6      15      27       40
 8      9       16       23
 sw=39,   sv=70,   pmax=102
```

所得最优解为装第 1、5、6、8 四件，重量 39，体积 70，满足重量与体积的二维约束要

求，获得最大效益为 102。

动态规划时间复杂度为 O(ncd)，空间复杂度高于 O(n^3)，当 n、c、d 比较大时，算法所占空间很大，大大限制了该算法的求解范围，而且不适合各种物品的重量、容积与效益不是整数的情形。

6.3　西瓜分堆

已知 14 个西瓜的重量（单位公斤）分别为：

　　23　21　12　19　18　25　20　22　16　19　12　15　17　14

请把这些西瓜分成两堆，每堆的个数不限，使两堆西瓜重量之差最小。

1. 动态规划设计要点

一般把 n 个整数分成两组，每组的个数不限，使两组数据和之差为最小。

两组数据之和不一定能相等，不妨把数据之和较小的一组称为第 1 组。设 n 个整数 b(i) 之和为 s，则第 1 组数据之和 s1≤[s/2]，这里[x]为 x 的取整。

要求在满足 s1≤[s/2]前提下求 s1 最大值 maxc，这样两组数据和之差的最小值为 mind=s-2*maxc。如果 maxc=[s/2]=s/2，则 mind=0，即两组数据和相等。

为了求 s1 的最大值，应用动态规划设计，按决定每一个整数是否在第 1 组为一个阶段，共分为 n 个阶段。每一个阶段都面临两个决策：是否选该整数到第 1 组。

（1）建立递推关系

设 m(i, j)为第 1 组各整数之和距离 c1=[s/2]还差 j，可取瓜编号范围为 i, i+1, …, n 的最大装载重量值。则：

当 0≤j<b(i)时，西瓜 i 号不可能装入。m(i, j)与 m(i+1, j)相同。

而当 j≥b(i)时，有两种选择：

①不装入西瓜 i，这时最大重量值为 m(i+1, j)；

②装入西瓜 i，这时已增加重量 b(i)，剩余重量为 j-b(i)，可以选择西瓜 i+1, …, n 来装，最大载重量值为 m(i+1, j-b(i))+b(i)。我们期望的最大载重量值是两者中的最大者，于是有递推关系：

$$m(i,j) = \begin{cases} m(i+1, j) & 0 \leq j < b(i) \\ \max(\ m(i+1, j),\ m(i+1, j-b(i)) + b(i)) & j \geq b(i) \end{cases}$$

以上 j 与 b(i)均为正整数，i=1, 2, …, n。

所求最优值 m(1, c1)即为 s1 的最大值 maxc。因而得两组数据和之差的最小值为 mind=s-2*maxc=s-2*m(1, c1)。

（2）确定边界值

　　　　　　　m(n,j)=0　　　　　(j=0,1,…,b(n)-1)

　　　　　　　m(n,j)=b(n)　　　　(j=b(n),…,c1)

（3）构造最优解

构造最优解即给出所得最优值时的分瓜方案。

若 m(i,cb)>m(i+1,cb)（其中 cb 为当前的剩余量，i=1,2,…,n-1），则第 1 组分 b(i)；否则不分 b(i)。

若 m(1,c1)-sb==b(n)，则第 1 组分 b(n)。

2. 动态规划描述

```
// 动态规划求解两组数据和之差的最小值
main()
{int n,c1,i,j,s,t,cb,sb,b[40],m[40][400];
 printf(" input n: "); scanf("%d",&n);
 s=0;
 for(i=1;i<=n;i++)                      // 输入 n 个整数
   { printf("  请输入第%d 个整数:",i);
     scanf("%d",&b[i]); s+=b[i];
   }
 c1=s/2;
 for(i=1;i<=n;i++)
    printf(" %d",b[i]);
 printf("\n 总重量 s=%d \n",s);
 for(j=0;j<b[n];j++)
    m[n][j]=0;
 for(j=b[n];j<=c1;j++)
    m[n][j]=b[n];                       // 首先计算 m(n, j)
 for(i=n-1;i>=1;i--)                    // 逆推计算 m(i, j)
 for(j=0;j<=c1;j++)
    if(j>=b[i] && m[i+1][j]<m[i+1][j-b[i]]+b[i])
        m[i][j]=m[i+1][j-b[i]]+b[i];
    else
        m[i][j]=m[i+1][j];             // 得最优值 m(1, c1)
 printf("  两组之差最小值为:%d \n",s-2*m[1][c1]);
printf("  第 1 组: ");
 cb=m[1][c1];
 for(sb=0,i=1;i<=n-1;i++)               // 构造最优解, 输出第 1 组
     if(m[i][cb]>m[i+1][cb])
       {cb-=b[i];sb+=b[i];
        printf(" %3d",b[i]);
        b[i]=0;                         // b(i)分后赋 0, 为第 2 组做准备
       }
 if(m[1][c1]-sb==b[n])
     {printf(" %3d",b[n]);
      sb+=b[n]; b[n]=0;
     }
 printf("  (%d)\n",sb);
 printf("  第 2 组: ");
 for(sb=0,i=1;i<=n;i++)                 // 输出第 2 组
    if(b[i]>0) { sb+=b[i]; printf(" %3d",b[i]);}
 printf("  (%d) \n",sb);
}
```

3. 算法测试与分析

```
input n: 14
输入各个整数: 23 21 12 19 18 25 20 22 16 19 12 15 17 14
总重量 s=253
两组之差最小值为: 1
第 1 组:    25  22  16  19  12  15  17   (126)
第 2 组:    23  21  12  19  18  20  14   (127)
```

动态规划在二重循环中实现，时间复杂度为 O(ns)。通常 s>n，即该算法的复杂度高于 O(n²)。同时注意到二维数组 m，当 n 规模比较大且整数之和 s 也比较大时，空间复杂度是制约算法的一个重要方面。

6.4　凸 n 边形的三角形划分

给定凸 n 边形 P={1, 2, …, n}，每一个顶点 i 带一个权数 r(i)（i=1, 2, …, n）。要求在该凸 n 边形的顶点间连 n-3 条互不相交的连线，把凸 n 边形分成 n-2 个三角形，每个三角形的值为其三个顶点权数之积。

试确定一种三角剖分，使得剖分的 n-2 个三角形的值之和最小。

例如，图 6-1 为一个各顶点带权数的凸七边形，如何连接对角线分割成 5 个三角形，使得这 5 个三角形的值之和最小？

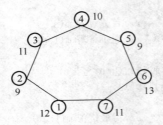

图 6-1　带权数的凸七边形

1. 动态规划设计要点

凸 n 边形有多种不同的三角剖分，例如 n=7，图 6-2 中给出了多种不同三角剖分中的 3 种。

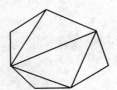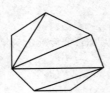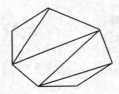

图 6-2　n=7 的 3 种不同的三角剖分

每一种三角剖分对应不同的三角形的值之和，我们要寻求一种最优三角剖分，其不同的三角形的值之和最小（最优值）。

（1）建立递推关系

设 m(i, j) 是求多边形 $M_iM_{i+1}\cdots M_j$ 划分的最小值，则有递推关系：

$$m(i, i+2) = r(i)r(i+1)r(i+2) \qquad （j=i+2 时，即三角形 M_iM_{i+1}M_{i+2}）$$

$$m(i, j) = \min(m(i, k) + m(k, j) + r(i)r(k)r(j)) \qquad (i<k<j)$$

初始（边界）条件为 m(i, i+1) = 0（不构成三角形）。

显然 m(1, n) 为最优值。

（2）求最优值的递推结构

注意到当 i<k<j 且要求 m(i, j) 时，要用到 m(i, k) 与 m(k, j)。为此，设置以下循环：

```
for(d=2;d<=n-1;d++)
for(i=1;i<=n-d;i++)
    j=i+d;
```

这样，可按 d 从 2 开始递增取值，先得 m(i,k) 与 m(k,j)，为比较进而求 m(i,j) 提供可能。

（3）构造最优解

设置 s(i,j)，在递推赋值时记录最优划分点 k。注意到分划线分布为二叉结构，应用 s(i,j) 定义实现最优解的递归函数 f(a,b)：

①设置 c=s(a,b) 记录参数 a 和 b 的最优划分点；

②若 c>a+1，则输出 a~c；

③若 c<b-1，则输出 c~b；

④然后调用下一层递归函数 f(a,c) 和 f(c,b)。

2. 算法描述

```c
// n 边形的三角形划分
int p,s[100][100];
main()
{int d,n,i,j,k,r[100];long t,m[100][100];
void f(int x,int y);
printf("  请输入 n:"); scanf("%d",&n);
 printf("  凸%d 边形从第 1 点开始，依次输入各点权数:\n",n);
 for(i=1;i<=n;i++)
  { printf("请输入第%d 个顶点的权数:",i);
    scanf("%d",&r[i]);
  }
for(i=1;i<=n-1;i++)  m[i][i+1]=0;         // 边界条件
for(d=2;d<=n-1;d++)
for(i=1;i<=n-d;i++)
  { j=i+d;
    m[i][j]=100000000;
    for(k=i+1;k<j;k++)
      { t=m[i][k]+m[k][j]+r[i]*r[k]*r[j];
        if(t<m[i][j])                    // 比较求取最小值 m(i,j)
        { m[i][j]=t;s[i][j]=k;}          // 同时用 s(i,j) 记录最优划分点
      }
  }
p=0;
printf("\n  最优%d 条划分线分别为:\n",n-3);
f(1,n);            // 调用递归函数 f(1,n) 给出最优划分线
printf("\n  凸%d 边形的三角形划分最小值为:%ld \n",n,m[1][n]);
}

#include <stdio.h>
void f(int a,int b)                       // 应用 s(i,j) 定义递归函数
{int c;
if(b>a+1)
  { c=s[a][b];                            // 调用 s(i,j) 所记录的最优划分点
    if(c>a+1)
      { p++;                              // 统计划线条数，每行输出 6 条
```

```
        printf("%2d--%2d；",a,c);
        if(p%6==0) printf("\n");
      }
    if(c<b-1)
      { p++;
        printf("%2d--%2d；",c,b);
        if(p%6==0) printf("\n");
      }
    f(a,c);f(c,b);                      // 调用下一层 s(i,j)递归函数
  }
return;
}
```

3. 算法测试与分析

请输入 n:7
凸 7 边形从第 1 点开始，依次输入各点权数：12 9 11 10 9 13 11
最优 4 条划分线分别为：
2-- 7；   2-- 5；   5-- 7；   2-- 4；
凸 7 边形的三角形划分最小值为：5166

最优划分如图 6-3 所示。

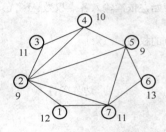

图 6-3   带权数的凸七边形的最优划分

如果不考虑递归构造最优解，动态规划在三重循环中实现，算法的时间复杂度为 $O(n^3)$。

6.5   最长子序列

在序列中删除若干项后，余下的项构成序列的子序列。

本节应用动态规划探索两个典型的子序列问题：最长非降子序列与两个序列的最长公共子序列。

6.5.1   最长非降子序列

给定一个由 n 个正整数组成的序列，从该序列中删除若干个整数，使剩下的整数组成非降子序列，求最长的非降子序列。

例如，由 12 个正整数组成的序列为：

    48，16，45，47，52，46，36，28，46，69，14，42

请在序列中删除若干项，使剩下的项为非降（即后面的项不小于前面的项）序列，剩下的非降序列最多为多少项？

1. 递推实现动态规划设计

设序列的各项为 a(1), a(2), …, a(n)（可随机产生，也可从键盘依次输入），对每一个整数操作为一个阶段，共为 n 个阶段。

（1）建立递推关系

设置 b 数组，b(i) 表示序列的第 i 个数（含第 i 个数）到第 n 个数中的最长非降子序列的长度，i=1, 2, …, n。对所有的 j>i，比较当 a(j)≥a(i) 时的 b(j) 的最大值，显然 b(i) 为这一最大值加 1，表示加上 a(i) 本身这一项。

因而有递推关系：

$$b(i)=\max(b(j))+1 \qquad (a(j) \geqslant a(i),\ 1 \leqslant i \leqslant j \leqslant n)$$

边界条件：b(n)=1。

逆推，依次求得 b(n−1), …, b(1)，比较这 n−1 个值，得其中的最大值 lmax，即为所求的最长非降子序列的长度（即最优值）。

（2）构造最优解

从序列的第 1 项开始，依次输出 b(i) 分别等于 lmax, lmax−1, …, 1 的项 a(i)，这就是所求的一个最长非降子序列。

2. 递推实现动态规划描述

```
// 递推实现动态规划
main()
{ int i, j, n, t, x, max, lmax, a[2000], b[2000];
  t=time(0)%1000;srand(t);                    // 随机数发生器初始化
  printf(" input n(n<2000):");
  scanf("%d",&n);
  for(i=1;i<=n;i++)
    {a[i]=rand()%(5*n)+10;                     // 随机产生并输出 n 个数的序列
     printf("%d  ",a[i]);
    }
  b[n]=1;lmax=0;
  for(i=n-1;i>=1;i--)                           // 逆推求最优值 lmax
    {max=0;
     for(j=i+1;j<=n;j++)
        if(a[i]<=a[j] && b[j]>max)
            max=b[j];
     b[i]=max+1;                                // 逆推得 b[i]
     if(b[i]>lmax) lmax=b[i];                   // 比较得最大非降序列长
    }
  printf("\n L=%d.\n",lmax);                    // 输出最大非降序列长
  printf(" 其中一个长度为%d 的非降子序列:",lmax);
  x=lmax;
  for(i=1;i<=n;i++)
    if(b[i]==x)
       {printf("%d  ",a[i]);x--;}               // 输出一个最大非降序列
}
```

3. 递归实现动态规划设计

（1）建立递归关系

设 q(i) 表示序列的第 i 个数（含第 i 个数）到第 n 个数中的最长非降子序列的长度，

i=1,2,…,n。对所有的 j>i，比较当 a(j)≥a(i)时的 q(j)的最大值，显然 q(i)为这一最大值加 1，表示加上 a[i]本身这一项。

因而有递归关系：

$$q(i)=\max(q(j))+1 \quad (a(j)\geq a(i), 1\leq i<j\leq n)$$

递归出口：q(n)=1。

（2）递归函数设计

```
int q(int i)
  {int j,f,max;
  if(i==n) f=1;
  else
    { max=0;
      for(j=i+1;j<=n;j++)
          if(a[i]<=a[j] && q(j)>max)
              max=q(j);
      f=max+1;
    }
  return f;
}
```

（3）在主函数中依次调用 q(n-1),…,q(1)，比较这 n-1 个值，得其中的最大值 lmax，即为所求的最长非降子序列的长度（即最优值）。

（4）构造最优解

从序列的第 1 项开始，依次输出 q(i)分别等于 lmax,lmax-1,…,1 的项 a[i]，这就是所求的一个最长非降子序列。

（5）递归实现动态规划描述

```
// 递归实现动态规划
int i,n,a[2000];
main()
{ int t,x,lmax; int q(int i);
  t=time(0)%1000;srand(t);        // 随机数发生器初始化
  printf(" input n(n<2000):");
  scanf("%d",&n);
  for(i=1;i<=n;i++)
    {a[i]=rand()%(5*n)+10;        // 随机产生并输出 n 个数序列
    printf("%d  ",a[i]);
    }
  lmax=0;
  for(i=n-1;i>=1;i--)
      if(q(i)>lmax) lmax=q(i);    // 比较得最大非降列长
  printf("\n L=%d. \n",lmax);     // 输出最大非降序列长
  printf("  其中一个长度为%d 的非降子序列:",lmax);
  x=lmax;
  for(i=1;i<=n;i++)
    if(q(i)==x)
      {printf("%d  ",a[i]);x--;}  // 输出一个最大非降序列
}
```

4. 算法测试与分析

```
input n(n<2000):12
45  39  10  27  34  63  62  35  47  16  52  13
L=6.
其中一个长度为6的非降子序列: 10  27  34  35  47  52
```

以上动态规划算法的时间复杂度为 $O(n^2)$。

注意: 序列长度为6的非降子序列可能有多个,这里只输出其中一个。

以上递归算法中,一个明显的缺点就是重复计算,不仅在递归求解最大非降序列长度时包含大量重复计算,在输出一个最大非降序列时同样包含大量重复计算,从而使得程序运行效率低。相对而言,由于递推算法没有重复计算,因此其运行效率比较高。以下各案例的动态规划设计中一般应用递推得到最优值。

以上序列表现为整数,事实上,序列可为一般意义上的字符。

变通: 如果要求已知序列的最长递增序列或最长递减序列,算法应如何修改?

6.5.2 最长公共子序列

一个给定序列的子序列是在该序列中删去若干项后所得到的序列。用数学语言表述,给定序列 $X = \{x_1, x_2, \cdots, x_m\}$,另一序列 $Z = \{z_1, z_2, \cdots, z_k\}$, X 的子序列是指存在一个严格递增下标序列 $\{i_1, i_2, \cdots, i_k\}$,使得对于所有的 j=1, 2, $\cdots$, k,有 $z_j = x_{i_j}$。例如,序列 $Z = \{b, d, c, a\}$ 是序列 $X = \{a, b, c, d, c, b, a\}$ 的一个子序列,或按紧凑格式书写,序列 "bdca" 是 "abcdcba" 的一个子序列。

若序列 Z 是序列 X 的子序列,又是序列 Y 的子序列,则称 Z 是序列 X 与 Y 的公共子序列。例如,序列 "bcba" 是 "abcbdab" 与 "bdcaba" 的公共子序列。

给定两个序列 $X = \{x_1, x_2, \cdots, x_m\}$ 和 $Y = \{y_1, y_2, \cdots, y_n\}$,找出序列 X 和 Y 的最长公共子序列。

例如,给出序列 X "hsbafdreghsbacdba" 与序列 Y "acdbegshbdrabsa",如何求取这两个序列的最长公共子序列?

1. 动态规划设计要点

求序列 X 与 Y 的最长公共子序列可以使用枚举法:列出 X 的所有子序列,检查 X 的每一个子序列是否也是 Y 的子序列,并记录其中公共子序列的长度,通过比较,最终求得 X 与 Y 的最长公共子序列。

对于一个长度为 m 的序列 X,其每一个子序列对应于下标集 $\{1, 2, \cdots, m\}$ 的一个子集,即 X 的子序列数目多达 2^m 个。由此可见,应用枚举法求解是指数时间的。

最长公共子序列问题具有最优子结构性质,应用动态规划设计求解。

(1)建立递推关系

设序列 $X = \{x_1, x_2, \cdots, x_m\}$ 和 $Y = \{y_1, y_2, \cdots, y_n\}$ 的最长公共子序列为 $Z = \{z_1, z_2, \cdots, z_k\}$,$\{x_i, x_{i+1}, \cdots, x_m\}$ 与 $\{y_j, y_{j+1}, \cdots, y_n\}$ (i=0, 1, $\cdots$, m; j=0, 1, $\cdots$, n) 的最长公共子序列的长度为 $c(i, j)$。

若 i=m+1 或 j=n+1,此时为空序列,$c(i, j)=0$(边界条件)。

若 x(1)=y(1),则有 z(1)=x(1),c(1,1)=c(2,2)+1(其中 1 为 z(1) 这一项);若 x(1)≠y(1),则 c(1,1) 取 c(2,1) 与 c(1,2) 中的最大者。

一般地,若 x(i)=y(j),则 c(i,j)=c(i+1,j+1)+1;若 x(i) ≠ y(j),则

$c(i,j)=\max(c(i+1,j),c(i,j+1))$。

因而归纳为以下递推关系：

$$c(i,j)=\begin{cases} c(i+1,j+1)+1 & 1\leq i\leq m,\ 1\leq j\leq n,\ x_i=y_j \\ \max(c(i,j+1),c(i+1,j)) & 1\leq i\leq m,\ 1\leq j\leq n,\ x_i\neq y_j \end{cases}$$

边界条件：$c(i,j)=0$（i=m+1 或 j=n+1）。

最长公共子串的长度为 $c(0,0)$。

（2）构造最优解

为构造最优解，即具体求出最长公共子序列，设置数组 s(i,j)，当 x(i)=y(j) 时 s(i,j)=1；当 x(i)≠y(j) 时，s(i,j)=0。

X 序列的每一项与 Y 序列的每一项逐一比较，根据 s(i,j) 与 c(i,j) 取值，具体构造最长公共子序列。实施 x(i) 与 y(j) 比较，其中 i=0,1,…,m-1；j=t,1,…,n-1。变量 t 从 0 开始取值，当确定最长公共子序列一项时，t=j+1。这样处理可避免重复取项。

若 s(i,j)=1 且 c(i,j)=c(0,0) 时，取 x(i) 为最长公共子序列的第 1 项；

随后，若 s(i,j)=1 且 c(i,j)=c(0,0) -1 时，取 x(i) 最长公共子序列的第 2 项；

一般地，若 s(i,j)=1 且 c(i,j)=c(0,0) -w 时（w 从 0 开始，每确定最长公共子序列的一项，w 增1），取 x(i) 最长公共子序列的第 w+1 项。

2. 最长公共子序列算法描述

```c
// 最长公共子序列
main()
{char x[100],y[100];
 int i,j,m,n,t,w,c[100][100],s[100][100];
 printf("请输入序列 x:"); scanf("%s",x);        // 先后输入序列
 printf("请输入序列 y:"); scanf("%s",y);
 for(m=0,i=0;x[i]!='\0';i++)  m++;
 for(n=0,i=0;y[i]!='\0';i++)  n++;
 for(i=0;i<=m;i++)  c[i][n]=0;                  // 赋边界值
 for(j=0;j<=n;j++)  c[m][j]=0;
 for(i=m-1;i>=0;i--)                            // 递推计算最优值
 for(j=n-1;j>=0;j--)
     if(x[i]==y[j])
       {c[i][j]=c[i+1][j+1]+1;
        s[i][j]=1;
       }
     else
       {s[i][j]=0;
        if(c[i][j+1]>c[i+1][j])
           c[i][j]=c[i][j+1];
        else  c[i][j]=c[i+1][j];
       }
 printf("最长公共子序列的长度为:%d",c[0][0]);     // 输出最优值
 printf("\n 最长公共子序列为:");                  // 构造最优解
 t=0;w=0;
 for(i=0;i<=m-1;i++)
```

```
for(j=t;j<=n-1;j++)
    if(s[i][j]==1 && c[i][j]==c[0][0]-w)
      {printf("%c",x[i]);
       w++;t=j+1;break;
      }
printf("\n");
}
```

3．算法测试与分析

请输入序列 x:hsbafdreghsbacdba
请输入序列 y:acdbegshbdrabsa
最长公共子序列的长度为:9
最长公共子序列为:adeghbaba

以上动态规划算法时间复杂度为 O(mn)。

6.6　插入乘号问题

在指定数字串中插入运算符号的问题（包括插入若干个乘号求积的最大最小，或插入若干个加号求和的最大最小）是比较新颖且有一定难度的最优化问题。这里通过限制数字串的长度来降低设计求解的难度。

在一个由 n 个数字组成的数字串中插入 r 个乘号（1≤r<n），将它分成 r+1 个整数，找出一种乘号的插入方法，使得这 r+1 个整数的乘积最大。

例如，对给定的数串 267315682902764 如何插入 6 个乘号，使其乘积最大？

对于一般插入 r 个乘号，采用枚举已不适合。注意到插入 r 个乘号是一个多阶段决策问题，应用动态规划来求解是适宜的。

1．建立递推关系

设 $f(i,k)$ 表示在前 i 位数中插入 k 个乘号所得乘积的最大值，$a(i,j)$ 表示从第 i 个数字到第 j 个数字所组成的 j-i+1（i≤j）位整数值。

为了寻求递推关系，先看一个实例：对给定的 9 个数字的数串 847313926，如何插入 5 个乘号，使其乘积最大？

我们的目标是为了求取最优值 $f(9,5)$。

设前 8 个数字中已插入 4 个乘号，则最大乘积为 $f(8,4)*6$；

设前 7 个数字中已插入 4 个乘号，则最大乘积为 $f(7,4)*26$；

设前 6 个数字中已插入 4 个乘号，则最大乘积为 $f(6,4)*926$；

设前 5 个数字中已插入 4 个乘号，则最大乘积为 $f(5,4)*3926$。

比较以上 4 个数值的最大值即为 $f(9,5)$。

依此类推，为了求 $f(8,4)$：

设前 7 个数字中已插入 3 个乘号，则最大乘积为 $f(7,3)*2$；

设前 6 个数字中已插入 3 个乘号，则最大乘积为 $f(6,3)*92$；

设前 5 个数字中已插入 3 个乘号，则最大乘积为 $f(5,3)*392$；

设前 4 个数字中已插入 3 个乘号，则最大乘积为 $f(4,3)*1392$。

比较以上 4 个数值的最大值即为 $f(8,4)$。

一般为了求取 f(i,k)，考察数字串的前 i 个数字，设在前 j（k≤j<i）个数字中已插入 k-1 个乘号基础上，在第 j 个数字后插入第 k 个乘号，此时的最大乘积为 f(j,k-1)*a(j+1,i)。

于是可以得递推关系式：

$$f(i,k)=\max(f(j,k-1)*a(j+1,i)) \qquad (k\leq j<i)$$

2．确定边界条件

前 j 个数字没有插入乘号时的值显然为前 j 个数字组成的整数，因而得边界值为：

$$f(j,0)=a(1,j) \quad (1\leq j\leq i)$$

为简单计，在设计中可省略 a 数组，用变量 d 替代。

3．构造最优解

为了能打印相应的插入乘号的乘积式，设置标注位置的数组 t(k) 与 c(i,k)，其中 c(i,k) 为相应的 f(i,k) 的第 k 个乘号的位置，而 t(k) 标明第 k 个乘号 "*" 的位置，例如，t(2)=3，表明第 2 个 "*" 号在第 3 个数字后面。

当给数组元素赋值 f(i,k)=f(j,k-1)*d 时，作相应赋值 c(i,k)=j，表明 f(i,k) 的第 k 个乘号的位置是 j。在求得 f(n,r) 的第 r 个乘号位置 t(r)=c(n,r)=j 的基础上，其他 t(k)（1≤k≤r-1）可应用 t(k)=c(t(k+1),k) 逆推产生。

根据 t 数组的值，可直接按字符形式打印出所求得的插入乘号的乘积式。

4．动态规划算法描述

```
// 在一个数字串中插入 r 个*号，使乘积最大
main()
{ char sr[16];
  int n,i,j,k,u,r,b[16],t[16],c[16][16];
  double  f[17][17],d;
  printf("请输入整数:"); scanf("%s",sr);
  n=strlen(sr);
  printf("请输入插入的乘号个数r:"); scanf("%d",&r);
  if(n<=r)
    {printf("  输入的整数位数不够或 r 太大！ ");return;}
  printf("在整数%s 中插入%d 个乘号，使乘积最大:\n",sr,r);
  for(d=0,j=0;j<=n-1;j++)
  b[j]=sr[j]-48;                   // 把输入的数串逐位转换到 b 数组
for(d=0,j=1;j<=n-r;j++)
    {d=d*10+b[j-1];               // 把 b 数组的一个字符转化为数值
     f[j][0]=d;                   // f[j][0]赋初始值
    }
  for(k=1;k<=r;k++)
  for(i=k+1;i<=n-r+k;i++)
  for(j=k;j<i;j++)
    {for(d=0,u=j+1;u<=i;u++)
        d=d*10+b[u-1];
     if(f[i][k]<f[j][k-1]*d)       // 递推求取 f[i][k]
        {f[i][k]=f[j][k-1]*d;c[i][k]=j;}
    }
  t[r]=c[n][r];
```

```
for(k=r-1;k>=1;k--)
  t[k]=c[t[k+1]][k];             // 逆推出第 k 个*号的位置 t[k]
t[0]=0;t[r+1]=n;
for(k=1;k<=r+1;k++)
  {for(u=t[k-1]+1;u<=t[k];u++)
    printf("%c",sr[u-1]);        // 输出最优解
  if(k<r+1) printf("*");
  }
printf("=%.0f\n ",f[n][r]);      // 输出最优值
}
```

5. 算法测试与分析

请输入整数:267315682902764
请输入插入的乘号个数 r:6
在数字串 267315682902764 中插入 6 个乘号，使乘积最大:
26*7315*6*82*902*7*64=37812668974080

动态规划在三重循环中实现，算法的时间复杂度为 $O(n^3)$。

变通：如果要求插入乘号后的乘积最小值，算法如何修改？

6.7　数阵中的最优路径

本节应用动态规划探讨两类数阵中的最优路径搜索，一类是三角数阵中的最大路径，另一类是矩阵中的最大路径。

6.7.1　三角数阵中的最大路径

1. 问题提出

三角数阵是一个二维数阵：三角形由 n 行构成，第 k（k=1,2,…,n）行有 k 个整数值，排列为一个数值三角形。

在一个给定的 n 行三角数阵中，寻找从顶点开始，每一步可沿左斜（L）或右斜（R）向下至底行的路径，路径所经过的整数和最大者为最大路径。

在如图 6-4 所示的 8 行三角数阵中，最大路径如何确定？

```
               22
             30  16
           10  22  18
         27  13   1  22
        9  28  10  14  15
      23  19  26  12  21  26
     8  17   1  18  25  28   7
  11  23  18   8  15  25  13  15
```

图 6-4　8 行三角数阵

输入 n（2≤n≤50）及相应的 n 行三角整数数阵，输出最大路径的数值和，统计不同最大路径的条数，并具体输出一条最大路径。

2. 动态规划设计要点

（1）设置 4 个二维数组

二维数组 a(n,n)存储点三角数阵的各点数值；

二维数组 $b(i, j)$ 为点 (i, j) 到底行的最大数值和；

二维字符数组 $c(i, j)$ 指明点 (i, j) 向左下（L）或向右下（R）的路标；

二维数组 $d(i, j)$ 为点 (i, j) 到底行的不同最优路径的条数。

（2）建立递推关系

$b(i, j)$、$c(i, j)$ 与 $d(i, j)$（$i=n-1, \cdots, 2, 1$）的值由 b 数组的第 $i+1$ 行的第 j 个元素 $b(i+1, j)$ 与第 $j+1$ 个元素值 $b(i+1, j+1)$ 的大小比较决定，即有递推关系：

1）若 $b(i+1, j+1) > b(i+1, j)$，即下行右边元素大，则

$b(i, j) = a(i, j) + b(i+1, j+1)$；

$c(i, j) = 'R'; d(i, j) = d(i+1, j+1)$；

2）若 $b(i+1, j+1) < b(i+1, j)$，即下行左边元素大，则

$b(i, j) = a(i, j) + b[i+1][j]$；

$c(i, j) = 'L'; d(i, j) = d(i+1, j)$；

3）若 $b(i+1, j+1) = b(i+1, j)$，下行左右两元素值相等，则路径条数为两边之和，即

$b(i, j) = a(i, j) + b(i+1, j)$；

$c(i, j) = 'L'; d(i, j) = d(i+1, j) + d(i+1, j+1)$；

其中 $i=n-1, \cdots, 2, 1$。

（3）确定边界条件

$b(n, j) = a(n, j)$, $d(n, j) = 1$ （$j=1, 2, \cdots, n$）

根据以上边界条件与递推关系，逆推所得 $b(1, 1)$ 即为最大路径数值和，$d(1, 1)$ 即为最优路径的条数。

（4）构造最优解

为了确定并输出最优路径，利用 c 数组从上而下查找。

1）先打印 $a(1, 1)$，这是路径的起点。

2）然后根据路标 $c(1, 1)$ 的值决定路径的第 2 个点：若 $c(1, 1) = 'R'$，则下一个打印 $a(2, 2)$；否则打印 $a(2, 1)$。

一般地，在输出 i 循环（$i=2, 3, \cdots, n$）中：

若 $c(i-1, j) = 'R'$，则打印 "'R'; $a(i, j+1)$;"，同时赋值 $j=j+1$；

若 $c(i-1, j) = 'L'$，则打印 "'L'; $a(i, j)$;"。

依此打印出最大路径，即所求的最优解。

3. 最大路径设计描述

```
// 三角数阵的最大路径
main()
{ int n, i, j, t, a[50][50], b[50][50], d[50][50];
  char c[50][50];
  printf(" 请输入三角数阵的行数 n:"); scanf("%d", &n);
  t=time(0)%1000; srand(t);              //随机数发生器初始化
  for(i=1; i<=n; i++)
    { for(j=1; j<=36-2*i; j++) printf(" ");
      for(j=1; j<=i; j++)
        { a[i][j]=rand()%10+1;           // 随机产生并打印 n 行数字三角形
          printf("%4d", a[i][j]);        // 数据也可改为键盘输入
        }
```

```
        printf("\n");
    }
    printf("   请在三角数阵中从顶开始每步可左斜或右斜至底,");
    printf("寻找一条数字和最大的路径. \n");
    for(j=1;j<=n;j++)
      { b[n][j]=a[n][j];d[n][j]=1;}
    for(i=n-1;i>=1;i--)                        // 逆推得 b[i][j]
    for(j=1;j<=i;j++)
        if(b[i+1][j+1]>b[i+1][j])
              { b[i][j]=a[i][j]+b[i+1][j+1];
                c[i][j]='R';d[i][j]=d[i+1][j+1];
              }
        else if(b[i+1][j+1]<b[i+1][j])
              { b[i][j]=a[i][j]+b[i+1][j];
                c[i][j]='L';d[i][j]=d[i+1][j];
              }
        else
              { b[i][j]=a[i][j]+b[i+1][j];
                c[i][j]='L';d[i][j]=d[i+1][j]+d[i+1][j+1];
              }
    printf("   最大路径数字和为:%d\n",b[1][1]);
    printf("   不同最优路径条数为:%d\n",d[1][1]);
    printf("   一条最优路径为:%d",a[1][1]);j=1;
    for(i=2;i<=n;i++)
        if(c[i-1][j]=='R')
          { printf("-R-%d",a[i][j+1]);j++;}
        else
          printf("-L-%d",a[i][j]);
    printf("\n");
}
```

4. 算法测试与分析

输入数据如图 6-4 所示的点数值三角形, 输出如下:

最大路径数字和为:176
不同最优路径条数为:2
一条最优路径为:22-L-30-L-10-L-27-R-28-L-19-L-17-L-23

动态规划在二重循环中实现, 算法的时间复杂度为 $O(n^2)$。

6.7.2 矩阵中的最大路径

在一个给定的 n 行 m 列矩阵中, 从矩阵的左上角走到右下角, 路径中每一步能往右、往下走到相邻格子, 不能斜着走, 也不能走出矩阵。试在所有路径中搜索路径上各数之和最大的最大路径。

例如图 6-5 所示的 10×8 矩阵中, 如何确定最大路径?

输入 n、m (2≤n,m≤50) 及相应的 n 行 m 列整数矩阵, 输出矩阵中最大路径的数字和及其中一条最大路径, 并统计不同最大路径的条数。

```
2  3  4  2  1  1  4  5
2  1  3  2  5  2  3  1
5  4  5  5  1  1  3  5
4  1  4  4  2  2  1  3
5  4  4  2  4  5  5  4
5  4  3  4  1  1  1  2
3  4  3  3  1  4  1  2
5  2  3  5  4  3  2  2
3  3  4  2  2  5  4  5
5  5  5  2  4  5  3  4
```

图 6-5   10×8 矩阵

1. 动态规划设计要点

设（i，j）为矩阵中第 i 行第 j 列所在格，二维数组 a(i，j)存储该格(i，j)中的数字；

二维数组 b(i，j)为从格(i，j)至矩阵右下角(n，m)路径的最大数字和；

二维数组 c(i，j)存储格(i，j)下一步的方向标：向下为 "D"，向右为 "R"；

二维数组 d(i，j)为从格(i，j)至右下角(n，m)不同最大路径的条数。

显然，最优路径的数字和为 b(1，1)。

（1）求路径最优值的递推关系

b(i，j)与 c(i，j) （i=n，…，2，1；j=m，…，2，1）的值由同一列下行的整数 b(i+1，j)与同一行右列的整数 b(i，j+1)的大小决定：

若 b(i+1，j)≥b(i，j+1)，则

b(i，j)=a(i，j)+b(i+1，j)；c(i，j)='D'；

若 b(i+1，j)<b(i，j+1)，则

b(i，j)=a(i，j)+b(i，j+1)；c(i，j)='R'；

这样反推所得 b(1，1)即为所求的最大路径数字和。

（2）求最优路径数的递推关系

若 b(i+1，j)>b(i，j+1)，则 d(i，j)=d(i+1，j)；

若 b(i+1，j)<b(i，j+1)，则 d(i，j)=d(i，j+1)；

若 b(i+1，j)=b(i，j+1)，则 d(i，j)=d(i+1，j)+d(i，j+1)。

（3）确定边界条件

注意到最后一行与最后一列各数只有一个出口，由 b[n][m]=a[n][m]开始：

向左逐个推出同行的 b(n，j) （j=m-1，...，2，1）：

b(n，j)=a(n，j)+b(n，j+1)；c(n，j)='R'；d(n，j)=1

向上逐个推出同列的 b(i，m) （i=n-1，...，2，1）：

b(i，m)=a(i，m)+b(i+1，m)；c(i，m)='D'；d(i，m)=1

（4）产生最优路径

路径由左上角（i=1，j=1）开始，至右下角（i=n，j=m）结束。

中间各点通过循环实现：

```
while(i+j<n+m)                        // 输出最优路径上的各点
   { printf(" %d,",a[i][j]);
     if(c[i][j]=='D') i++;
     else j++;
   }
```

2．动态规划描述

```
// 矩阵中的最大路径
main()
{ int m,n,i,j,t,a[50][50],b[50][50],d[50][50];
  char c[50][50];
  printf(" 请输入矩阵的行数，列数:"); scanf("%d,%d",&n,&m);
  t=time(0)%1000; srand(t);                    // 随机数发生器初始化
  for(i=1;i<=n;i++)
    { for(j=1;j<=m;j++)
       { a[i][j]=rand()%9+1;                    // 随机产生并打印 n 行 m 列矩阵
         printf("%4d",a[i][j]);                 // 矩阵数据也可从键盘输入
       }
     printf("\n");
    }
b[n][m]=a[n][m];
for(j=m-1;j>=1;j--)                             // 最下行 b,c 数组赋初值
   { b[n][j]=a[n][j]+b[n][j+1];c[n][j]='R';d[n][j]=1;}
for(i=n-1;i>=1;i--)                             // 最右列 b,c 数组赋初值
   { b[i][m]=a[i][m]+b[i+1][m];c[i][m]='D';d[i][m]=1;}
for(i=n-1;i>=1;i--)                             // 与右下比较逆推得 b[i][j]
for(j=m-1;j>=1;j--)
   if(b[i+1][j]>=b[i][j+1])
    { b[i][j]=a[i][j]+b[i+1][j];c[i][j]='D';
      if(b[i+1][j]==b[i][j+1])
        d[i][j]=d[i+1][j]+d[i][j+1];
      else  d[i][j]=d[i+1][j];
    }
   else
    { b[i][j]=a[i][j]+b[i][j+1];c[i][j]='R';d[i][j]=d[i][j+1];}
printf(" 最大路径数值和为:%d\n",b[1][1]);        // 输出最大路径数和
printf(" 最大路径条数为:%d\n",d[1][1]);          // 输出最大路径条数
printf(" 其中一条最大路径为: \n   ");            // 输出一条最大路径
i=1;j=1;
while(i+j<n+m)                                   // 输出最大路径上的各点
   { printf(" %d,",a[i][j]);
     if(c[i][j]=='D') i++;
     else j++;
   }
printf(" %d\n",a[n][m]);
}
```

3．算法测试与分析

输入图 6-5 所示的 10×8 矩阵数据，得

最大路径数值和为:67
最大路径条数为:3
其中一条最大路径为:
2, 2, 5, 4, 5, 5, 4, 4, 3, 3, 5, 4, 3, 5, 4, 5, 4

动态规划在二重循环中实现，算法的时间复杂度为 $O(n^2)$。

变通：如果路径在"每一步能往右、往下走"的基础上增加"能往右下格走"（格(i, j) 的右下格为矩阵中的（i+1, j+1）格），要求最大路径，算法应如何修改？

6.8 动态规划设计小结

本章应用动态规划设计求解了经典的 0-1 背包问题、西瓜分堆与插入运算符号等最优化问题，求解了最长子序列的两个典型案例，也求解了关于三角形最优剖分与数阵上的最优路径搜索，涉及面颇为广泛。

应用动态规划设计求解最优化问题，根据问题最优解的特性，找出最优解的递推关系（递归关系）是求解的关键。至于应用递推还是递归求取最优值，递推时应用顺推还是应用逆推，可根据设计者自己的习惯与爱好来定。一般来说，应用递推求最优值比应用递归求最优值效率要高。

应用动态规划设计求解最优化问题，当最优值求出后，如何根据案例的具体实际构造最优解是求解的难点。构造最优解时没有一般的模式可套，必须结合问题的具体实际，必要时在递推最优解时，有针对性地记录若干必要的信息。

动态规划根据不同阶段之间的状态转移，通常应用递推求得问题的最优值。这里注意，不能把动态规划与递推两种算法混淆，不要把递推当成是动态规划，也不要把动态规划当成递推。

综合动态规划与递推之间的关系，可概括为以下几点：

（1）动态规划是用来求解多阶段最优化问题的有效算法，而递推一般是解决某些判定性问题、构造性或计数问题的方法，两者求解对象不同。

（2）动态规划求解的多阶段决策问题必须满足最优子结构特性，而递推所求解的问题必须有确切的递推关系。

（3）动态规划在求解最优值通常应用递推来实现，递推只是完成最优值中的一种手段。至于应用顺推还是逆推，须根据动态规划所设置的目标函数来定。

（4）动态规划在求得问题的最优值后，通常需构造出最优决策序列，即求出最优解，而递推在求出计数结果后没有其他的构造需求。

（5）从算法的时间复杂度而言，动态规划如果设置一维数组，通过一重循环递推完成最优值求解，其时间复杂度一般为 $O(n)$；如果设置二维数组，通过二重循环递推完成最优值求解，其时间复杂度一般为 $O(n^2)$。就是说，在没有特殊要求的情形下，动态规划求解的时间复杂度通常由相应的求最优值的递推结构来决定。

（6）当动态规划与递推需设置三维数组时，其空间复杂度都比较高，大大限制了求解范围，这是动态规划与递推所面临的共同问题。

习题 6

6-1 枚举求解 0-1 背包问题
应用枚举求解 6 件物品的 0-1 背包问题，并与例 6.2.1 节的优化结果进行比较。

6-2 枚举求解二维 0-1 背包问题
应用枚举求解 8 物品二维 0-1 背包问题，并与 6.2.2 节动态规划的结论进行比较。

6-3　装载问题

有 n 个集装箱要装上两艘载重量分别为 c1 和 c2 的轮船，其中集装箱 i 的重量为 w_i，且 $\sum\limits_{i=1}^{n} w_i \leqslant c_1 + c_2$，$c_1, c_2, w_i \in N^+$（不考虑集装箱的体积）。

试求解一个合理的装载方案，把所有 n 个集装箱都装上这两艘船。

6-4　最小子段和的动态规划（递推实现）设计

应用递推实现动态规划求解：给定 n 个整数（可能为负整数）组成的序列 $a_1, a_2, \cdots, a_n$，求该序列形如 $\sum\limits_{k=i}^{j} a_k$（$1 \leqslant i \leqslant j \leqslant n$）段和的最小值。

6-5　最小子段和的动态规划（递归设计）设计

应用递归实现动态规划求解：给定 n 个整数（可能为负整数）组成的序列 $a_1, a_2, \cdots, a_n$，求该序列形如 $\sum\limits_{k=i}^{j} a_k$ 段和的最小值。

6-6　矩阵连乘问题

设矩阵 A 为 p 行 q 列，矩阵 B 为 q 行 r 列，求矩阵乘积 AB 共需做 pqr 次乘法。

试求 n（n>2）个矩阵 M_i（$i = 1, 2, \cdots, n$）的乘积 $M_1 M_2 \cdots M_n$ 的最少乘法次数。其中 n 与 M_i 的行数和列数 r_i, r_{i+1} 均从键盘输入。

6-7　边数值三角形的最短路径

已知边数值三角形每两点间距离如图 6-6 所示，每一个点有向左或向右两个去向，求三角形顶点到底边的最短路径。

图 6-6　三角形边数值数据

6-8　整币兑零的最少零币个数

用 m 种零币 $t(1), t(2), \cdots, t(m)$（单位为分，约定 $t(1) < t(2) < \cdots < t(m)$）来兑整币 n，试求兑换的最少零币个数。

6-9　数字串插入加号求最小和

在一个 n 位整数 a 中插入 r 个加号，将它分成 r+1 个整数，找出一种加号的插入方法，使得这 r+1 个整数的和最小。

6-10　枚举求解插入乘号的最大积

作为验证，应用于组合枚举求取插入乘号的乘积最大值及其乘积式。

第7章 贪心算法

本章介绍贪心算法的概念与设计规范，并应用贪心算法求解背包问题、删数字案例、构建埃及分数式、求解数列操作与数列极差等实际案例，最后应用贪心算法构建哈夫曼树与哈夫曼编码。

7.1 贪心算法概述

7.1.1 贪心算法的概念

贪心算法（Greedy Algorithm）又称贪婪算法，是一种着眼局部的简单而适应范围有限的优化策略。

贪心算法的基本思想是通过一系列选择步骤来构造问题的解，每一步都是对当前部分解的一个扩展，直至获得问题的完整解。

贪心算法求解问题的过程表现为：将一个规模较大的最优化问题逐步转化为一系列规模较小的局部最优化子问题，对每个局部最优化子问题进行求解。通过一系列的局部最优选择，使问题规模越来越小，部分解却越来越接近于整体解。

贪心算法在求解最优化问题时，从初始阶段开始，每一个阶段总是做一个使局部最优的贪心选择。也就是说，贪心算法并不从整体最优考虑，它所作出的每一步选择只是使局部最优的选择。

例 7-1 假设有 4 种硬币，它们的面值分别为 2 角 5 分、1 角、5 分和 1 分。现在要找给某顾客 6 角 3 分钱，怎么找才能使给顾客的硬币个数最少呢？

我们会不假思索地拿出 2 个 2 角 5 分的硬币，1 个 1 角的硬币和 3 个 1 分的硬币交给顾客。这种找硬币方法与其他的找法相比，所拿出的硬币个数是最少的。

这个找硬币的方法实际上就是贪心算法：

首先选出一个面值不超过 6 角 3 分的最大硬币，即 2 角 5 分；

然后从 6 角 3 分中减去 2 角 5 分，剩下 3 角 8 分。再选出一个面值不超过 3 角 8 分的最大硬币，即又一个 2 角 5 分；

然后从 3 角 8 分中减去 2 角 5 分，剩下 1 角 3 分。再选出一个面值不超过 1 角 3 分的最大硬币，即一个 1 角；

然后从 1 角 3 分中减去 1 角，剩下 3 分。最后选出 3 个面值 1 分硬币。

贪心算法总是做出在当前看来是最好的选择。如上面的找硬币问题本身具有最优子结构性质，它可以用动态规划来解。但我们看到，用贪心算法更简单、更直接且解题效率更高、不存在空间限制的影响。

贪心算法没有固定的算法框架，算法设计的关键在于根据最优化问题的目标函数与约束条件，确定问题的解空间和局部最优的选择策略。

应用贪心算法所做的每一步选择都必须满足以下条件：

（1）可行的：必须满足问题的约束条件。

（2）局部最优：当前所有可能的选择中选择使局部最优的决策。

（3）不可取消：选择一旦做出，在后面的步骤中无法改变。

贪心算法是通过做一系列的选择来求出某一问题的最优解，对算法的每一个决策点，做一个当时看起来最佳的选择，这种启发式策略并不总能产生出整体最优解。

上述找硬币的算法利用了硬币面值的特殊性，我们再看一个例子。

例 7-2　有 3 种硬币的面值分别为 1 分、5 分和 1 角 1 分，而要找给顾客 1 角 5 分钱。怎么找才能使给顾客的硬币个数最少呢？

还是应用贪心选择，将找给顾客一个 1 角 1 分的硬币和 4 个 1 分的硬币。然而 3 个 5 分的硬币显然是更好的找法。

从硬币找零的问题来看，贪心算法是最接近人类认知思维的一种解题策略。但是，越是显而易见的方法往往越难证明。

此外，贪心策略也可以应用求解一些构造类问题。当应用枚举求解构造类问题较为复杂时，应用贪心策略有时可快捷地构造出所需要的一些解。

7.1.2　贪心算法的理论基础

借助矩阵胚工具，可以建立关于贪心算法的一般性理论。

子集系统（Subset System）　把一个二元组（E, I）叫做一个子集系统，满足：

（1）E 是一个非空有限集。

（2）I 是 E 的一个子集族，它在包含运算下封闭，即 I 的每一个元素 a 都是 S 的一个子集，并对于 a 的任何子集 a′，a′ 也是 I 的元素。

（3）给 E 中的每一个元素 e 赋予一个正权 w(e)。

考虑至少有一条边的带权无向连通图 G，令它的边集为 E，它的所有生成森林的集合为 I，则（E, I）就是一个子集系统。

极大独立集（Maximal Independent Set）　把 I 中的元素都称为独立集。对于 I 中的元素 a，如果不存在 I 中的另一个元素 a′，使得 a 是 a′ 的真子集，则称 a 是极大独立子集。该极大独立子集的基数为它包含的元素的个数。

例如，图 G 的所有生成树就是所有的极大独立子集。所有极大独立子集具有相同的基数 $|V|-1$，这里 $|V|$ 为图 G 的顶点数。

给定矩阵胚 M＝(S, I)，对于 I 中的独立子集 A∈I，若 S 有一元素 x∉A，使得将 x 加入 A 后仍保持独立性，即 A∪{x}∈I，则称 x 为 A 的可扩展元素。

当矩阵胚 M 中的独立子集 A 没有可扩展元素时，称 A 为极大独立子集。或者说，当 A 不被 M 中其他独立子集包含时，A 就是极大独立子集。

子集系统优化问题　对子集系统定义优化问题：在子集系统（E, I）中选取一个元素 S∈I，使得 w(S) 最大，这里 w(S) 为 S 中所有元素的权和。

应用贪心法，先把 E 中元素权值按降序排序为 $e_1, e_2, \cdots$，令集合 S 为空集，尝试每次把 $e_1, e_2, \cdots$ 添加到 S 中。如果添加之后，S 仍是独立集，则添加成功；如果 S 不是独立集，则由定义可知，以后无论怎样添加元素，得到的集合都不可能成为独立集。当 S 是一个独立集时，S 即为算法的输出。

以上贪心算法并不能确保得到最优解，例如可能因添加了 e_1 后而导致 e_2、e_3 等无法添加，而 $e_2 + e_3 > e_1$ 是可能成立的，显然得不偿失。在算法中只可能撤消当前的添加，而无法撤消之前的添加操作，所以应用贪心法有可能失败。

为了清楚应用贪心法何时是正确的，有必要用到一个特殊子集系统——矩阵胚。

矩阵胚（Matroid）又称为拟阵，是一个满足以下交换性质的特殊子集系统：

对于任何两个独立集 S_1 和 S_2，如果 $|S_1| < |S_2|$，那么 $S_2 - S_1$ 中一定存在一个元素 e，使得 $\{e\} \cup S_1$ 仍是独立集。

判断一个子集系统是不是矩阵胚常应用以下性质：

定理 1 一个子集系统是矩阵胚，当且仅当所有极大独立子集具有相同的基数。

证 设 A 和 B 是 M 的极大独立子集，且 $|A| < |B|$。由拟阵的交换性质得，存在某一元素 $x \in B - A$ 使得 $A \cup \{x\} \in I$，这与 A 是极大独立子集相矛盾。同理由 $|A| > |B|$ 也将导致矛盾，故有 $|A| = |B|$。

例如，若 S 是一个矩阵中的行向量集合，I 是 S 的线性独立子集族，则（S, I）是矩阵胚。

定理 2 子集系统优化问题的贪心算法正确，当且仅当该子集系统是一个矩阵胚。

矩阵胚理论是一种能够确定贪心算法何时产生最优解的理论，虽然这套理论还很不完善，但在求解最优化问题时发挥着重要作用。

7.2　背包问题

第 6 章应用动态规划求解了 0-1 背包的最优化问题。如果装包的每一个物品都是可拆的，即对每一种物品可整体装包，可只装一部分，也可不装包，在这种情形下，如何求解背包的最优化问题？当装包的物品数量很大、物品的重量很大时或物品的重量不是整数时，动态规划应用受阻，在这种情形下，如何求解 0-1 背包的优化问题？

7.2.1　可拆背包问题

已知 n 种物品和一个可容纳 c 重量的背包，物品 i（i=1, 2, …, n）的重量为 w_i，产生的效益为 p_i。装包时每件物品可拆，即每种物品都可只装它的一部分。显然物品 i 的一部分 x_i 放入背包所占重量为 $x_i w_i$，产生的效益为 $x_i p_i$，这里 $0 \le x_i \le 1$，$w_i, p_i > 0$。

设计如何装包，使装包所得整体效益最大。

1. 贪心算法设计

设物品 i 的一部分 x_i（$0 \le x_i \le 1$）放入背包，所占重量为 $x_i w_i$，产生的效益为 $x_i p_i$。由 $0 \le x_i \le 1$，可知：

当 $x_i = 1$ 时，该物品为整个装入；

当 $x_i = 0$ 时，该物品不装；

当 $0 < x_i < 1$ 时，该物品装一部分。

约束条件：$\sum\limits_{i=1}^{n} x_i w_i \le c$

目标函数：$\max \sum\limits_{i=1}^{n} x_i p_i$　　（$0 \le x_i \le 1$）

贪心选择策略：要使整体效益即目标函数最大，每次选择未装物品中单位重量效益最高的物品装包。直至某一件物品装不下时，装这件物品的一部分，把包装满。

为此，首先对 n 个物品按单位重量的效益进行降序排列，考虑到每件物品有重量与效益两个值，应用分区交换排序欠方便，可采用最简单的逐个比较排序实施。

物品按单位重量效益的分式比较转换为以下的整式比较适宜：

$$p(i)/w(i) < p(j)/w(j) \quad <=> \quad p(i)*w(j) < p(j)*w(i)$$

排序后，从单位重量效益最高的物品开始，依次将物品装包，直至某一件物品装不下时，装这件物品的一部分，把包装满。

易知在这一贪心选择下所得效益是最大的。

2. 贪心设计描述

```
// 可拆背包问题
main()
{float p[100],w[100],x[100],c,cw,s,h;
 int i,j,n;
 printf("\n  input n:");
 scanf("%d",&n);                     // 输入已知数据
 printf("input c:"); scanf("%f",&c);
 for(i=1;i<=n;i++)
    { printf("  input w%d,p%d:",i,i);
      scanf("%f,%f",&w[i],&p[i]);
    }
 for(i=1;i<=n-1;i++)                  // 对 n 件物品按单位重量的效益从大到小排序
 for(j=i+1;j<=n;j++)
   if(p[i]*w[j]<p[j]*w[i])
    { h=p[i];p[i]=p[j]; p[j]=h;
      h=w[i];w[i]=w[j]; w[j]=h;
    }
 cw=c;s=0;                           // cw 为背包还可装的重量
 for(i=1;i<=n;i++)
   { if(w[i]>cw) break;
     x[i]=1.0; cw=cw-w[i]; s=s+p[i]; // 实现贪心策略，整体装包
   }
 x[i]=(float)(cw/w[i]);              // 若 w(i)>cw，装入一部分 x(i)
 s=s+p[i]*x[i];
 printf("装包：");                    // 输出装包结果
 for(i=1;i<=n;i++)
   if(x[i]<1)  break;
   else
     printf("\n 装入重量为%5.1f，效益为%5.1f 的物品.",w[i],p[i]);
 if(x[i]>0 && x[i]<1)
     printf("\n 装入重量为%5.1f，效益为%5.1f 的物品百分之%5.1f.",w[i],p[i],x[i]*100);
 printf("\n 所得装包重量：%7.1f，最大效益为:%7.1f ",c,s);
}
```

3. 算法测试与分析

```
input n:10
input c:380
input wi,pi: 60,102;40.5,72.9;90.5,181;85,196;
98,196;90.5,203;81.5,178.5;45,86;70,147;74,160
装包:
装入重量为 85.0，效益为 196.0 的物品.
装入重量为 90.5，效益为 203.0 的物品.
装入重量为 81.5，效益为 178.5 的物品.
装入重量为 74.0，效益为 160.0 的物品.
装入重量为 70.0，效益为 147.0 的物品百分之 70.0
所得装包重量:380.0，最大效益为:840.4
```

易证以上求解可拆背包问题的贪心算法所求得的最大效益为问题的最优值，算法的时间复杂度为 $O(n^2)$，主要用于 n 件物品的排序。

7.2.2　0-1 背包问题

第 6 章我们已应用动态规划求解了 0-1 背包问题的最优化问题。当装包的物品数量很大或物品的重量很大时，受空间因素的制约，动态规划设计受阻。当物品的重量不是整数时，也不可直接应用动态规划设计求解。此时，可尝试应用贪心设计求解 0-1 背包问题。

1. 贪心选择策略

装包的重量总和有限制，为使总效益尽可能高，确定按单位重量的效益来选择装包。这就是说，首先对 n 件物品按单位重量的效益从大到小排序，然后按单位重量的效益从大到小一件件装包，以达到效益局部最优。

当第 i 件物品重量超过背包的剩余容量（w(i)＞cw）时，还是将剩下的物品（j=i+1,…,n）按单位重量的效益从大到小一件件比较：

若 w(j)≤cw，则第 j 件装包。

剩余容量变为 cw=cw-w(j)后，再继续往下比较，直到 j=n 时为止。

2. 贪心设计描述

```
// 贪心设计求解0-1背包问题
main()
{float p[100],w[100],c,cw,s,h;
 int i,j,n;
 printf(" input n:"); scanf("%d",&n);        // 输入已知条件
 printf(" input c:"); scanf("%f",&c);
 for(i=1;i<=n;i++)
    { printf(" input w%d,p%d:",i,i);
      scanf("%f,%f",&w[i],&p[i]);
    }
 for(i=1;i<=n-1;i++)                          // 对 n 件物品按单位重量的效益从大到小排序
 for(j=i+1;j<=n;j++)
   if(p[i]*w[j]<p[j]*w[i])
     { h=p[i];p[i]=p[j]; p[j]=h;
       h=w[i];w[i]=w[j]; w[j]=h;
     }
```

```
cw=c;s=0;                                            // cw 为背包还可装的重量
printf("    以下物品装包:\n");                        // 输出装包结果
printf("    物品重量    物品效益 \n");
for(i=1;i<=n;i++)
  { if(w[i]>cw) break;
    cw=cw-w[i];
    s=s+p[i];                                        // 若 w(i)<=cw,整体装入
    printf("    %5.1f    %5.1f\n",w[i],p[i]);
  }
for(j=i+1;j<=n;j++)
  if(w[j]<=cw)
    { cw=cw-w[j];  s=s+p[j];                          // 第 j 件物品整体装入
      printf("    %5.1f    %5.1f\n",w[j],p[j]);
    }
printf("    装包重量为:%7.1f,效益总计为:%7.1f \n",c-cw,s);
}
```

3. 算法测试与分析

```
input n:10
input c:380
input wi,pi: 60,102;40.5,72.9;90.5,181;85,196;
   98,196;90.5,203;81.5,178.5;45,86;70,147;74,160
以下物品装包:
物品重量   物品效益
     85.0        196.0
     90.5        203.0
     81.5        178.5
     74.0        160.0
     45.0         86.0
装包重量为:376.0,效益总计为:823.5
```

必须指出,应用贪心算法求解最优化问题时,不能确保获得整体最优解。因而以上测试所得的效益不一定为效益的最优值。

以上求解 0-1 背包问题的贪心算法的时间复杂度为 $O(n^2)$,主要用在对 n 件物品按单位重量的效益从大到小排序。

7.3　删数字问题

在给定的 n 个数字的数字串中,删除其中 k (k<n) 个数字后,剩下的数字按原顺序组成一个新的正整数。请确定删除方案,使得剩下的数字组成的新正整数最大。

例如在整数 79502867154829179316 中删除 8 个数字后,所得最大整数为多少?

1. 贪心设计要点

操作对象是一个可以超过有效数字位数的 n 位高精度数,存储在数组 a 中。

（1）贪心选择策略

在整数的位数固定的前提下,让高位的数字尽量大,整数的值就大。

贪心选择策略:每次删除一个数字,选择一个"使剩下的数最大"的数字作为删除对象。

之所以选择这样"贪心"的操作，是因为删除 k 个数字的全局最优解包含了删除一个数字的子问题的最优解。

（2）贪心选择实施

当 k=1 时，在 n 位整数中，删除哪一个数字能达到最大？从左到右每相邻的两个数字比较：若出现增，即左边数字小于右边数字，则删除左边的小数字；若不出现增，即所有数字全部降序或相等，则删除最右边的小数字。

例如，在 20 位整数 79502867154829179316 中，删除 1 个数字，使剩下的 19 位数最大，如何删？

要使删除 1 个数字后的 19 位数最大，须首位数字最大。

首先，首位数字"7"与第 2 位数字"9"比较。因 7<9，为增，删首位数字"7"后最高位变为"9"；若不删首位数字"7"而删其余数字，则最高位还是"7"。显然删首位数字"7"，使剩下的 19 位数 9502867154829179316 最大。

接下来，在 19 位整数 9502867154829179316 中，删除 1 个数字，使剩下的 18 位数最大，如何删？

要使删除 1 个数字后的 18 位数最大，须首位数字最大。

首先，首位数字"9"与随后的"5"比较，因 9>5，为减，"9"不能删；

再往后推，"5"与"0"比较，因 5>0，为减，"5"不能删；

继续往后推，"0"与"2"比较，因 0<2，出现增，则删除左边的小数字"0"，使剩下的 18 位数 952867154829179316 最大。

一般地，当 k>1（当然小于 n），按上述操作，每一次操作从串首开始，每相邻的两个数字比较，出现"增"时，删除左边的小数字。每次操作删除一个数字后，后面的数字向前移位。

因此，只要从左至右每两个相邻数字比较，出现"增"，即删除首数字。直到不出现"增"时，此时如果还不到删除指定的 k 位，打印剩下串的左边 n-k 个数字即可（相当于删除了余下的最右边若干个小数字）。

（3）贪心选择剖析

下面具体剖析在数 16485679 中删除 4 个数字的贪心操作步骤：

操作数为 8 位数：1 6 4 8 5 6 7 9

1）出现 1<6，删除 1：× 6 4 8 5 6 7 9

　　　所有数字移位：6 4 8 5 6 7 9

2）出现 4<8，删除 4：6 × 8 5 6 7 9

　　　后 5 个数字移位：6 8 5 6 7 9

3）出现 6<8，删除 6：× 8 5 6 7 9

　　　所有数字移位：8 5 6 7 9

4）出现 5<6，删除 5：8 × 6 7 9

　　　后 3 个数字移位：8 6 7 9

所得 8679 是 8 位数 16485679 中删除 4 个数字后所得的最大 4 位数。

算法中的主要操作是比较与移位，算法的时间复杂度为 $O(n^2)$。

2. 贪心设计描述

```
// 贪心删数字
main()
```

```
{ int i,j,k,m,n,x,a[200];
  char b[200];
  printf("  请输入整数:");
  scanf("%s",b);                    // 以字符串方式输入高精度整数
  for(n=0,i=0;b[i]!='\0';i++)
    { n++;a[i]=b[i]-48;}
  printf("  删除数字个数:  ");scanf("%d",&k);
  printf("  以上%d 位整数中删除%d 个数字分别为:",n,k);
  i=0;m=0;x=0;
  while(k>x && m==0)
   {i=i+1;
    if(a[i-1]<a[i])                 // 两位比较出现递增,删除首数字
      { printf("%d, ",a[i-1]);
        for(j=i-1;j<=n-x-2;j++)
          a[j]=a[j+1];
       x=x+1;                       // x 统计删除数字的个数
       i=0;                         // 从头开始查递增区间
      }
    if(i==n-x-1)   m=1;             // 已无递增区间,m=1 脱离循环
   }
  if(x<k)
    printf("及右边的%d 个数字.\n",k-x);
  printf("\n  删除后所得最大数:");
  for(i=1;i<=n-k;i++)               // 打印剩下的左边 n-k 个数字
    printf("%d",a[i-1]);
}
```

3. 算法的改进

（1）以上贪心删数字算法每删除一个数字 a[i-1]，赋值 i=0，即必须从头开始查找递增区间。其实此时只需从 a[i-2]开始查找递增区间即可，因为之前的操作能够保证 a[i-2]及之前的数字不是递增区间。

（2）以上贪心删数字算法每删除一个数字 a[i-1]，必须逐一把其后的数字往前移动一位，如果 n 和 k 相当大，移动过程花费较大。其实每删除数字后，并不一定需要移动数字的位置，只对所删除数位赋标记值-1 即可，代表该位置的数字已经删除。同时，查找递增区间时跳过该数位。

（3）改进后的算法描述

```
// 贪心删数字改进算法
main()
  { int i,k,m,n,t,x,a[10000];
    char b[10000];
    printf("  请输入整数:");
    scanf("%s",b);                    // 以字符串方式输入高精度整数
    for(n=0, i=0;b[i]!='\0';i++)
        {n++;a[i]=b[i]-48;}
    printf("  删除数字个数:  ");scanf("%d",&k);
    printf("  以上%d 位整数中删除%d 个数字分别为:",n,k);
    t=0;m=0;x=0;
```

```
                i=t+1;
                while(x<k && i<=n)            // 删除的数字后已无递增区间，脱离循环
                  { if(t>=0 && a[t]<a[i])      // 出现递增，删除递增的首数字
                      { printf("%d, ",a[t]);
                        a[t]=-1;               // 删除的数字标记-1
                        while(t>=0 && a[t]==-1)
                          t--;                 // 从删除数字的前一位非-1 数字开始查找递增区间
                        x=x+1;                 // x 统计删除数字的个数
                      }
                   else t=i++;
                }
                printf("\n  删除后所得最大数：");
                for(i=0,x=0;x<n-k;i++)          // 打印左边的 n-k 个非-1 数字
                  if(a[i]!=-1)
                     { printf("%d",a[i]); x++;}
        }
```

（4）算法测试与分析

请输入整数：79502867154829179316
删除数字个数：8
以上 20 位整数中删除 8 个数字分别为：7，0，2，5，6，1，4，5
删除后所得最大数：987829179316

变通：如果删除 k 个数字后求所得数的最小值，算法应如何修改？删除数字问题求最小值时，如果数字串中出现数字"0"，应如何处理？

7.4   埃及分数式

金字塔的故乡埃及也是数学的发源地之一。古埃及数学中，记数常采用分子为 1 的分数，称为"埃及分数"。

人们研究较多且颇感兴趣的问题是：把一个给定的分数转化为若干个不相同的埃及分数之和，约定埃及分数的分母不能与给定分数的分母相同。当然，转化的方法可能会有很多种。常把分解式中埃及分数的个数最少，或在个数相同时埃及分数中最大分母为最小的分解式称为最优分解式。

把给定分数分解为埃及分数之和，或对已有的埃及分数式进行优化，往往是一个繁琐艰辛的过程。

例如，3/11 可分解为：3/11=1/5+1/15+1/165

试寻求分数 3/11 新的埃及分数式。

7.4.1   选择最小分母构建

1. 贪心设计要点

（1）贪心选择策略

对于给定的分数，如何快速寻求其埃及分数式，即把该分数分解为若干埃及分数之和呢？应用贪心选择，每次选择分母最小的最大埃及分数是一个可行的构建思路。

例如要寻求分数 7/8 的埃及分数式，作以下贪心选择：

$$\frac{7}{8} > \frac{1}{2}, \quad \frac{7}{8} - \frac{1}{2} = \frac{3}{8} > \frac{1}{3}, \quad \frac{7}{8} - \frac{1}{2} - \frac{1}{3} = \frac{1}{24}$$

即首选小于 7/8 的最大埃及分数 1/2；然后选小于 3/8 的最大埃及分数 1/3；最后所得 1/24 也为埃及分数。因而得 7/8 的埃及分数式为：

$$\frac{7}{8} = \frac{1}{2} + \frac{1}{3} + \frac{1}{24}$$

（2）贪心实施的数学式

一般地，对于给定的真分数 a/b（a≠1），有以下数学模型：

设 $d = int(\frac{b}{a})$（这里 int(x) 表示取正数 x 的整数），注意到 $d < \frac{b}{a} < d+1$，有

$$\frac{a}{b} = \frac{1}{d+1} + \frac{a(d+1) - b}{b(d+1)}$$

以上公式是贪心选择最大埃及分数的依据。即取埃及分数的分母为 c=d+1，正分数 (ac-b)/(bc) 去除公因数后，同以上 a/b 考虑。

（3）贪心设计步骤

1）对给定的真分数 a/b（a≠1），求得 c=int(b/a)+1；

2）设置 f 数组存储式中各埃及分数的分母。若 c<10000000000（约定埃及分数分母上限，分母太大不予考虑），则 f[k]=c；否则，退出循环；

3）给 a、b 实施迭代：a=a*c-b，b=b*c，为探索下一个埃及分数的分母作准备；

4）通过试商去除 a、b 的公因数；

5）若 a≠1，继续循环；否则 a=1，则 f[k]=b；然后退出循环，输出结果。

以上操作设计在永真循环中设置了两个循环出口：一个是当出现分母 c 太大以致超过约定上限时，视为不成功，退出循环，输出"尚未找到合适的埃及分数式！"后结束；另一个为出现 a=1 时，即所剩分数 a/b 已为埃及分数，退出循环，输出 k 个埃及分数组成的埃及分数式后结束。

2. 贪心求解埃及分数式描述

```
// 埃及分数式的贪心求解
main()
{ int a,b,c,k,j,t,u,f[20];
  printf("  请输入分数的分子、分母: ");
  scanf("%d,%d",&a,&b);
  printf("  %d/%d=",a,b);
  if(a==1 || b%a==0)
    { printf("  %d/%d=%d/%d \n",a,b,1,b/a);
      return;
    }
  k=0;t=0;j=b;                  // 记录给定分数的分母
  while(1)
    {c=b/a+1;
    if(c>1000000000 || c<0)     // 所得分母超过所定上限，则中断
       {t=1;break;}
    if(c==j)c++;                // 保证埃及分数的分母不与给定分数的分母相同
```

```
        k++;f[k]=c;                        // 得第 k 个埃及分数的分母
        a=a*c-b;
        b=b*c;                             // a、b 迭代，为选择下一个分母作准备
        for(u=2;u<=a;u++)
            while(a%u==0 && b%u==0)
                {a=a/u;b=b/u;}
        if(a==1 && b!=j)                   // 化简后的分数为埃及分数,则赋值后退出
            {k++;f[k]=b;break;}
    }
  if(t==0)                                 // 输出 k 个埃及分数组成的埃及分数式
    { printf("1/%d",f[1]);
        for(j=2;j<=k;j++)
            printf("+1/%d",f[j]);
        printf("\n");}
  else
    printf("  尚未找到合适的埃及分数式！\n");
}
```

3. 算法测试与分析

```
请输入分数的分子、分母：3,11
3/11=1/4+1/44
```

显然，所得到的埃及分数式优于已给定的 3/11=1/5+1/15+1/165。

以上贪心算法的操作频数与选择的分母 c 的增长密切相关。在约定的 c>1000000000 范围内，分母 c 通常只有几项，即算法的时间复杂度为 O(1)。

7.4.2 贪心选择范围的扩展

1. 选择范围扩展

做以上贪心选择时，每一步都选比本分数小的最大埃及分数。尽管这样快速，但因为太严格可能会失去一些构建时机，从而不能保证所找到的埃及分数式是最优的，或者可能根本找不到埃及分数式。

试把埃及分数贪心选择的环境适当放宽，选择范围适当扩大，即埃及分数的分母由以上贪心选择最小分母 c=int(b/a)+1 扩展至 c=int(b/a)+d，这里 d 为放宽尺度为 1~5 等，必要时可把该尺度作扩大或缩小调整。

选择范围扩展后，尽管运行时间有所增加，但构建埃及分数式的机会也随之增加，构建的效益会增大，实现用时间换效益。

2. 选择范围扩展描述

```
// 选择范围扩展的贪心求解
main()
{ int a1,b1,a,b,c,d,k,j,t,u,f[20];
  printf("  请输入分数的分子、分母: ");
  scanf("%d,%d",&a1,&b1);
  if(a1==1 || b1%a1==0)
    { printf("  %d/%d=%d/%d \n",a1,b1,1,b1/a1);
        return;
    }
```

```
for(d=1;d<=5;d++)
{a=a1;b=b1;k=0;t=0;
 while(1)
  {c=b/a+d;
   if(c>1000000000 || c<0)
      {t=1;break;}
   if(c==b1)c++;              // 保证埃及分数的分母不与给定分数的分母相同
   k++;f[k]=c;
   a=a*c-b; b=b*c;
   for(u=2;u<=a;u++)
      while(a%u==0 && b%u==0)
        {a=a/u;b=b/u;}
   if(a==1 && b!=b1)        //化简后的分数为埃及分数,则赋值后退出
      {k++;f[k]=b;break;}
  }
 if(t==1) continue;
  {printf(" %d/%d=1/%d",a1,b1,f[1]);
   for(j=2;j<=k;j++)
     printf("+1/%d",f[j]);
   printf("\n");}
}
}
```

3. 算法测试与分析

请输入分数的分子、分母: 3,11
3/11=1/4+1/44
3/11=1/5+1/15+1/165
3/11=1/6+1/12+1/44
3/11=1/8+1/12+1/20+1/74+1/1140+1/309320

得到 4 个埃及分数式,其中第 3 个是新探索得到的比第 2 个更优的埃及分数式。

可见,适当修改贪心选择策略可得到较为满意的结果。

从这一案例的求解可知,贪心策略不仅可以应用于求解最优化问题,也可以在解决一些构造类问题时,选择适当的贪心策略提高构建效益。

7.5 数列操作与极差

本节探讨数列压缩操作的最优化问题,并进而求解数列的极差。这些涉及数列的优化操作是贪心算法应用的典型案例。

7.5.1 数列操作

给定一个由 n 个正整数组成的数列,对数列进行一次压缩操作:去除其中两项 a、b,然后添加一项 a×b+1。每压缩操作一次,数列减少一项,经 n−1 次操作后,该数列只剩一个数。

试求经 n−1 次压缩操作后所得数的最大值。

1. 贪心设计要点

（1）贪心选择策略

设数列有 3 项 x、y、z（x≤y≤z），由 $(x×y+1)×z+1 \geqslant (x×z+1)×y+1 \geqslant (y×z+1)×x+1$ 可知，选取数列中最小的 2 项操作，可使积最大。

我们采用贪心选择策略：当数列中有 3 项以上时，为使最后所得数最大，每次操作选择最小的 2 项进行。

（2）贪心策略实现

设置 a 数组存储数列各项，同时对 n 项进行升序排列。

为了得到最大值，设置控制 n-1 次操作的 k（1～n-1）循环。每次操作对最小的前 2 项 a[k] 和 a[k+1] 实施操作：

    x=a[k];y=a[k+1];a[k+1]=x*y+1;

操作后，应用逐项比较对 a[k+1]，…，a[n] 进行升序排列，为下一次操作做准备。

最后所得 a[n] 即为所求的数列操作的最大值。

2. 算法描述

```
// 数列操作得最大
main()
{int k,i,j,n; long h,x,y,a[200];
 printf(" 请输入数列项数 n:");
 scanf("%d",&n);
 for(k=1;k<=n;k++)                         // 逐项输入数列中的各个整数
   {printf(" 请输入数列的第%d 项: ",k);
    scanf("%ld",&a[k]);
   }
 for(i=1;i<=n-1;i++)
 for(j=i+1;j<=n;j++)
   if(a[i]>a[j])                           // 数列 n 项进行升序排列
     { h=a[i];a[i]=a[j];a[j]=h;}
 printf(" 数列%d 项升序排序为: ",n);
 for(j=1;j<=n;j++)                         // 原始数据升序排序
   printf("%5ld",a[j]);
 for(k=1;k<=n-1;k++)                       // 共操作 n-1 次
   { x=a[k];y=a[k+1];a[k+1]=x*y+1;         // 实施一次操作
     for(i=k+1;i<=n-1;i++)                 // 操作后升序排列
     for(j=i+1;j<=n;j++)
       if(a[i]>a[j])
         { h=a[i];a[i]=a[j];a[j]=h;}
   }
 printf("\n 该数列操作所得最大值为:%ld \n",a[n]);
}
```

3. 算法测试与分析

```
请输入数列项数 n:7
输入数列的 7 项: 9  6  10  13  5  8  12
数列 7 项升序排序为:  5  6  8  9  10  12  13
该数列操作所得最大值为:3568937
```

因应用逐项比较进行排列，其时间复杂度为 $O(n^2)$，因而数列操作的贪心设计的时间复杂度为 $O(n^3)$。

7.5.2　数列操作优化

1. 优化要点

（1）降低算法的时间复杂度

第 4 章介绍的快速排序的时间复杂度为 $O(n\log_2 n)$，低于逐个比较排序的时间复杂度 $O(n^2)$。因而把上述算法中的逐个比较排序改进为快速排序，可把数列操作的时间复杂度降低至 $O(n^2\log_2 n)$。事实上，还可以进一步把数列操作的时间复杂度降低至 $O(n^2)$。

按贪心算法，每次只对最小的两项进行操作，因而无须对整个数列排序。我们只要把实施排序的二重循环改进为：

```
for(i=k+1;i<=k+2;i++)
for(j=i+1;j<=n;j++)
```

这样，把原排序的时间复杂度 $O(n^2)$ 降低为 $O(n)$，于是整个数列操作的时间复杂度降低至 $O(n^2)$。

（2）改进操作过程的显示

以上程序只显示最后所得的最大值，操作过程没有显现，看起来不够清楚。

改进过程显示，每一次操作后显示去除的 2 项与增加的 1 项，对增加的 1 项的来源进行标注。

2. 优化描述

```
// 数列优化操作得最大
main()
{int k,i,j,n; long h,x,y,z,a[200];
 printf("  输入数列项数 n:");
 scanf("%d",&n);
 for(k=1;k<=n;k++)                    // 逐个输入数列中的各个整数
   {printf("  请输入数列的第%d 项: ",k);
    scanf("%ld",&a[k]);
   }
 for(i=1;i<=2;i++)
 for(j=i+1;j<=n;j++)
   if(a[i]>a[j])                      // 求出 n 项的最小 2 项
     { h=a[i];a[i]=a[j];a[j]=h;}
 printf("   原始数据为:");
 for(j=1;j<=n;j++)                    // 原始数据最小 2 项排前
      printf("%5ld",a[j]);
 for(k=1;k<=n-1;k++)                  // 共操作 n-1 次
   {x=a[k];y=a[k+1];a[k+1]=x*y+1;     // 实施一次操作
    z=a[k+1];
    printf("\n 第%d 次操作后为:",k);    // 输出操作结果
    for(i=k+1;i<=k+2;i++)
    for(j=i+1;j<=n;j++)              // 操作后最小 2 项排前
      if(a[i]>a[j])
        {h=a[i];a[i]=a[j];a[j]=h;}
```

```
        for(j=k+1;j<=n;j++)
          { printf("%5ld",a[j]);
            if(a[j]==z)                         // 注明操作数
              printf("(%ld*%ld+1)",x,y);
          }
      }
      printf("\n 该数列操作所得最大值为:%ld \n",a[n]);
}
```

3. 优化算法测试与说明

输入数列项数 n: 7
输入数列的 7 项: 9   6   10   13   5   8   12
    原始数据为: 5   6   10   13   9   8   12
第 1 次操作后为: 8   9   31(5*6+1)   13   10   12
第 2 次操作后为: 10   12   73(8*9+1)   31   13
第 3 次操作后为: 13   31   121(10*12+1)   73
第 4 次操作后为: 73   121   404(13*31+1)
第 5 次操作后为: 404 8834(73*121+1)
第 6 次操作后为:3568937(404*8834+1)
该数列操作所得最大值为: 3568937

算法的优化设计不仅降低了时间复杂度，而且改进了输出，使数列的每次操作清晰明了。

7.5.3 数列极差

给定一个由 n 个正整数组成的数列，进行一次操作：去除其中两项 a、b，然后添加一项 a×b+1。经 n-1 次操作后，该数列剩一个数。

在所有按这种操作方式得到的数中，最大值记作 max，最小值记作 min，试求该数列操作的极差 max-min。

1. 贪心算法设计

采用贪心算法，当数列中有 3 项以上时，为使最后一个数最大，每次操作选择去掉最小的 2 项；为使最后一个数最小，每次操作选择去掉最大的 2 项。

为了得到最大 max，设置控制 n-1 次操作的 k（1～n-1）循环。对操作的数列项求出最小两项 w[k]和 w[k+1]，实施操作：

    x=w[k];y=w[k+1];w[k+1]=x*y+1;

其中 x、y 为随后的标注提供数据。操作后，求出 w[k+1],…,w[n]的最小两项，为下一次操作做准备。

为了得到最小 min，设置控制 n-1 次操作的 k（1～n-1）循环。对操作的数列项实施降序排列后，对最大两项 w[k]和 w[k+1]实施操作：

    x=w[k];y=w[k+1];w[k+1]=x*y+1;

其中 x、y 为随后的标注提供数据。操作后，x、y 为去掉的项，显然 w[k+1]和 w[k+2]为数列现有项的最大两项（无须排序操作），为下一次操作做准备。

为使操作过程清晰，每一次操作后输出操作结果。

2. 算法描述

```
// 贪心实现数列极差
main()
```

```
{int k,i,j,n;
 long h,x,y,z,max,min,a[200],w[200];
 printf(" 请输入数列项数 n:");
 scanf("%d",&n);
 for(k=1;k<=n;k++)                              // 逐个输入数列中的各个整数
   { printf("  请输入数列的第%d 项: ",k);
     scanf("%ld",&a[k]);
   }
 for(i=1;i<=n-1;i++)
 for(j=i+1;j<=n;j++)
   if(a[i]>a[j])                                // 对 n 项从小到大排序
     { h=a[i];a[i]=a[j];a[j]=h;}
 printf("\n    最大值操作:\n");
 printf("原始数据排序为:");
 for(j=1;j<=n;j++)                              // 原始数据升序排序
    printf("%5ld",a[j]);
 for(j=1;j<=n;j++) w[j]=a[j];
 for(k=1;k<=n-1;k++)                            // 共操作 n-1 次
  {x=w[k];y=w[k+1];w[k+1]=x*y+1;               // 实施一次操作
   z=w[k+1];
   printf("\n 第%d 次操作后为:",k);              // 输出操作结果
   for(i=k+1;i<=k+2;i++)                        // 操作后求最小 2 项
   for(j=i+1;j<=n;j++)
     if(w[i]>w[j])
       { h=w[i];w[i]=w[j];w[j]=h;}
   for(j=k+1;j<=n;j++)
     { printf("%5ld",w[j]);
       if(w[j]==z)                              // 注明操作数
         printf("(%ld*%ld+1)",x,y);
     }
  }
 max=w[n];
 printf("\n 最小值操作:\n");
 printf("  原始数据排序为:");
 for(j=n;j>=1;j--)                              // 原始数据降序排列
    printf("%5ld",a[j]);
 for(j=1;j<=n;j++) w[n+1-j]=a[j];
 for(k=1;k<=n-1;k++)                            // 共操作 n-1 次
  {x=w[k];y=w[k+1];w[k+1]=x*y+1;               // 实施一次操作
   z=w[k+1];
   printf("\n 第%d 次操作后为:",k);
   printf("%5ld(%ld*%ld+1)",z,x,y);            // 输出最大项 z 并实施示注
   for(j=k+2;j<=n;j++)
     printf("%5ld",w[j]);                       // 输出数列的其他项
  }
 min=w[n];
 printf("\n    该数列极差为:%ld \n",max-min);
}
```

3. 算法测试与分析

```
请输入数列项数 n:7
依次输入: 5  6  10  13  9  8  12
最大值操作:
原始数据排序为:      5     6     8     9    10    12    13
第 1 次操作后为:      8     9    31(5*6+1)   10    12    13
第 2 次操作后为:     10    12    73(8*9+1)   31    13
第 3 次操作后为:     13    31   121(10*12+1)  73
第 4 次操作后为:     73   121   404(13*31+1)
第 5 次操作后为:    404  8834(73*121+1)
第 6 次操作后为:3568937(404*8834+1)
最小值操作:
原始数据排序为:     13    12    10     9     8     6     5
第 1 次操作后为:    157(13*12+1)      10     9     8     6     5
第 2 次操作后为:   1571(157*10+1)          9     8     6     5
第 3 次操作后为:  14140(1571*9+1)               8     6     5
第 4 次操作后为: 113121(14140*8+1)                  6     5
第 5 次操作后为: 678727(113121*6+1)                    5
第 6 次操作后为:3393636(678727*5+1)
该数列极差为:175301
```

说明：求最大操作时，数列每操作一次后，需通过比较求出数列项的最小两项，为后一次操作做准备，这是必要的。

而求最小操作时，数列每操作一次后，无须通过比较求出数列项的最大两项，即可省略求出数列项最大两项的比较。因为每次操作时选择的是最大两项，增加的项无疑为数列的最大项，而其余项降序未变。

算法应用了较为简单的"逐项比较"排序，排序的时间复杂度为 $O(n^2)$，整个算法的时间复杂度为 $O(n^2)$。

7.6 哈夫曼树及其应用

哈夫曼（Huffman）树又称为最优二叉树，是一类带权路径长度最小的二叉树。其中哈夫曼编码就是利用哈夫曼树得到的二进制前缀编码，在数据通信与数据压缩领域中得到广泛使用。

7.6.1 哈夫曼树

1. 哈夫曼树定义

设二叉树共有 n 个端点，从二叉树第 k 个端点到树的根结点的路径长度 l(k) 为该端结点（或叶子）的祖先数，即该叶子的层数减 1。同时，每一个结点都带一个权（正数），第 k 个端点所带权为 w(k)。定义各个端结点的路径长 l(k) 与该点的权 w(k) 的乘积之和为该二叉树的带权路径长 wpl，即

$$wpl = \sum_{k=1}^{n} l(k) \times w(k)$$

对 n 个权值 $w(1), w(2), \cdots, w(n)$，构造出所有由 n 个分别带这些权值的叶结点组成的二叉树，其中带权路径长 wpl 最小的二叉树称为哈夫曼树。

例如，给出 5 个权值 {5, 4, 7, 2, 8}，可生成多棵二叉树，图 7-1 所示为其中的 3 棵。

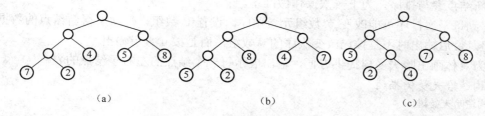

图 7-1　带权值的 3 棵二叉树

图中所示二叉树的带权路径长 wpl 分别为

(a) wpl=7×3+2×3+4×2+5×2+8×2=61

(b) wpl=5×3+2×3+8×2+4×2+7×2=59

(c) wpl=2×3+4×3+5×2+7×2+8×2=58

还可画出 5 个权值 {5, 4, 7, 2, 8} 的许多其他二叉树。比较所有的二叉树，其中图 (c) 的 wpl 最小，即 (c) 为对应权 {5, 4, 7, 2, 8} 的哈夫曼树。

2. 哈夫曼算法

如何构造哈夫曼树呢？哈夫曼最早给出了一个贪心策略的算法，称为哈夫曼算法。

（1）哈夫曼算法的操作步骤

1）根据给定的 n 个权值 {w(1), w(2), …, w(n)}，构成 n 棵二叉树的森林 F=(T1, …, Tn)。其中每棵二叉树中只有一个带权为 w(k) 的根结点，其左右子树为空。

2）在 F 中选取两棵结点的权值最小的树作为左右子树，构造一棵新的二叉树，且置新的二叉树的根结点的权值为其左右子树上结点权值之和。

3）在 F 中删除这两棵树，同时把新得到的二叉树加入 F 中。

4）重复以上第 2）步和第 3）步，直到 F 只含一棵树为止，则这棵树即为哈夫曼树。

对应 5 个权 {5, 4, 7, 2, 8} 的哈夫曼树生成过程如图 7-2 所示。

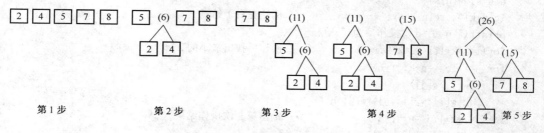

图 7-2　一个哈夫曼树的生成过程

图 7-2 通过 4 次操作得到哈夫曼树。一般地，如果有 n 个权值，得到哈夫曼树须经共 n-1 次操作。

（2）实现哈夫曼算法

1）首先，应用逐个比较法对给定的 n 个权值作升序排列。

2）设置 n-1 次操作的 k(1~n-1) 循环，在第 k 次操作中，由两个最小权值叶结点 w[2*k-1] 和 w[2*k] 生成一个新结点 w[n+k]，并标注左右子结点：

x=w[2*k-1]; y=w[2*k]; w[n+k]=x+y;

```
   lc[n+k]=x; rc[n+k]=y;
```

3）新结点参与排序，为下一次操作做准备。

考虑到每一次排序可能改变 w 数组元素顺序，设置 u 数组，每次所得新结点的数据传送给 u 数组，最后输出时不是按已改变次序的 w 数组，而是按 u 数组输出。

4）为具体画出哈夫曼树提供方便，输出展示每一个结点的左右子结点的表。

3. 构造哈夫曼树描述

```c
// 构造哈夫曼树
main()
{int k,i,j,n,h,s,x,y,z,w[100],u[100],lc[100],rc[100];
 s=0;
 printf("  请输入权值的个数 n:");
 scanf("%d",&n);
 for(k=1;k<=n;k++)                      // 逐个输入各个权值
   {printf("  请输入第%d 个权值: ",k);
    scanf("%d",&w[k]);
    u[k]=w[k];
    }
 for(k=1;k<=n;k++) lc[k]=rc[k]=0;
 for(i=1;i<=n-1;i++)
 for(j=i+1;j<=n;j++)
   if(w[i]>w[j])                        // 对 n 个权值从小到大排序
      {h=w[i];w[i]=w[j];w[j]=h;}
 printf("\n  原始权值排序: ");
 for(j=1;j<=n;j++)                      // 显示原始数据排序结果
      printf("%d  ",w[j]);
 for(k=1;k<=n-1;k++)                    // 实施操作 n-1 次
  {x=w[2*k-1]; y=w[2*k];
   w[n+k]=x+y; s=s+w[n+k]; z=w[n+k];
   u[n+k]=w[n+k];
   lc[n+k]=x;rc[n+k]=y;                 // 标注左右子结点
   printf("\n 第%d 次操作后为:",k);
   for(i=2*k+1;i<=2*k+2;i++)           // 操作后找出最小的 2 项
   for(j=i+1;j<=n+k;j++)
     if(w[i]>w[j])
        {h=w[i];w[i]=w[j];w[j]=h;}
   for(j=2*k+1;j<=n+k;j++)             // 输出第 k 次操作结果
     {printf("  %d",w[j]);
      if(w[j]==z)                       // 注明数据来源
        printf("(%d+%d)",x,y);
     }
  }
 printf("\n 最小带权路径长为:%d ",s);
 printf("\n  k= ");
 for(k=1;k<=2*n-1;k++) printf("%3d",k);
 printf("\n rc= ");
 for(k=1;k<=2*n-1;k++) printf("%3d",rc[k]);  // 展示左右子结点
```

```
printf("\n  w= ");
for(k=1;k<=2*n-1;k++) printf("%3d",u[k]);
printf("\n lc= ");
for(k=1;k<=2*n-1;k++) printf("%3d",lc[k]);
printf("\n");
}
```

4. 算法测试与分析

```
请输入权值的个数 n: 5
依次输入 5 个权值: 5, 4, 7, 2, 8
原始权值排序:  2  4  5  7  8
第 1 次操作后为:  5  6(2+4)  8  7
第 2 次操作后为:  7  8  11(5+6)
第 3 次操作后为:  11  15(7+8)
第 4 次操作后为:  26(11+15)
最小带权路径长为: 58
 k=   1  2  3  4  5  6  7  8  9
rc=   0  0  0  0  0  4  6  8 15
 w=   5  4  7  2  8  6 11 15 26
lc=   0  0  0  0  0  2  5  7 11
```

根据以上输出数据，不难画出相应的哈夫曼树（如图 7-2 所示）。以上哈夫曼算法的时间复杂度为 $O(n^2)$。

7.6.2　哈夫曼编码

1. 哈夫曼编码概述

哈夫曼提出构造最优前缀码的贪心算法，由此产生的编码称为哈夫曼编码。

哈夫曼编码用字符在文件中出现的频率数据来建立一个用 0、1 串表示各字符的最优表示方式。给出现频率高的字符以较短的编码，给出现频率较低的字符以较长的编码，这样可以缩短文件中字符的总码长。

哈夫曼编码是广泛用于数据文件压缩十分有效的编码方法，其压缩率通常在 20%～90% 之间。

例如一个包含 100000 个字符的文件，各字符出现频率不同，如表 7-1 所示。

表 7-1　定长码与变长码

字符	a	b	c	d	e	f	g	h	i	j
频率	23	9	5	20	3	12	7	11	2	8
定长码	0000	0001	0010	0011	0100	0101	0110	0111	1000	1001
变长码	01	1110	11110	00	111111	101	1100	100	111110	1101

定长码需要 400000 位，而按表中变长编码方案，文件的总码长为：

$(23×2+9×4+5×5+20×2+3×6+12×3+7×4+11×3+2×6+8×4)×1000=306000$

用变长码的总码长比用定长码的总码长减少了 23%。

对每一个字符规定一个 0、1 串作为其代码，并要求任一字符的代码都不是其他字符代码的前缀，这种编码称为前缀码。

编码的前缀性质可以使译码方法非常简单。

例如，图 7-3 所示的二叉树，约定双亲到左孩子的边上标注数字"0"，到右孩子的边上标注数字"1"，从根结点到每个叶子结点都有一条路径，把该路径上的标注数字排列，即可得到各叶子结点对应的二进制编码。

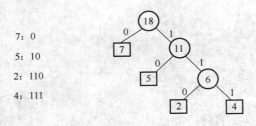

7: 0

5: 10

2: 110

4: 111

图 7-3　前缀码示例

由图可见，每一个叶结点的前缀都在"藤"上的圆圈结点上，例如⑥结点的"11"是叶结点"2"和"4"的前缀，⑪结点的"1"是叶结点"5"、"2"和"4"的前缀。而任何叶结点不在其他叶结点的路径上，即任何叶结点的编码不是其他叶结点编码的前缀。

2. 案例提出

已知 10 个字符的使用频率分别为（23，9，5，20，3，12，7，11，2，8），试产生各字符的哈夫曼编码。

3. 贪心算法设计

（1）数据结构

数组 w：各字符频率或结点权值，操作中可改变；w(k)为第 k 个字符或结点的频率。

数组 u：各字符频率或结点权值，不参与操作。

数组 b：各字符或结点的顺序号；如 b[2]=4，即排序的第 2 位为第 4 号字符（结点）。

数组 lc：各字符或结点的左子号。

数组 rc：各字符或结点的右子号。

数组 p：各字符或结点的双亲号。

数组 q：计算各字符或结点的编码的十进制值。

数组 f：计算各字符或结点的二进制值位数。

数组 g：各字符或结点的编码十进制值转换成的二进制数码。

（2）构建哈夫曼树

设置 n-1 次操作的 k（1～n-1）循环；对每一个 k，设置 j（1～2）循环，比较产生须去掉的两个元素号 b[2*k-2+j]（每产生一个，该元素置非常大，以免干扰后面比较）。

产生一个新的结点：

　　u[n+k]=u[b[2*k-1]]+u[b[2*k]];

标注该结点的左右后继与双亲地址：

　　lc[n+k]=b[2*k-1];rc[n+k]=b[2*k];

　　p[b[2*k-1]]=n+k;p[b[2*k]]=n+k;

至 u[2*n-1]产生后，结束构建哈夫曼树。

（3）编码数值运算

根据左边标注"0"右边标注"1"的规则，设置 k（2*n-1～n+1）循环逐级反推，前一级

的数值须乘 2，即

```
    q[lc[k]]=q[k]*2+0;  q[rc[k]]=q[k]*2+1;
    f[rc[k]]=f[lc[k]]=f[k]+1;
```

为了输出 q[k]（k=1, 2, …, n）的哈夫曼编码，应用 g 数组存储分离 q[k]的各个二进制数字 g[i]（i=1, …, j）。

输出时先输出 f[k]-j 个前置 "0"，然后输出 g[i]（i=j, …, 1）。

4. 哈夫曼编码描述

```
// 哈夫曼编码
main()
{int a,k,i,j,n,w[100],u[100],b[100],lc[100],rc[100];
 int f[100],g[100],p[100],q[100];
 printf("  请输入字符个数 n:"); scanf("%d",&n);
 for(k=1;k<=n;k++)                        // 逐个输入各个权值
   { printf("  请输入第%d 个字符频率：",k);
     scanf("%d",&w[k]);u[k]=w[k];
   }
 for(k=1;k<=2*n;k++)
   {p[k]=lc[k]=rc[k]=0;q[k]=0;}
 printf("频率:");
 for(j=1;j<=n;j++)                        // 显示原始权值数据
     printf("%7d",w[j]);
 for(k=1;k<=n-1;k++)                      // 实施操作 n-1 次
  {for(j=1;j<=2;j++)
    {b[2*k-2+j]=1;
     for(i=2;i<=n+k-1;i++)
       if(w[i]<w[b[2*k-2+j]]) b[2*k-2+j]=i;   // b[i]排序后第 i 位的原号数
     w[b[2*k-2+j]]=20000+k+j;
    }
   u[n+k]=u[b[2*k-1]]+u[b[2*k]];
   w[n+k]=u[n+k];
   lc[n+k]=b[2*k-1];rc[n+k]=b[2*k];         // 标注左右后继,左小右大
   p[b[2*k-1]]=n+k;p[b[2*k]]=n+k;           // 标注双亲地址
  }
 q[2*n-1]=0;f[2*n-1]=0;
 for(k=2*n-1;k>n;k--)
   { q[lc[k]]=q[k]*2+0; q[rc[k]]=q[k]*2+1;
     f[rc[k]]=f[lc[k]]=f[k]+1;
   }
 printf("\n 编码:");
 for(k=1;k<=n;k++)                        // 输出各字符的编码
   {if(q[k]==0) {j=1;g[1]=0;}
    else
    {a=q[k];j=0;
     while(a>0)
       {j++;g[j]=a%2;a=a/2;}
   }
```

```
    for(i=1;i<=7-f[k];i++) printf(" ");
    for(i=1;i<=f[k]-j;i++) printf("0");
    for(i=j;i>=1;i--)  printf("%d",g[i]);
    }
printf("\n");
}
```

5．算法测试与分析

请输入字符个数 n:10

依次输入各字符的频率：23 9 5 20 3 12 7 11 2 8

频率：	23	9	5	20	3	12	7	11	2	8
编码：	01	1110	11110	00	111111	101	1100	100	111110	1101

说明：输出的前一个表为构建相应的哈夫曼树提供了方便。输出的后一个表直接给出相应字符的哈夫曼编码。

以上哈夫曼编码算法设计的时间复杂度为 $O(n^2)$。

7.7　贪心算法应用小结

贪心算法每次选择一个局部最优策略进行实施，因此其时间复杂度比较低，算法实现也比较容易。正因为贪心算法着眼于局部最优而不去考虑对全局的影响，因此贪心算法有时并不能得到最优解，即使得到最优解，也很难证明解的最优性。

动态规划与贪心算法都是求解最优化问题的常用算法，通过比较区分这两种算法在应用上的不同点。

1．着眼点不同

动态规划算法求解最优化问题时着眼全局，通过建立每一阶段状态转移之间的递推关系，并经过递推或递归来求取最优值。

贪心算法在求解最优化问题时着眼局部，从初始阶段开始，每一个阶段总是选择一个使局部最优的贪心操作，不断地将问题转化为规模更小的子问题，最后求得最优化问题的解。

2．求解的结果可能不同

动态规划算法是求解最优化问题的常用算法，其结果总是最优的。

贪心算法在求解最优化问题时，每一决策只着眼于当前局部最优的贪心选择。这样处理可能得到最优解，也可能得不到最优解，这不仅与贪心策略的选取有关，也与案例的具体数据有关。

例 7-3　应用贪心算法处理 0-1 背包问题

已知 6 种物品和一个可载重量为 60 的背包，物品 i（i=1, 2, …, 6）的重量分别为 (15, 17, 20, 12, 9, 14)，产生的效益分别为 (32, 37, 46, 26, 21, 30)。在装包时每一件物品可以装入，也可以不装，但不可拆开装。试确定如何装包，使所得装包总效益最大。

分以下 3 种情形作贪心选择。

（1）按物品的效益从高到低选择

效率从高到低排序为 (46, 37, 32, 30, 26, 21)，对应的物品重量为 (20, 17, 15, 14, 12, 9)。

因背包的载重量为 60，即选择物品重量为 (20, 17, 15) 装包，装包总效益为：

46+37+32=115

（2）按物品的单位重量效益从高到低选择

单位重量效益从高到低排序，其对应物品效益为（21,46,37,26,30,32），对应的物品重量为（9,20,17,12,14,15）。

因背包的载重量为 60，即选择物品重量为（9,20,17,12）的物品装包，装包总效益为：

21+46+37+26=130

（3）按物品的重量从小到大选择

物品重量从小到大排序，物品重量为（9,12,14,15,17,20），其对应物品效益为（21,26,30,32,37,46）。

因背包的载重量为 60，即选择物品重量为（9,12,14,15）的物品装包，装包总效益为：

21+26+30+32=109

应用上一章介绍的动态规划求解这一多阶段决策问题，得到结果：选择第 2,3,5,6 号物品，其重量和与效益和分别为：

17+20+9+14=60（重量满足背包载重要求）

37+46+21+30=134

此 1-0 背包问题的最优值（即装包效益的最大值）为 134，所用 3 种贪心选择都未能得到最优值。

3. 求解效率上的差异

动态规划存在一个空间的问题，随着问题数量的增大、数组维数的增加，其效率与求解范围受到限制。

从求解效率上来说，贪心算法的效益要比动态规划高，且一般不存在空间限制的影响。

4. 求解范围上的差异

应用贪心算法有时可简化一些构造性问题，而动态规划没有这方面的应用。

尽管动态规划与贪心算法都是求解最优化问题的算法，对一个最优化问题，什么时间应用动态规划，什么时间应用贪心算法，并没有一个确定的说法。或者说，可用贪心算法时，动态规划可能不适用；可用动态规划时，贪心算法也可能不适用。

例如，对一些 NP 完全问题或规模很大的优化问题，可通过贪心算法与其他算法思想的有机结合，可有效提高设计的效率。例如第 9 章将介绍的应用贪心算法可简捷求解大规模的硬币矩阵的翻转优化；应用贪心策略的启发式设计，可快速求得较大规模棋盘的马步型哈密顿圈等，动态规划不可能实现。

习题　7

7-1　删除数字求最小值

给定一个高精度正整数 b，去掉其中 k 个数字后，按原数字次序组成一个新的正整数。对给定的 b 和 k，寻找一种删除数字方案，使得剩下的数字组成的新数最小。

7-2　3 项埃及分数式

本章应用贪心算法构造了埃及分数式：3/11=1/5+1/15+1/165，试用枚举法求解分数 m/d 的所有 3 项埃及分数式，约定各项分母不超过 200。

7-3　最优装载

有 n 个集装箱要装上一个载重量为 c 的轮船，其中集装箱 i 的重量为 w_i。要求在装载体积不受限制的情况下，尽可能多地将集装箱装上轮船。

7-4　币种统计

单位给每个职工发工资（约定精确到元），为了保证不致临时兑换零钱，且使每个职工取款的张数最少，请在取工资前统计所有职工所需的各种票面（约定为 100、50、20、10、5、2、1 元共 7 种）的张数，并验证币种统计是否正确。

7-5　显示两端的取数游戏

A 与 B 玩取数游戏：随机产生的 2n 个整数排成一排，但只显示排在两端的数。两人轮流从显示的两端数中取一个数，取走一个数后即显示该端数，以便另一人再取，直到取完。

胜负评判：所取数之和大者为胜。

A 的取数策略：取两端数中的较大数（贪心策略）。

B 的取数策略：当两端数相差较大时，取大数；当两端数相差为 1 时，随意选取。

试模拟 A 与 B 取数游戏进程，2n 个整数随机产生。

7-6　全显取数游戏

A 与 B 玩取数游戏：随机产生的 2n 个整数排成一排，但只显示排在两端的数。两人轮流从显示的两端数中取一个数，取走一个数后即显示该端数，以便另一人再取，直到取完。

胜负评判：所取数之和大者为胜。

A 说：还是采用贪心策略，每次选取两端数中较大者为好。虽不能确保胜利，但胜的几率大得多。

B 说：我可以确保不败，但有两个条件：一是我先取；二是明码，即所有整数全部显示。

试模拟 A、B 的取数游戏。

第8章　模拟

模拟（Simulate）是算法设计中最具魅力且难以把握的常用算法。

第 1 章中的"计算 n!"与"全码倍数搜索"的设计求解很难应用递推、递归、回溯或动态规划等算法处理，我们首次应用模拟"整数竖式运算"来确定算法，这就是模拟算法的一次成功实践。

在自然界与日常生活中，许多现象带有不确定性，有些问题甚至很难建立确切的数学模型，因而对这些实际问题可试用模拟进行探索。

8.1　模拟概述

8.1.1　模拟分类

根据模拟对象的不同特点，计算机模拟可分为随机模拟与决定性模拟两类。

1. 随机模拟

随机模拟的对象是随机事件，其变化过程相当复杂。随机模拟就是应用计算机语言提供的随机函数值来模拟随机发生的事件，或模拟自然界的一些随机现象。对计算机语言提供的随机函数，设定某一范围内的随机值，并将这些随机值作为参数实施模拟。

C 库函数中的随机函数 rand() 产生 -90～32767 之间的随机整数，在随机模拟设计时，为产生区间 [a,b] 中的随机整数，可以应用 C 语言的整数求余运算实现：

　　　　rand()%(b-a+1)+a;

模拟自然界的随机现象与特定条件下的操作过程，可解决一些人工操作力所不及的疑难问题。

蒙特卡罗方法是一种以概率和统计理论方法为基础的随机模拟方法，可使用随机数（或更常见的伪随机数）来求解很多计算问题的近似解。

例如，用蒙特卡罗法计算定积分

$$s = \int_a^b f(x)dx$$

其中 $a < b$，$0 < f(x) < d$，$x \in [a,b]$，$d \geqslant \max[f(x)]$，如图 8-1 所示。

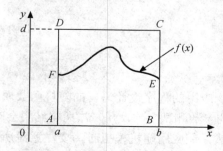

图 8-1　计算定积分示意图

产生 n（n 足够大）个随机分布在长方形 ABCD 上的随机点（x, y），其中 x 是随机分布在[a, b]上的随机数，y 是随机分布在[0, d]上的随机数。设其中落在曲边梯形 ABEF 上的随机点数为 m，则曲边梯形 ABEF 的面积（即定积分 s）的值为

$$s = \frac{m}{n}(b-a)d$$

例 8-1 应用蒙特卡罗算法计算定积分

$$s = \int_0^3 \frac{x\sqrt{1+x^3}}{x^2+2}dx$$

（1）应用蒙特卡罗法设计要点

注意到 C 语言中随机函数 rand() 表现为整数，作以下变换：

① rand()%10000/10000.0 为（0, 1）中的随机数；

② a+(b-a)*(rand()%10000/10000.0) 为（a, b）中的随机数；

③ d*(rand()%10000/10000.0) 为（0, d）中的随机数。

（2）应用蒙特卡罗法计算定积分算法描述

```
// 蒙特卡罗法计算定积分
main()
{ long  m, n, k, t;
  double a, b, c, d, s, x, y;
  printf("请输入 n:");                      // 输入试验次数
  scanf("%ld", &n);
  printf("请输入 a, b:");                    // 输入积分的上下限
  scanf("%lf, %lf", &a, &b);
  t=time(0)%1000; srand(t);                  // 随机数发生器初始化
  m=0; d=0;
  for(x=a; x<=b; x=x+0.01)
     { c=x*sqrt(1+x*x*x)/(x*x+2);
         if(c>d) d=c;                        // 计算函数纵坐标最大值 d
     }
  for(k=1; k<=n; k++)
 .  { x=a+(b-a)*(rand()%10000/10000.0);
       y=d*(rand()%10000/10000.0);
       if(y<=x*sqrt(1+x*x*x)/(x*x+2))        // 体现积分函数式
           m=m+1;                            // 随机点在曲边梯形内，m 增 1
     }
  s=m*(b-a)*d/n;                             // 计算曲边梯形的面积
  printf("所求定积分 s=%7.4f \n", s);
}
```

（3）模拟数据测试与说明

请输入 n: 1000000
请输入 a, b: 0, 3
所求定积分 s= 2.1958

用蒙特卡罗法模拟计算，应用的程序设计语言的随机函数属于随机性模拟，计算的结果不是决定性的。如果对相同的参数测试多次，每一次所得结果会有随机偏差。

为了使随机更加贴近自然，在应用随机模拟时，要注意对所提供的随机数发生器进行初始化。

2. 决定性模拟

决定性模拟是对决定性过程进行的模拟，其模拟的事件按其固有的规律发生发展，最终得出一个明确的结果。

例 8-2　特定洗牌。

有 2n 张牌，编号为 1, 2, 3, …n, n+1, …, 2n，这也是最初牌的顺序。一次洗牌是把该序列变为 n+1, 1, n+2, 2, n+3, 3, n+4, 4, …, 2n, n。可以证明，对于任意自然数 n，都可以在经过 m 次洗牌后重新得到初始顺序。

对于小于 10000 的自然数 n（n 从键盘输入）的洗牌编程，求出重新得到初始顺序的洗牌次数 m 的值，并显示洗牌过程。

（1）模拟设计要点

设洗牌前位置 k 的编号为 p(k)，洗牌后位置 k 的编号变为 b(k)。我们寻求与确定洗牌前后牌的顺序改变规律。

前 n 个位置的编号赋值变化：位置 1 的编号赋给位置 2，位置 2 的编号赋给位置 4，……，位置 n 的编号赋给位置 2n，即 b(2k)=p(k)（k=1, 2, …, n）。

后 n 个位置的编号赋值变化：位置 n+1 的编号赋给位置 1，位置 n+2 的编号赋给位置 3，……，位置 2n 的编号赋给位置 2n-1，即 b(2k-1)=p(n+k)（k=1, 2, …, n）。

在循环中，每洗一次牌后输出洗牌后的编号，并检测是否复原。若没复原（y=1），则继续；若已复原（保持 y=0），则退出循环。

每次洗牌用 m 统计洗牌次数，复原后输出 m，即洗牌复原的次数。

（2）洗牌复原描述

```
// 模拟洗牌复原过程
main()
{int k,n,m,y,p[20000],b[20000];
  printf(" 请输入 n:");  scanf("%d",&n);
  printf("初始:");
  for(k=1;k<=2*n;k++)                    // 最初牌的顺序
    { p[k]=k; printf("%4d",p[k]);}
  m=1;
  while(1)
    {y=0;
     for(k=1;k<=n;k++)                   // 实施一次洗牌
       { b[2*k]=p[k];
         b[2*k-1]=p[n+k];
       }
     for(k=1;k<=2*n;k++)
         p[k]=b[k];
     printf("\n%4d: ",m);               // 打印第 m 次洗牌后的结果
     for(k=1;k<=2*n;k++)
        printf("%4d",p[k]);
     for(k=1;k<=2*n;k++)                 // 检测是否回到初始的顺序
        if(p[k]!=k) {y=1;break;}
     if(y==0)
       { printf("\n 经%d 次洗牌回到初始状态. \n",m);
         break;
```

```
            }
        m++;
        }
    }
```

（3）数据测试

```
请输入 n:10
初始：  1  2  3  4  5  6  7  8  9 10 11 12 13 14 15 16 17 18 19 20
  1:   11  1 12  2 13  3 14  4 15  5 16  6 17  7 18  8 19  9 20 10
  2:   16 11  6  1 17 12  7  2 18 13  8  3 19 14  9  4 20 15 10  5
  3:    8 16  3 11 19  6  1 17  4 12 20  7 15  2 10 18  5 13
  4:    4  8 12 16 20  3  7 11 15 19  2  6 10 14 18  1  5  9 13 17
  5:    2  4  6  8 10 12 14 16 18 20  1  3  5  7  9 11 13 15 17 19
  6:    1  2  3  4  5  6  7  8  9 10 11 12 13 14 15 16 17 18 19 20
经 6 次洗牌回到初始状态.
```

如果输入 n=2014，得到经 312 次洗牌回到初始状态。

8.1.2 竖式运算模拟

竖式乘除模拟是模拟整数的四则运算法则的决定性模拟，主要是模拟整数逐位乘或除的竖式计算过程，以求解一些整数计算与判定问题。

在实施竖式乘除计算模拟之前，必须根据参与运算整数的实际设置模拟量，以模拟竖式乘除计算进程中数值的变化，并判定运算是否结束。

1. 竖式除模拟

竖式除模拟，设竖式除过程中被除数为 a，除数为 p，试商所得的商为 b=a/p，所得余数为 c=a%p。

实施模拟，可根据问题的具体实际设置模拟循环，并确定终止循环的条件。例如，以试商的余数是否为 0 作为运算是否完成的终止条件：当 c≠0 时，继续试商下去，直至余数 c=0 时实现整除，终止模拟。

竖式除模拟框架描述：

```
输入<原始数据>
确定<初始量>
while(<循环条件>)
    { a=c*t+m;          // 构造被除数 a，其中 t 和 m 为<构造量>
      b=a/p;            // 实施除运算,计算商 b
      printf(b);
      c=a%p;            // 试商得余数 c
    }
```

其中<原始数据>、<初始量>、<循环条件>与<构造量>等必须根据所处理案例的具体实际确定。

2. 竖式乘模拟

竖式乘模拟通常从低位开始，乘积结果须从高位到低位输出，因此有必要设置数组。

通常设置 w 数组表示乘运算的一个乘数，也表示该数乘以 p（另一个乘数）的积：w(1) 表示个位数，w(2) 为十位数，……。

实施竖式乘模拟必须考虑进位。设进位数为 m 并赋初值，显然，乘数的第 k 位数 w(k) 乘以另一个乘数 p 的结果为 a=w(k)*p+m，然后把所得到的乘积 a 的个位数存储为积的第 k 位数：w(k)=a%10；而 a 的十位及以上的值作为下轮运算的进位数：m=a/10。

w 数组（一个乘数）、进位数 m 的初值与乘运算的结束条件由所求问题的具体实际确定，通常使乘运算达到某一特定值或达到某一规定位数后结束。

竖式乘模拟框架描述：

```
输入<原始数据>
确定<初始量>
while(<循环条件>)
    { k=k+1;
      a=w(k)*p+m;            // 计算乘积 a，m 为<进位数>
      w(k)=a%10;             // 乘积 a 的个位存储到 w(k)
      m=a/10;               // 乘积 a 的十位以上作为下轮的进位数
    }
输出(w(d：1));             // 从高位到低位输出乘积
```

竖式乘模拟的<原始数据>、<初始量>、<循环条件>与<进位数>必须根据所模拟的具体案例的实际确定。

8.2　乘数探求

两位计算机爱好者 A、B 在老师 C 的指导下进行乘数探求游戏：

A：请你任给定一个个位数字不是 5 的奇数 p，我可寻求正整数 q，使得 p 与 q 之积为全由"1"组成的整数。

B：也请你任给定一个个位数字不是 5 的奇数 p，我可寻求正整数 q，使得 p 与 q 之积为全由"2014"组成的整数。

C：还可以适当拓广，当积的构成由键盘任意指定时，继续你们的乘数探求游戏。

请完成以上三例乘数探求设计。

8.2.1　积为若干个 1 构成

任给定个位数字不是 5 的正奇数 p，寻求正整数 q，使得 p 与 q 之积为全由"1"组成的正整数。

1. 竖式除模拟设计

设整数除竖式计算每次试商的被除数为 a，除数为 p（即给定的正整数），每次试商的商为 b，相除的余数为 c。

以余数 c≠0 作为条件设置条件循环，循环外赋初值：c=1111，n=4 或 c=111，n=3 等。

被除数 a=c*10+1，试商余数 c=a%p，商 b=a/p 即为所寻求数 q 的一位。若余数 c=0，结束；否则，继续下一轮试商，直到 c=0 为止。

每商一位，设置变量 n 统计积中"1"的个数，同时输出商 b（整数 q 的一位数）。

"积为 n 个 1 的乘数探求"实施竖式除模拟的参量：

原始数据：个位数字不是 5 的奇数 p（从键盘输入）；

初始量：c=1111，n=4（或 c=111，n=3）；

循环条件：c!=0；

构造量：m=1（因积的每一位都是"1"）。

2. 算法描述

```
// 积为 n 个 1 的乘数探求
main()
{ int a,b,c,p,n;
  printf("  请输入整数 p: "); scanf("%d",&p);
  if(p%2==0 || p%10==5)
    { printf("  使乘积 p*q 为若干个 1 的乘数 q 不存在."); 
      return;
    }
  printf("  寻求的乘数 q 为:");
  n=4; c=1111;                              // 确定初始值
  while(c!=0)
    { a=c*10+1;
      c=a%p; b=a/p; n++;                    // 实施竖式除乘计算模拟
      printf("%d",b);                        // 输出整数 q 的一位数
    }
  printf("\n  乘积 p*q 为%d 个 1. \n",n);
}
```

3. 算法测试

请输入整数 p: 2013

寻求的乘数 q 为: 55196776508251918087983661754135557432245956836120770547

乘积 p*q 为 60 个 1.

8.2.2 积为若干个 2014 构成

任给定个位数字不是 5 的正奇数 p，寻求正整数 q，使得 p 与 q 之积为全由"2014"组成的整数。

1. 竖式除模拟设计

模拟循环前输出所寻求的数 q 的前几位为 2014/p，同时赋初值

n=1（即积已有 1 个"2004"）， c=2014%p

进入竖式除模拟条件（c≠0）循环，对每一个"2014"试商：

被除数为：a=c*10000+2014；

余数为：c=a%p，商为 b=a/p，统计"2014"个数的变量 n 增 1；

输出商必须为 4 位：printf("%04d",b)；

当余数 c=0 时，结束试商循环，输出"2014"个数 n，结束。

2. 算法描述

```
// 积为 n 个 2014 的乘数探求
main()
{ long int a,b,c,p,n;
  printf("\n  请输入奇数 p: "); scanf("%ld",&p);
  if(p%2==0 || p%10==5)
    { printf("  使乘积 p*q 为若干个 2014 的乘数 q 可能不存在.");
      return;
```

```
    }
    printf("  寻求的整数 q 为:");
    n=1; b=2014/p; c=2014%p;          // 确定初始值
    if(b>0) printf("%ld",b);
    while(c!=0)
      { a=c*10000+2014;
        c=a%p; b=a/p;                 // 实施除竖式计算模拟
        printf("%04d",b);             // 输出前补 "0" 的 4 位数 b
        n++;
      }
    printf("\n  乘积 p*q 为%ld 个 2014.\n",n);
}
```

3. 算法测试与说明

> 请输入奇数 p: 93
> 寻求的乘数 q 为: 21658079786473270983012279722595915505529047528408754385398
> 乘积 p*q 为 15 个 2014.

其中 printf("%04d",b) 为按前补 "0" 的 4 位 b 输出，因为在循环中，每次输出必须是 4 位数。若 b 是 3 位数时，前面须补一个 "0"；若 b 是 2 位数时，前面须补 "00"。该语句若用 printf("%d",b) 简单输出，b 不足 4 位时，少了前面的 "0"，输出所寻找的乘数就会出错。

8.2.3 积为任意指定构成

1. 积为指定构成

以上探讨了积的构成元素分别为 "1" 与 "2014" 的乘数探求。

一般地，如果积的构成元素为从键盘输入的任意正整数 z，任给定一个个位数字不是 5 的正奇数 p，探求另一个乘数 q，使得积 p*q 全为正整数 z 组成的整数。

2. 竖式除模拟设计要点

模拟分两步实施：

（1）模拟除运算求出 n 个 z 被 p 整除。由抽屉原理，n 个 z 若能被 p 整除，则 n≤p。如果 n>p，说明乘积 p*q 为若干个 z 的乘数 q 不存在。

（2）求出 n 个 z 能被 p 整除之后，再次模拟除运算，对每一个 z 的每一位逐位试商，每试商一位，输出所寻求的 q 的一位。

3. 算法描述

```
// 积的构成元素为键盘指定
main()
{ int b,c,j,k,p,n,x,y,z,d[5]; long a;
  printf("  请确定构成乘积的整数 z: "); scanf("%d",&z);
  y=z;x=1;k=0;
  while(y>0)
    { k++;d[k]=y%10;                 // 求出构成数 z 的位数 k 及各位数字
      y=y/10;x=x*10;
    }
  printf("  请输入整数 p: "); scanf("%d",&p);
  if(p%2==0 || p%10==5)
    { printf("  使乘积 p*q 为若干个%d 的乘数 q 可能不存在.",z);
```

```
        return;
    }
  n=1; c=z%p;                        // 确定初始值
  while(c!=0 && n<=p)
    { n++;
      a=c*x+z;c=a%p;                 // 实施竖式除计算模拟，确定n个z被p整除
    }
  if(n>p)
    { printf("  乘积p*q为若干个%d的乘数q不存在.",z);
      return;
    }
  y=z;
  while(y<p) y=y*x+z;                // 确定若干个z大于p
  printf("  寻求的整数q为: %d",y/p);
  c=y%p;                            // 确定初始值
  while(c!=0)
    { for(j=k;j>=1;j--)
        { a=c*10+d[j];
          c=a%p; b=a/p;            // 实施逐位竖式乘除计算模拟
          printf("%d",b);         // 输出整数q的一位数
        }
    }
  printf("\n  乘积p*q为%d个%d.\n",n,z);
}
```

4. 算法测试与分析

请确定构成乘积的整数z: 23
请输入整数p: 57
寻求的整数q为: 4075846181109339
乘积p*q为9个23.

以上三个乘数探求设计中，规定乘数p为"个位数字不是5的正奇数"是为了减少出现无解的讨论。例如，若输入的z为奇数，而p为偶数，显然无解；又如，若输入的z不是5的倍数，而p为5的倍数，也显然无解。事实上，视乘积的构成元素，可适当放宽对乘数p的以上规定。

以上竖式除模拟快捷地求解了"乘数探求"等案例，尽管涉及高精度计算，但算法的时间复杂度只为$O(n)$，其中n为积的位数。

8.3　特殊数积

本节介绍的01串积与二部数积是应用竖式运算模拟的典范，实际上与上一节"乘数探求"一样，在规定乘积模式基础上寻求乘数，只是上一节的乘积模式是一元的，本节的乘积模式是二元的，因而设计难度稍大些。

8.3.1　01串积

对给定的正整数b，寻求另一个正整数a，使a与b的积最小且全为0与1组成的数。

例如，给出 b=23，搜索到 a=4787，其最小 01 串积为 110101。

输入正整数 b（b<10000），探索并输出正整数 a 及 a*b 的最小 01 串积。

试应用模拟竖式除法给出以下两个设计。

1. 枚举乘数 a 设计

（1）设计要点

按递增枚举模式，a 从 1 开始递增，对每个 a 求得 c=a*b；然后分离出 c 的各个数字 e：
如果存在某一个数字 e>1，即乘积 c 中出现有非 0、非 1 数字，则返回到 a 增 1 再试；直到乘积 c 的所有数字 e 都是 0 或 1，则输出结果。

（2）设计描述

```
// 枚举乘数 a
main()
 { int e,t; long a,b,c,d;
   printf(″ 给出整数 b:″); scanf(″%ld″,&b);
   a=0;
   while(1)
     {a++;c=a*b;
      d=c;t=0;
      while(d>0)
        { e=d%10;d=d/10;
          if(e>1){t=1;break;}
        }
     if(t==0)
       { printf(″ 搜索到整数 a:%ld\n″,a);
         printf(″ a*b 的最小 01 串积为:%ld\n″,c);
         return;
       }
     }
 }
```

2. 枚举 01 串设计

（1） 设计要点

从小到大枚举 01 串，应用余数统计判别该 01 串是否能被 b 整除。

1）注意到 01 串积为十进制数，应用求余运算"%"可分别求得个位"1"、十位"1"等，分别除以 b 的余数，存放在 c 数组中：c(1) 为 1（显然），c(2) 为 10 除以 b 的余数，c(3) 为 100 除以 b 的余数，……。求 c(i) 时显然有以下递推关系：

$c[i]=10*c[i-1]\%b$

2）要从小到大枚举 01 串，不重复也不遗漏，从中找出最小的能被 b 整除的 01 串积。为此，设置 k（十进制数）从 1 开始递增，应用"除 2 取余"把 k 转化为二进制，就得到所需要的从小到大枚举的 01 串。

3）在递增的十进制数 k 转化为二进制数的过程中，每转化一位 a(i)（0 或 1），求出该位除以 b 的余数 a(i)*c(i)，通过累加求和 s+=a[i]*c[i]
得 k 转化的 01 串除以 b 的余数 s。

4）判别余数 s 是否被 b 整除：若 s%b=0，即找到所求最小的 01 串积。

5）为了求出 a，对已找出的 01 串模拟竖式除运算，得 01 串积除以 b 的商，并逐位存储在 d 数组中：

```
x=e*10+a[j];          // x 为被除数，e 为上轮余数
d[j]=x/b;             // d 为 a 从高位开始除以 b 的商
e=x%b;                // e 为试商余数
```

6）去掉 d 数组的高位 "0" 后，输出 d 即为所寻求的数 a。最后从高位开始打印 a 数组，即为 01 串积。

（2）算法描述

```
// 模拟竖式除法
main()
{ int b,e,i,j,t,x,a[2000],d[2000],c[2000];
  long k,s;
  printf(" 给出整数 b:"); scanf("%d",&b);
  c[1]=1;
  for(i=2;i<200;i++)
    c[i]=10*c[i-1]%b;        // c(i) 为右边第 i 位 1 除以 b 的余数
  k=1;
  while(1)
    { k++;j=k;i=0;s=0;
      while(j>0)
        { i++;a[i]=j%2;
          s+=a[i]*c[i];j=j/2; s=s%b; // 除 2 取余法转化为二进制
        }
      if(s%b==0)
        { for(e=0, j=i; j>=1; j--)
            { x=e*10+a[j];
              d[j]=x/b; e=x%b;        // a 从高位开始除以 b 的商为 d
            }
          j=i;
          while(d[j]==0) j--;          // 去掉 d 数组的高位 "0"
          printf(" 搜索到整数 a:");
          for(t=j;t>=1;t--)
              printf("%d",d[t]);
          printf("\n  a*b 的最小 01 串积为:");
          for(t=i;t>=1;t--)
              printf("%d",a[t]);
          printf("\n");
          return;
        }
    }
}
```

3.　算法测试与比较

```
给出整数 b:2015
搜索到整数 a:550874
a*b 的最小 01 串积为:1110011110
```

比较以上两个设计，对于输入的某些整数 b（例如 b=2014），前一个设计所寻求的 a*b 超

过有效数字的限制，算法受限，而后一个设计不会受阻。

以上两个算法的时间复杂度都与输入的整数 b 的具体数据有关，但后者的算法效率要高于前者。就以上述测试数据为例，输入 b=2015，两个设计都能得到相同结果。前一设计要枚举到 a=550874，而后一个设计枚举 01 串积 1110011110B=926，枚举量大大低于前者。

变通：把 01 串积改为 03 串积，算法应如何修改？

8.3.2 二部数积

定义形如 a⋯ab⋯b 的数叫做二部数（Bipartite Number），比如 1222、333999999、50、8888、1 等都是。给出一个整数 x（x≤99999），求出 x 的最小的倍数 n=kx（k>1），使得 n 是二部数。

输入正整数 x，输出最小二部数积。

1. 递增枚举设计要点

由以上二部数的定义可知，单码数（例如 8888）作为特例包含在二部数中。

（1）设计求解要点

对二部数 a⋯ab⋯b，称数码 a 组成的为高部，数码 b 组成的为低部。作为二部数的特例，低部可为空。

1）模拟竖式除运算定义余数函数

设 la 位高部 a 与 lb 位低位 b 的二部数除以整数 x 的余数为 r，余数初始值 r=0，从高位开始模拟竖式除运算逐位试商，经二重循环

    for(j=1;j<=la;j++) r=(10*r+a)%x;
    for(j=1;j<=lb;j++) r=(10*r+b)%x;

即可算出余数 r，并赋值给余数函数 br(x, a, la, b, lb)。

2）从小到大枚举二部数

首先设计二部数位数 le 从 2 开始递增枚举。

设二部数为 a⋯ab⋯b（1≤a≤9，0≤b≤9），其高部数字 a 有 la 位，低部数字 b 有 lb 位，显然有

    la+lb=le（1≤la≤le，当 la=le 时，a=b，即二部的数字相同）

为了确保从小到大枚举二部数，要注意枚举循环的先后次序。为便于理解，以 n=4, a=4 的递增进程实施标注。

① la 增长（1~n-2）段，lb=le-la，b 递增（0~a-1）取值。

    4000　4111　4222　4333　（la=1, lb=3, b:0~3）
    4400　4411　4422　4433　（la=2, lb=2, b:0~3）

② la 与 lb 取定值段，la=le-1, lb=1, b 递增（0~9）取值。

    4440　4441　4442　4443　4444　4445　4446　4447　4448　4449
    （la=3, lb=1, b:0~9）

③ la 减小（le-2~1）段，lb=le-la，b 递增（a+1~9）取值。

    4455　4466　4477　4488　4499　（la=2, lb=2, b:5~9）
    4555　4666　4777　4888　4999　（la=1, lb=3, b:5~9）

以上 3 个步骤中，每一步骤都是递增的，且 3 个步骤衔接中没有重复与遗漏，从而可确保 n=4, a=4 的二部数从小到大递增，没有重复与遗漏。

一般地，为了确保从小到大枚举二部数，要注意枚举循环的先后次序：

① 二部数的总位数 le=la+lb 须从小到大，le 起点是 x 的位数 h；

② 在总位数 le 一定时，高部数字 a 须从小到大，范围为 1~9；

③ 当 le 与 a 确定后，高部位数 la 从小到大或从大到小都不能确保二部数从小到大变化，需配合 b，分以下 3 步完成。

● la 增长（1~le-2）段，lb=le-la，b 递增（0~a-1）取值。

● la 与 lb 取定值段，la=le-1，lb=1，b 递增（0~9）取值。

● la 减小（le-2~1）段，lb=le-la，b 递增（a+1~9）取值。

以上 3 个步骤中，每一步骤中都是递增的，且 3 个步骤衔接中没有重复与遗漏，从而可确保 la 位的二部数从小到大递增，没有重复与遗漏。

3）检测输出

检测：若 br(x, a, la, b, lb)＝0，则输出所得二部数。

注意到 k＞1，即二部数积＞x，为避免输出 x 本身，程序开始应用重复除求出 x 的位数 h 与其最高位数字 t。在以后输出时，除 br(x, a, la, b, lb)＝0 外，需加上条件(a>t && le==h || le>h)，即所得余数为 0 的数，若位数 le 与 x 的位数 h 相同，则其首位 a 要大于 x 的首位 t，或其位数 le 大于 x 的位数 h。

（2）算法设计描述

```
// 枚举求指定数 x 的最小二部数积
long br(long x, int a, int la, int b, int lb);
main()
{ long x;   int a,b,d,h,j,t,le,la,lb;
  printf(" 请输入整数 x:"); scanf("%ld",&x);
  d=x;
  while(d%10==0) d=d/10;
  if(x<=50 || d<=5)
    { printf(" %ld*2=%ld \n",x,2*x); return; }
  t=x;h=1;
  while(t>9)
    {t=t/10;h++;}      // 整数 x 的位数为 h, 最高位数字为 t
  le=h;
  while(1)
  { for(a=1;a<=9;a++)
    { for(la=1;la<=le-2;la++)
      { lb=le-la;
        for(b=0;b<=a-1;b++)
          if(br(x, a, la, b, lb)==0 && (a>t && le==h || le>h))
            { printf(" %d 的最小二部数积为:",x);
              for(j=1;j<=la;j++)  printf("%d",a);
              for(j=1;j<=lb;j++)  printf("%d",b);
                printf("\n"); return;
            }
      }
    la=le-1;lb=1;
    for(b=0;b<=9;b++)
```

```
     if(br(x,a,la,b,lb)==0 && (a>t && le==h || le>h))
         { printf("   %d 的最小二部数积为:",x);
             for(j=1;j<=la;j++)  printf("%d",a);
             for(j=1;j<=lb;j++)  printf("%d",b);
               printf("\n"); return;
         }
     for(la=le-2;la>=1;la--)
       { lb=le-la;
         for(b=a+1;b<=9;b++)
         if(br(x,a,la,b,lb)==0 && (a>t && le==h || le>h))
           { printf("   %d 的最小二部数积为:",x);
             for(j=1;j<=la;j++)  printf("%d",a);
             for(j=1;j<=lb;j++)  printf("%d",b);
             printf("\n"); return;
           }
       }
     }
   }
   le++;
  }
}
long br(long x,int a,int la,int b,int lb)
{ long r=0;int j;
  for(j=1;j<=la;j++)  r=(10*r+a)%x;
  for(j=1;j<=lb;j++)  r=(10*r+b)%x;
  return(r);
}
```

（3）数据测试

```
请输入整数 x:2014
2014 的最小二部数积为:11111111118
```

2. 问题引申与算法改进

问题引申：对于给定的整数 x（x≤99999），探索最小乘数 k，使得积 n=kx（k>1）是一个二部数。

（1）算法改进

1）精简枚举循环

精简关于 a、la 与 b 的三重循环，转化为关于 b 与 la 的条件判断，根据条件判断结果进行 a、b 的增值与 la 的增减操作。

其中 a、b 的增值是保持递增枚举的需要，而 la 的增减同样是保持递增枚举的需要。

2）对于探索得到的最小二部数积，应用模拟竖式除运算得到最小乘数 k。为避免输出乘数时的高位"0"，在模拟试商的循环之前计算出二部数的高 h 位。

3）提高二部数积的搜索起点

在算出整数 x 的位数为 h 与其最高位数字为 t 的基础上，搜索的初始值定为 a=2*t，位数 le=h。如果 2*t 为 2 位数，则 a=1，le=h+1。

检测时，若 br(x,a,la,b,lb)=0,即输出所得二部数，可精简关于(a>t && le==h || le>h)这一附加条件。

4）改进输出

当所得二部数积位数比较多时（例如 x=2890，其最小二部数积位数多达 273 位），改进为 "a(la)b(lb)" 的简约形式输出更为清晰。

（2）改进算法描述

```
// 改进枚举设计
long br(long x,int a,int la,int b,int lb);
main()
{long t,x;   int a,b,c,d,h,j,le,la,lb;
 printf("  请输入整数 x:"); scanf("%ld",&x);
 d=x;
 while(d%10==0) d=d/10;
 if(x<=50 || d<=5)
   { printf(" %ld*2=%ld \n",x,2*x); return; }
 t=x;h=1;
 while(t>9)
   {t=t/10;h++;}                     // 整数 x 的位数为 h,最高位数字为 t
 t=2*t;le=h;
 if(t>9) { le=le+1;t=1;}
 while(1)
   { a=t;la=1;b=0;
     while(la<le-1 || a<9 || b<9)
     { if(b==9)                        // 此时 b 不能增 1,有以下 2 种选择
       { if(la==1){a++; b=0;}          // a 增 1 后,b 从 0 开始
          else {la--; b=a+1;}          // a 段长增 1 后,b 从 a+1 开始
       }
     else if(b!=a-1) b++;
       else if(la!=le-1){la++;b=0;}    // a 段长增 1 后,b 从 0 开始
       else if(b<=8) b++;
       lb=le-la;
     if(br(x,a,la,b,lb)==0)
       { printf("  %ld*k=",x);
         if(le>10)                     // 位数较多时简约输出二部数积
         { printf(" %d(%d)",a,la);
            if(lb>0) printf(",%d(%d)",b,lb);
         }
         else                          // 位数不多时详细输出二部数积
       { for(j=1;j<=la;j++)  printf("%d",a);
         for(j=1;j<=lb;j++)  printf("%d",b);
         }
       printf(" (最小二部数积)\n  k=");
       c=0;
       if(h<=la)
         {for(j=1;j<=h;j++) c=c*10+a;
          for(j=1;j<=la-h;j++)
              {d=(10*c+a);c=d%x;printf("%d",d/x);}
          for(j=1;j<=lb;j++)
              {d=(10*c+b);c=d%x;printf("%d",d/x);}
```

```
        }
      else
      { for(j=1;j<=la;j++)  c=c*10+a;
        for(j=1;j<=h-la;j++)  c=c*10+b;
        for(j=1;j<=lb+la-h;j++)
           {d=(10*c+b);c=d%x;printf("%d",d/x);}
      }
    printf("\n");
    return;
    }
  }
  le++;t=1;
  }
}
long br(long x,int a,int la,int b,int lb)      // 定义余数统计函数
{ long r=0;int j;
  for(j=1;j<=la;j++)  r=(10*r+a)%x;
  for(j=1;j<=lb;j++)  r=(10*r+b)%x;
  return(r);
}
```

（3）算法测试与分析

请输入整数 x:90215
90215*k= 3(7),5(23)（最小二部数积）
k=369487729929119941 8672677

以上算法的时间复杂度与所求二部数的个数（因从小枚举）与二部数的位数（因每一位都要模拟试商）相关，导致算法运行时间与具体输入的 x 值差异较大。在规定的 x≤99999 范围内，相应的二部数的个数不会太大，因而算法运行非常快捷。

以上设计的难点在于递增枚举的规律寻求，以及如何应用总位数 le（高部位数 la（或低部 lb）、高部数字 a 与低部数字 b 的四重循环实现递增枚举。在递增枚举的四重循环中，关于高部位数 la 的循环分为三段来实现递增规律，这需要较高的归纳能力与设计技巧。

以上程序求取最小二部数积，事实上对于每个数 x，存在一系列的二部数积。在输出解前加上一个计数器，对指定的整数 x，可计算并输出 x 的前 m 个二部数积。

变通：二部数之所以把单码数包含在内，是为了不出现"无解"情形。如果把单码数排除在外，算法应如何修改？

8.4　尾数前移问题

尾数前移探索是一个有趣的且有一定难度的数字游戏问题。本节将从简单的一位尾数前移拓展到多位尾数前移，内容非常丰富。探索设计方法既可应用模拟竖式除运算展开，也可以应用模拟竖式乘运算探求。

8.4.1　限 1 位尾数前移

1. 案例背景

整数 m 的尾数是 9，把尾数 9 移到其前面（成为最高位）后所得的数为原整数 m 的 3 倍，

原整数 m 至少为多大?

这是曾在《数学通报》上发表的一个具体的尾数前移问题。

我们要求解一般的尾数前移问题:整数 m 的尾数 q(限为一位)移到 m 的前面所得的数为 m 的 p 倍,记为 m(q, p),这里约定 1<p≤q≤9。

对于指定的尾数 q 与倍数 p,求解 m(q, p)。

下面试用竖式乘、除模拟两种方法设计求解。

2. 竖式除模拟设计

(1)设计要点

设 m 为 efg...wq(每一个字母表示一位数字),尾数 q 移到前面变为 qefg…w,它是 m 的 p 倍,意味着 qefg...w 可以被 m 整除,商即为 efg...wq。

注意到尾数 q 前移后,数的首位为 q,而第二高位 e 即为所求 m 的首位,第三高位 f 即为 m 的第二高位。这一规律将是构造被除数的依据。

应用竖式除模拟:首先第一位数 q 除以 p(注意约定 q≥p),余数为 c,商为 b。输出数字 b 作为所求 m 的首位数。

进入模拟循环,当余数 c=0 且商 b=q 时结束,因而循环条件为:c!=0 or b!=q。

①在循环中计算被除数 a=c*10+b,注意 b 上一轮试商的商;

②试商得 b=a/p,输出作为所求 m 的一位;

③求得余数 c=a%p;

④然后 b 与 c 构建下一轮试商的被除数,依此类推。

(2)模拟整数除竖式计算描述

```
// 模拟除竖式计算求解尾数前移问题
main()
{ int a,b,c,p,q;
  printf("请输入整数 m 的指定尾数 q:");
  scanf("%d",&q);                    // 输入处理数据 q 和 p
  printf("请输入前移后为 m 的倍数 p:");
  scanf("%d",&p);
  b=q/p;c=q%p;                        // 确定初始条件
  printf("  m(%d,%d)=%d",q,p,b);      // 输出 m 的首位 b
  while(c!=0 || b!=q)                 // 试商循环处理
    { a=c*10+b;
      b=a/p;c=a%p;                    // 模拟整数除竖式计算
      printf("%d",b);
    }
  printf("\n");
}
```

(3)算法测试与分析

请输入整数 m 的指定尾数 q: 9
请输入前移后为 m 的倍数 p: 3
m(9,3)=3103448275862068965517241379

3. 竖式乘模拟设计

(1)设计要点

设置存储数 m 的 w 数组。从尾数 w(1)=q 开始,乘数 p 与 m 的每一位数字 w(i)相乘后加进

位数 r，得 $a=w(k)*p+r$；积 a 的十位以上的数作为下一轮的进位数 $r=a/10$；而 a 的个位数此时需赋值给乘积的下一位 $w(i+1)=a\%10$。

当计算的被除数 a 为尾数 q 时结束。

因而尾数前移问题竖式乘模拟参量为：

原始数据：输入尾数字 q，倍数 p。

初始量：$w(1)=q;r=0;k=1;a=p*q$。

循环条件：$a!=q$。

进位数：$r=a\%10$。

（2）算法描述

```
// 模拟乘竖式计算求解尾数前移问题
main()
{ int a,j,k,p,q,r,w[100];
  printf("请输入尾数字 q,倍数 p:");
  scanf("%d,%d",&q,&p);
  for(j=1;j<100;j++) w[j]=0;        // 数组清零
  w[1]=q;r=0;k=1;a=p*q;             // 输入初始量
  while(a!=q)
    { a=w[k]*p+r;
      k++; w[k]=a%10;r=a/10;        // 模拟整数乘竖式计算,r 为进位数
    }
  printf("  m(%d,%d)=",q,p);
  for(j=k-1;j>=1;j--)               // 从高位到低位打印每一位
    printf("%d",w[j]);
  printf("\n 共%d 位.\n",k-1);
}
```

（3）算法测试与分析

请输入尾数字 q，倍数 p：8,5，得

m(8,5)=163265306122448979591836734693877551020408

共 42 位.

以上两个模拟算法的操作频数与所求的整数 m 的位数相关，而整数 m 的位数与输入数 p 和 q 没有确定的关系，因而算法的时间复杂度难以估算。因 p 和 q 都是一位整数，算法对所有 p 和 q 都能快捷求解。

8.4.2　多位尾数前移

以上尾数前移设计限尾数为 1 位，我们将把前移的尾数 q 拓广为多位。

整数 m 的尾数 q（可为多位）移到 m 的前面所得的数为 m 的 p 倍，记为 m(q,p)。这里约定正整数 p 不大于尾数 q 的首位。

对于指定的尾数 q（$1<q<9999$）与倍数 p，求解 m(q,p)。

下面试用模拟竖式除与竖式乘两种模拟算法设计。

1. 模拟竖式除设计

（1）模拟竖式除设计要点

1）设置存储乘积 m*p 的 w 数组，最高位数字存放在 w(1)，次高位数字存放在 w(2)，……。首先检测尾数 q 的位数 k 与各位数字：显然，w(1) 为 q 的最高位数字，……，w(k) 为 q

的个位数字。

那么，w(k+1) 即为 m 从高位开始的最高位数字，也是乘积 m*p（即尾数前移后）的第 k+1 位数字；w(k+2) 即为 m 从高位开始的第 2 位数字，也是乘积 m*p（即尾数前移后）的第 k+2 位数字，……，依此类推。

2）模拟竖式除运算

在设置的除运算循环中模拟除运算：

①从 i=1，c=0 开始，计算被除数 a=c*10+w(i)；

②a 除以 p 的商赋值给 w(i+k)=a/p；

③试商余数赋给 c=a%p。

3）除运算循环的终止

除运算循环的条件为：c!=0 or b!=q （这里 b 为商的低 k 位）。

因此，每试商一次，需计算商的低 k 位 b：

检测，若 b=q 且此时余数 c=0，退出除运算循环；否则继续。

尚不能证明每一对 q、p 都有解，约定当位数超过 99990 位时，强制退出，输出"位数太大或可能无解！"。

正常退出时，从高位（除去前移尾数 q）即 k+1 位到 k+i 位输出所找到的数 m，并输出其位数 i。

（2）模拟竖式除描述

```
// 模拟竖式除计算求解多位尾数前移问题
main()
{ int a,b,c,d,i,j,k,p,q,x,w[100000];
  printf(" 请输入整数 m 的指定尾数 q:");
  scanf("%d",&q);                    // 输入处理数据 q、p
  printf(" 请输入前移后为 m 的倍数 p:");
  scanf("%d",&p);
  printf(" m(%d,%d)=",q,p);
  k=0;x=q;
  while(x>0)
    { k++;w[k]=x%10;x=x/10;}        // 确定尾数 q 的位数及各位数字
  for(j=1;j<=k/2;j++)
    {d=w[j];w[j]=w[k+1-j];w[k+1-j]=d;}   // 交换，确保 w[1]为 q 的最高位数字
  i=0;c=b=0;
  while(c!=0 || b!=q)                // 试商循环处理
    { i++; a=c*10+w[i];
      w[i+k]=a/p;c=a%p;             // 模拟整数竖式除计算
      b=0;
        for(j=1;j<=k;j++) b=b*10+w[i+j];
      if(i>99990) break;
    }
  if(i>99990) printf(" 位数太大或可能无解！");
  else
    { for(j=k+1;j<=k+i;j++)
        printf("%d",w[j]);
```

```
        printf(″, 共有%d 位.\n″,i);
    }
}
```

（3）算法测试

2. 模拟竖式乘设计

（1）设置存储数 m 的 w 数组，个位数字存放在 w(1)，十位数字存放在 w(2)，……。

首先检测尾数 q 的位数 k 与各位数字：显然，w(1)为 q 的个位数字，……，w(k)为 q 的最高位数字。

那么，w(k+1)即为 m 从低位开始的第 k+1 位数字，也是乘积（即尾数前移后）的个位数字；w(k+2)即为 m 从低位开始的第 k+2 位数字，也是乘积（即尾数前移后）的十位数字，…依此类推。

（2）模拟竖式乘运算

从 i=1 开始，乘数 p 与 m 的每一位数字 w(i)相乘后，加进位数 r，得 a=w(i)*p+r;

积 a 的十位以上的数作为下一轮的进位数 r=a/10;

积 a 的个位数此时需赋值给乘积的 w(i+k)位，即 w(i+k)= a%10。

（3）乘运算循环的终止

设置乘运算循环，循环条件为：b!=q or r!=0 （这里 b 为乘积的高 k 位）。

因此，每乘一次，需计算乘积的高 k 位 b：

①检测，若 b=q 且此时进位数 r=0，退出乘运算循环；否则继续。

②尚不能证明每一对 q、p 都有解，约定当位数超过 9990 位时，强制退出，输出"位数太大或可能无解！"。

③正常退出时，从高位到低位输出所找到的数 m，并输出其位数 i。

（4）模拟竖式乘算法描述

```
// 模拟竖式乘求解多位尾数前移问题
main()
{ int a,b,i,j,k,p,q,r,x,w[100000];
  printf(″请输入尾数字 q,倍数 p:″);
  scanf(″%d,%d″,&q,&p);
  printf(″  m(%d,%d)=″,q,p);
  for(j=1;j<100000;j++) w[j]=0;    // 数组清零
  k=0;x=q;
  while(x>0)
    { k++;w[k]=x%10;x=x/10;}       // 检测尾数 q 的倍数与各位数字
  i=r=b=0;
  while(b!=q || r!=0)
    {i++; a=w[i]*p+r;
    w[k+i]=a%10;r=a/10;            // 模拟整数竖式乘计算，r 为进位数
    b=w[k+i];
    for(j=1;j<=k-1;j++)            // 计算乘积的高 k 位数 b
```

```
        b=b*10+w[k+i-j];
      if(i>99990) break;
    }
  if(i>99990) printf("  位数太大或可能无解!");
  else
   { for(j=i;j>=1;j--)              // 从高位到低位打印每一位
       printf("%d",w[j]);
     printf(", 共%d 位.\n",i);
   }
}
```

（5）算法测试与说明

请输入尾数字 q, 倍数 p:2014, 2
m(2014, 2)=1007050352517625881294064703235161758087904395219760988049402470123506
1753087654382719135956797839891994599729986499324966248312415620781039051952597
6
2988149407470373518675933796689834491724586229311465573278663933196659832991649
5
8247912395619780989049452472623631181559077953897694884744237211860593029651482
5
7412870643532176608830441522076103805190259512975648782439121956097804890244512
2
256112805640282014, 共 408 位.

以上关于多位尾数 q 的设计，当然也包括 q 为一位，即"多位尾数前移"设计包含了"限1 位尾数前移"这一特例。

3. 算法时间复杂度分析

"尾数前移"案例的竖式乘除模拟求解，从限为 1 位尾数到多位尾数，算法的复杂度都与所求数的位数相关。设所求数的位数为 n，算法的时间复杂度为 $O(n)$。

以上所求的数为高精度数，应用模拟乘除竖式计算得到较好解决。

8.5　圆周率计算

关于圆周率 π 的计算，历史非常久远。我国数学家祖冲之最先把圆周率 π 计算到3.1415926，领先世界一千多年。其后，德国数学家鲁特尔夫把 π 计算到小数点后 35 位，日本数学家建部贤弘计算到 41 位。据称，1874 年英国数学家香克斯利用微积分倾毕生精力把 π 计算到 707 位，但 528 位后的数值是错的。

应用计算机计算圆周率 π 曾有过计算到数百万位至数千万位的报导，主要是通过 π 的计算宣示大型计算机的运算速度。

本节介绍两个不同的计算圆周率 π 的设计。

8.5.1　蒙特卡罗模拟计算

1. 应用蒙特卡罗算法计算圆周率

注意到 C 语言中随机函数 rand() 表现为整数，作变换：rand()%10000/10000.0 为（0,1）中的随机数；a+(b-a)*(rand()%10000/10000.0) 为（a,b）中的随机数；d*(rand()%10000/10000.0) 为（0,d）中的随机数。

随机计算 10 次，每次计算随机 n 次从键盘输入，最后取这 10 次的平均值作为随机模拟计算的结果。

2. 用蒙特卡罗法计算圆周率描述

```
// 蒙特卡罗法计算圆周率
main()
{ long   j,m,n,k,t;
  double b,s,x,y;
  s=0;
  printf("请输入 n:");              // 输入试验次数
  scanf("%ld",&n);
  printf("请输入 b:");              // 输入正方形的长
  scanf("%lf",&b);
  t=time(0)%1000;srand(t);         // 随机数发生器初始化
  for(j=1;j<=10;j++)
  { m=0;
   for(k=1;k<=n;k++)
     { x=fmod(rand(),b);
       y=fmod(rand(),b);
       if(x*x+y*y<b*b && 0<x && 0<y)
         m=m+1;                    // 随机点在曲边梯形内 m 增1
     }
   s+=4.0*m/n;                     // 计算曲边梯形的面积之和
  }
 printf("  所计算的圆周率为:%6.3f \n",s/10);
}
```

3. 算法测试与说明

请输入 n:100000
请输入 b:1000
所计算的圆周率为:3.155

测试数据说明，尽管应用蒙特卡罗算法计算圆周率简单，但精确度不高，小数点后第 2 位都无法保证。

前面介绍的竖式乘除模拟是决定性模拟，计算的结果是确定的，如果对相同的参数运行多次，则每次结果都相同。而用蒙特卡罗法模拟计算，因应用程序设计语言的随机函数，属于随机性模拟，计算的结果是随机性的，如果对相同的参数运行多次，每一次所得结果会有所不同。

8.5.2　指定高精度计算

试计算圆周率 π，精确到小数点后指定的 x 位。

1. 设计要点

（1）选择计算公式

计算圆周率 π 的公式很多，选取收敛速度快且容易操作的计算公式是设计的首要一环。我们选用以下公式：

$$\frac{\pi}{2}=1+\frac{1}{3}+\frac{1\cdot2}{3\cdot5}+\frac{1\cdot2\cdot3}{3\cdot5\cdot7}+\cdots+\frac{1\cdot2\cdots\cdot n}{3\cdot5\cdots\cdot(2n+1)}$$

$$=1+\frac{1}{3}\left(1+\frac{2}{5}\left(1+\cdots+\frac{n-1}{2n-1}\left(1+\frac{n}{2n+1}\right)\cdots\right)\right) \tag{8.1}$$

（2）确定计算项数

首先，要依据输入的计算位数 x 确定所要加的项数 n。显然，若 n 太小，不能保证计算所需的精度；若 n 太大，会导致做过多的无效计算。可证明，式中分式第 n 项之后的所有余项之和 $R_n < a_n$。因此，只要选取 n，满足 $a_n < \dfrac{1}{10^{x+1}}$ 即可。即只要使

$$\lg 3 + \lg \frac{5}{2} + \cdots + \lg \frac{2n+1}{n} > x+1 \qquad\qquad (8.2)$$

于是可设置对数累加实现计算到 x 位所需的项数 n。为确保准确，算法可设置计算位数超过 x 位（例如 x+5 位），计算完成后只打印输出 x 位。

（3）竖式乘除模拟

设置 a 数组，下标根据计算位数预设 20000，必要时可增加。计算的整数值存放在 a(0)，小数点后第 i 位存放在 a(i)（i=1,2,…）中。

依据公式（8.1），应用竖式乘除模拟进行计算：

数组除以 2n+1，乘以 n，加上 1；再除以 2n-1，乘以 n-1，加上 1……。这些数组操作设置在 j（j=n,n-1,…,1）循环中实施。

按公式实施竖式除法模拟操作：被除数为 c，除数 d 分别取 2n+1,2n-1,…,3。商仍存放在各数组元素（a(i)=c/d）。余数（c%d）乘 10 加在后一数组元素 a(i+1) 上，作为后一位的被除数。

按公式实施竖式乘法模拟操作：乘数 j 分别取 n,n-1,…,1。乘积要注意进位，设进位数为 b，则对计算的积 a(i)=a(i)*j+b，取其十位以上数作为进位数 b=a(i)/10，取其个位数仍存放在原数组元素 a(i)=a(i)%10。

（4）输出结果

循环实施竖式乘除模拟完成后，按数组元素从高位到低位顺序输出。因计算位数较多，为方便查对，每一行控制打印 50 位，每 10 位空一格。

2．圆周率π的高精度计算描述

```
// 高精度计算圆周率π
main()
{ float s; int b,x,n,c,i,j,d,l,a[20000];
  printf("\n 请输入精确位数:"); scanf("%d",&x);
  for(s=0,n=1;n<=10000;n++)              // 累加确定计算的项数 n
    { s=s+log10((2*n+1)/n);
      if (s>x+1) break;
    }
  for(i=0;i<=x+5;i++) a[i]=0;
  for(c=1,j=n;j>=1;j--)                  // 按公式分步计算
    {d=2*j+1;
     for(i=0;i<=x+4;i++)                 // 各位实施除 2j+1
       {a[i]=c/d; c=(c%d)*10+a[i+1];}
     a[x+5]=c/d;
     for(b=0,i=x+5;i>=0;i--)             // 各位实施乘 j
       {a[i]=a[i]*j+b; b=a[i]/10;a[i]=a[i]%10;}
     a[0]=a[0]+1;c=a[0];                 // 整数位加 1
    }
```

```
for(b=0,i=x+5;i>=0;i--)                    // 按公式各位乘2
    {a[i]=a[i]*2+b; b=a[i]/10;a[i]=a[i]%10;}
printf("        pi=%d.",a[0]);             // 遂位输出计算结果
for(l=10,i=1;i<=x;i++)
    { printf("%d",a[i]);l++;
      if (l%10==0) printf(" ");
      if (l%50==0) printf("\n");
    }
printf("\n");
}
```

3. 算法测试与分析

请输入精确位数：100

pi=3.1415926535 8979323846 2643383279 5028841971
6939937510 5820974944 5923078164 0628620899 8628034825
3421170679

设计算π的位数为 n，所需计算的项数估算约为 logn，以上综合竖式乘除模拟的时间复杂度为 O(nlogn)。

8.6 模拟发桥牌

玩扑克牌是人们喜爱的文娱活动，常见的有桥牌、升级等不同玩法。通过程序设计模拟发扑克牌是随机模拟的有趣课题。

桥牌共 52 张，无大小王。按 E、S、W、N 的顺序把随机产生的 52 张牌分发给各方，每方 13 张。发完后，分花色从大到小整理各方的牌。

1. 模拟设计要点

（1）模拟花色与点数

模拟发牌必须体现随机性。所发的一张牌是草花还是红心是随机的；是"5"点还是"J"点也是随机的。

同时要注意不可重复性。如果在一局发牌中出现两个黑桃 K 就是笑话了。同时局与局之间必须做到互不相同，如果某两局牌雷同，也不符合随机发牌要求。

为此，对应 4 种花色，设置随机整数 x，对应取值为 1～4。对应每种花色的 13 点，设置随机整数 y，为了各花色排序方便，把 y 的取值变为 2～14，其中 14 最大代表牌中的最大点"A"。

（2）避免重复组合

为避免重复，把 x 与 y 组合为三位数：z=x*100+y，并存放在 m 数组中。发第 i+1 张牌，随机产生一个 x 与 y，得一个三位数 z，z 与已有的前 i 个数组元素 m(0)，m(1)，…m(i-1) 逐一进行比较，若不相同，则产生与 x、y 对应的牌（相当于发一张牌）后，然后赋值给 m(i)，作为以后发牌的比较之用；若数 z 与已有的 i 个数组元素存在相同，则重新产生随机整数 x 与 y 得 z，与 m 数组值再进行比较，直到产生 52 个互不相同的三位数 z 为止。

（3）打印输出

输出直接应用 C 语言中的 ASCII 码 3～6 的字符显示各花色。在桥牌的分类整理程序段，把每家所有牌分花色应用排序实现点从大到小（即 A，K，Q，J，10，9，…，2）的顺序排列。打印点数时注意把 y=14、13、12、11 分别转化为 A、K、Q、J。

为实现真正的随机，根据时间的不同，设置 t=time(0)%1000;srand(t) 初始化随机数发生器，从而达到局与局之间真正随机的目的。

2．随机模拟发桥牌描述

```
// 发桥牌,4 个人,每人 13 张牌,并分类整理
main()
{int   x,y,z,t,i,j,k,e[14],s[14],w[14],n[14],m[53];
 char d[]=" 234567891JQKA";
 t=time(0)%1000;srand(t);                 // 随机数发生器初始化
 for(i=1;i<=52;i++)                       // 随机产生 52 张不同的扑克牌
    {for(j=1;j<=10000;j++)
       {x=rand()%4+1; y=rand()%13+2; z=x*100+y; t=0;
        for(k=0;k<=i-1;k++)
           if(z==m[k]) {t=1;break;}
        if(t==0) {m[i]=z;break;}          // 确保牌不重复
       }
    }
 for(k=1;k<=13;k++)                       // 依次把 52 张扑克牌分发到四家
    {e[k]=m[4*k-3]; s[k]=m[4*k-2];
     w[k]=m[4*k-1]; n[k]=m[4*k];}
 for(i=1;i<=12;i++)                       // 四方分别从大到小进行排序
 for(j=i+1;j<=13;j++)
    {if(e[i]<e[j]){t=e[i];e[i]=e[j];e[j]=t;}
     if(s[i]<s[j]){t=s[i];s[i]=s[j];s[j]=t;}
     if(w[i]<w[j]){t=w[i];w[i]=w[j];w[j]=t;}
     if(n[i]<n[j]){t=n[i];n[i]=n[j];n[j]=t;}
    }
 printf("\n");
 for(i=4;i>=1;i--)                        // 分类整理打印北方牌
    {for(j=1;j<=28;j++) printf(" ");
     printf("%c:",i+2);
     for(j=1;j<=13;j++)
        {if(n[j]/100==i)
         if(n[j]%100==10) printf("10 ");
         else printf(" %c ",d[n[j]%100]);
        }
     printf("\n");
    }
 printf("\n");
 for(j=1;j<=35;j++) printf(" ");  printf("N \n\n");
 for(i=4;i>=1;i--)                        // 分类整理打印西方牌
    {printf(" %c:",i+2);
     for(t=0, j=1;j<=13;j++)
        if(w[j]/100==i)
         {t++;
          if(w[j]%100==10) printf("10 ");
          else printf(" %c ",d[w[j]%100]);
         }
     if(i!=3)
        for(j=1;j<=50-3*t;j++) printf(" ");
     else
        {for(j=1;j<=25-3*t;j++) printf(" ");
```

```
            printf("W                E");
             for(j=1;j<=10;j++) printf("  ");
          }
        printf("%c:",i+2);
        for(j=1;j<=13;j++)                    // 分类整理打印东方牌
          {if(e[j]/100==i)
           if(e[j]%100==10) printf("10 ");
           else printf(" %c ",d[e[j]%100]);
          }
        printf("\n");
      }
    for(j=1;j<=35;j++) printf(" ");  printf("S \n\n");
    for(i=4;i>=1;i--)                          // 分类整理打印南方牌
      {for(j=1;j<=28;j++) printf(" ");
       printf("%c:",i+2);
       for(j=1;j<=13;j++)
         {if(s[j]/100==i)
          if(s[j]%100==10) printf("10 ");
          else printf(" %c ",d[s[j]%100]);
         }
       printf("\n");
      }
}
```

3. 算法测试与分析

随机得到以下一副桥牌，如图 8-2 所示。

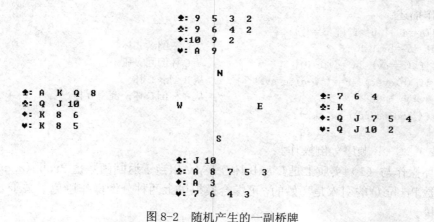

图 8-2　随机产生的一副桥牌

8.7　泊松分酒

1. 案例提出

法国数学家泊松（Poisson）曾提出以下分酒趣题：某人有一瓶 12 品脱（容量单位）的酒，同时有容积为 5 品脱与 8 品脱的空杯各一个。借助这两个空杯，如何将这瓶 12 品脱的酒平分？

我们要解决一般的平分酒案例：借助容量分别为 bv 与 cv（单位为整数）的两个空杯，用最少的分倒次数把总容量为偶数 a 的酒平分。这里正整数 bv、cv 与偶数 a 均从键盘输入。

2. 模拟设计

求解一般的"泊松分酒"问题：借助容积分别为整数 bv 和 cv 的两个空杯，用最少的分倒次数把总容量为偶数 a 的酒（并未要求满瓶）平分，采用直接模拟平分过程的分倒操作。

为了把键盘输入的偶数 a 通过分倒操作平分为两个 i：i=a/2（i 为全局变量），设在分倒过程中：

瓶 A 中的酒量为 a（$0 \leq a \leq 2*i$）；

杯 B(容积为 bv)中的酒量为 b（$0 \leq b \leq bv$）；

杯 C(容积为 cv)中的酒量为 c（$0 \leq c \leq cv$）；

我们模拟下面两种方向的分倒操作：

（1）按 A->B->C 顺序分倒操作

① 当 B 杯空（b=0）时，从 A 瓶倒满 B 杯。

② 从 B 杯分一次或多次倒满 C 杯。

若 b>cv−c，倒满 C 杯，操作③；

若 b≤cv−c，倒空 B 杯，操作①。

③ 当 C 杯满（c=cv）时，从 C 杯倒回 A 瓶。

分倒操作中，用变量 n 统计分倒次数，每分倒一次，n 增 1。

若 b=0 且 a<bv，步骤①无法实现（即 A 瓶的酒倒不满 B 杯）而中断，记 n=−1 为中断标志。

分倒操作中，若有 a=i、b=i 或 c=i 时，显然已达到平分目的，分倒循环结束，用试验函数 Probe(a,bv,cv) 返回分倒次数 n 的值；否则，继续循环操作。

模拟操作描述：

```
while (!(a==i || b==i || c==i))
  {if (!b)  {a-=bv;b=bv;}              // 从 A 瓶倒满 B 杯
   else if (c==cv) {a+=cv;c=0;}         // 从 C 杯倒回 A 瓶
   else if (b>cv-c) {b-=(cv-c);c=cv;}   // 从 B 倒满 C 杯
   else {c+=b;b=0;}                     // 从 B 杯倒 C 杯，倒空 B 杯
   printf("%6d%6d%6d\n",a,b,c);
  }
```

（2）按 A->C->B 顺序分倒操作

这一循环操作与（1）实质上是 C 与 B 杯互换，相当于返回函数值 Probe(a,cv,bv)。

试验函数 Probe() 的引入是巧妙的，可综合摸拟以上两种分倒操作避免了关于 cv 与 bv 大小关系的讨论。

同时设计实施函数 Practice(a,bv,cv)，与试验函数相比较，把 n 增 1 操作改变为输出中间过程量 a、b、c，以标明具体操作进程。

在主函数 main() 中，分别输入 a、bv、cv 的值后，为寻求较少的分倒次数，调用试验函数并比较 m1=Probe(a,bv,cv) 与 m2=Probe(a,cv,bv)。

若 m1<0 且 m2<0，表明无法平分（均为中断标志）。

若 m2<0，只能按上述（1）操作；若 0<m1<m2，按上述（1）操作分倒次数较少（即 m1）。此时调用实施函数 Practivce(a,bv,cv)。

若 m1<0，只能按上述（2）操作；若 0<m2<m1，按上述（2）操作分倒次数较少（即 m2）。此时调用实施函数 Practice(a,cv,bv)。

实施函数打印整个模拟分倒操作进程中的 a、b、c 的值。最后打印出最少的分倒次数。

3. 模拟泊松分酒过程描述

```c
// 泊松分酒模拟操作
practice(int,int,int);              // 调用函数声明
int i,n,probo(int,int,int);
main()
{ int a,bv,cv,m1,m2;
  printf("\n 请输入酒总量(偶数):");scanf("%d",&a);
  printf("两空杯容量 bv,cv 分别为:");
  scanf("%d,%d",&bv,&cv);
  if(a%2!=0 || a/2>bv+cv || a==bv+cv && bv!=cv)
    { printf("   该数据无法平分!\n");return; }
  i=a/2;
  m1=probo(a,bv,cv);
  m2=probo(a,cv,bv);
  if (m1<0 && m2<0)
    {printf("无法平分!\n");
     return;
    }
  if (m1>0 && (m2<0 || m1<=m2))
    { n=m1;practice(a,bv,cv);}
  else
    { n=m2;practice(a,cv,bv);}
}
practice(int a,int bv,int cv)      // 模拟实施函数
{ int b=0,c=0;
  printf("平分酒的分法:\n");
  printf("酒瓶%d 空杯%d 空杯%d\n",a,bv,cv);
  printf("%6d%6d%6d\n",a,b,c);
  while (!(a==i || b==i || c==i))
    {if(!b) {a-=bv;b=bv;}
     else if(c==cv) {a+=cv;c=0;}
     else if(b>cv-c) {b-=(cv-c);c=cv;}
     else {c+=b;b=0;}
     printf("%6d%6d%6d\n",a,b,c);
    }
  printf("平分酒共分倒%d 次.\n",n);
}
int probo(int a,int bv,int cv)     // 试验函数
 { int n=0,b=0,c=0;
    while (!(a==i || b==i || c==i))
      {if(!b)
        if(a<bv) {n=-1;break;}
        else { a-=bv;b=bv;}
       else if(c==cv) {a+=cv;c=0;}
       else if(b>cv-c) {b-=(cv-c);c=cv;}
       else {c+=b;b=0;}
       n++;
      }
  return(n);
}
```

4．算法测试与说明

```
请输入酒总量（偶数）:12
两空杯容量 bv,cv 分别为:5,8
平分酒的分法:
      酒瓶 12  空杯 8  空杯 5
      12      0      0
       4      8      0
       4      3      5
       9      3      0
       9      0      3
       1      8      3
       1      6      5
平分酒共分倒 6 次.
```

以上算法设计中，对 m1 和 m2 的全路径判断虽然可以获得分倒次数较少的方法，但这是建立在有解的前提之下，而算法有没有解，并不能通过对 m1 和 m2 的全路径判断来完全确定。例如，当输入 a=10、bv=4、cv=6 时，显然没有解，这时程序进入死循环。那么输入的数据在满足什么条件下才有解呢？

令 d=gcd(bv,cv) 表示 bv 与 cv 的最大公约数，且满足基本条件 bv+cv≥(a/2) 时，可以证明，当 mod(a/2,d)=0 时，所输入的数据一定有解。特别当 bv 与 cv 互质时，a 为任何偶数都有解。

8.8 模拟应用小结

本章应用竖式乘除运算模拟，非常简捷地解决了高精度整除问题的乘数探求、特殊数积与尾数前移问题等整数高精计算，同时探求了无理数圆周率π的指定位数的高精计算。

这些案例设计既可以应用竖式乘模拟求解，也可以应用竖式除模拟求解，有些案例需综合应用竖式乘、除模拟来求解。如果应用我们前面介绍的递推、递归、回溯或动态规划等算法来求解这些案例，则不容易奏效。

在应用竖式除模拟时，要注意联系案例的具体实际设置被除数、除数与商等模拟量。这里特别指出，试商过程中，被除数的确立比较灵活。

（1）在"积为若干个 1"求解时，被除数为 a=c*10+1（因为每一位均为 1）。

（2）在"积为若干个'2014'"的求解时，被除数变为 a=c*10000+2014。

（3）在"积为任意指定构成"的求解时，被除数变为 a=c*10+d(j)，其中 d(j) 为构成整数的某一位数。

（4）在"尾数前移"的求解时，被除数又变为 a=c*10+b，其中 b 为上一轮试商所得到的商。

在应用竖式乘模拟时，要注意联系案例的具体实际设置数组。因为乘是从低位开始的，而输出却从高位开始，不设置数组不便实现这一转换。

应用 C 语言提供的随机函数来模拟随机现象，除了要注意随机函数发生器的初始化，以避免雷同之外，也要注意联系问题的具体实际，控制随机数的取值范围。

例如，在模拟发扑克牌时，x 代表 4 花色，y 代表每色的 13 点，应用"x=rand()%4+1;y=rand()%13+2"来实现是适合的。rand()%4 的值为 0、1、2、3，则 rand()%4+1 的值为 1、2、3、4,共 4 个，代表 4 花色。rand()%13 的值为 0,1,…12，则 y=rand()%13+2 的值为 2,3,…14,

共 13 个，分别代表 13 个点数（其中 14 为 "A" 点）。

另外，由 C 语言产生随机整数可能有重复，如果实际案例不允许有重复（例如扑克牌），则必须设置数组，每产生一个随机整数，与已产生并存储在数组的整数进行比较，如果出现相同，则重新产生；直到未出现相同时，再进行确认赋值。

在模拟一些操作过程时，注意模拟量随过程的实际变化而改变，同时注意应用模拟量来控制过程的转换与结束。这些都不能离开所求解案例的具体实际。

习题　8

8-1　整除 p 的连写数

从 1 开始按正整数的顺序不间断连续写下去，所成的整数称为连写数。要使连写数 123456789101112…m（连写到整数 m）能被指定的整数 p（<1000）整除，m 至少为多大？

8-2　03 串积

程序设计爱好者 A 和 B 进行计算游戏：

B 任给一个正整数 b，A 寻求另一个整数 a，使 a 与 b 的积最小且全为 0 与 3 组成的数。

8-3　阶乘与乘方的高精计算

通过选择，分别准确计算阶乘 n! 与乘方 n^m 的值。

8-4　排列组合数的高精计算

通过选择，分别准确计算排列数 p(n,m) 与组合数 c(n,m) 的值。

8-5　H 形数积

定义形如 ab…bc 的数叫做 H 形数，其中 a 为高位，c 为低位，数字为 b 的为中间段，其位数为 H 形数的位数减 2（至少有 1 位）。

事实上所有 3 位数都是 H 形数，把 3 位数的中间数字多次重复可得 4 位以上的 H 形数。

给出一个整数 x（约定 x≤9999），寻求一个最小的乘数 k（k>1），使得乘积 k*x=n 为 H 形数。

8-6　自然对数底 e 的高精计算

自然对数的底数 e 是一个无限不循环小数，是 "自然律" 的一种量的表达，在科学技术中用得非常多。学习了高数后我们知道，以 e 为底数的对数是最简的，用它是最 "自然" 的，所以叫 "自然对数"。

试设计程序计算自然对数的底 e，精确到小数点后指定的 x 位。

8-7　进站时间模拟

根据统计资料，车站进站口行李安检通过一个人的时间至少为 2.4～3.8 秒。现有 n 个人排队进站，大约需要多少时间？

8-8　模拟扑克升级发牌

模拟扑克升级发牌，把含有大小王的共 54 张牌随机分发给 4 家，每家 12 张，底牌保留 6 张。

第9章 算法的综合应用与优化案例

本章综合应用前面所介绍的各种算法综合求解幂积序列、高斯皇后、翻转硬币、复杂路径探索与马步遍历等几个难度较高、拓展空间较大的实际案例，并对其中一些案例设计进行了适当引申、改进与优化。

本章的内容可作为"算法设计与分析课程设计"的素材。

9.1 幂积序列

设 x, y 为非负整数，试计算集合 $M = \{2^x \cdot 3^y \mid x \geq 0, y \geq 0\}$ 的元素不大于指定正整数 n 的个数，并求这些元素从小到大排序的第 m 项。

幂积序列与前面的"双幂序列"相比，复杂在"积"字上，即幂积序列的项既可以是 2 的幂与 3 的幂，也可以是这双幂的乘积。

幂积序列的前 8 项为：1, 2, 3, 4(2^2), 6(2*3), 8(2^3), 9(3^2), 12(2^2*3)。

我们在枚举设计及其优化的基础上，给出案例的两个递推设计，并引申到多幂积序列。

9.1.1 双幂积枚举设计

幂积序列的项 a 需不大于 n，同时为 2 与 3 的幂积，因而枚举设计可以针对以下两个方面展开：

（1）在 $[3, n]$ 区间内递增枚举 a，检测 a 是否为 2 与 3 的幂积；

（2）构造 2 与 3 的幂积，并在这些幂积中枚举 a，检测是否满足条件 $a \leq n$。

前一个枚举为升序，无须排序；而后一个枚举是有针对性枚举，须经排序才能指定幂积的第 m 项。

1. 在 $[3, n]$ 区间内递增枚举

（1）枚举要点

设元素从小到大排序的双幂积序列第 k 项为 $f(k)$，显然 $f(1)=1, f(2)=2$。

设置 a 循环，a 从 3 开始递增 1 枚举至 n，对每一个 a（赋值给 j，确保在以后的试商中保持 a 不变）逐次试用 2 试商，然后逐次试用 3 试商。

试商后若 $j > 1$，说明原 a 有 2、3 以外的因数，不属于该序列。

若 $j = 1$，说明原 a 只有 2、3 的因数，属于该序列，把 a 赋值给序列第 k 项。

由于实施从小到大枚举测试与赋值，所得项无疑是从小到大的双幂积序列。

当 a 达到指定的 n 时，退出循环，输出指定项 $f(m)$。

（2）枚举描述

```
// 按积在[3,n]中枚举
main()
{int k,m;
 long a,j,n,f[10000];
```

```
printf("　请指定 n, m: ");
scanf("%ld,%d",&n,&m);
f[1]=1;f[2]=2;k=2;
for(a=3;a<=n;a++)
   { j=a;
     while(j%2==0)  j=j/2;          // 反复用 2 试商
     while(j%3==0)  j=j/3;          // 反复用 3 试商
     if(j==1)
        { k++;f[k]=a;}              // 用 a 给 f[k]赋值
   }
printf("　幂序列中不大于%ld 的项数为:%d\n",n,k);
if(m<=k)
   printf("　从小到大排序的第%d 项为:%ld\n",m,f[m]);
else
   printf("　所输序号 m 大于序列的项数！\n");
}
```

（3）算法测试与说明

　请指定 n, m: 100000000,200
　幂序列中不大于 100000000 的项数为:244
　从小到大排序的第 200 项为:15116544

以上对区间[3,n]内的所有整数递增枚举的盲目性大，做了大量无效操作，致使算法的搜索效率较低。

2. 构造幂积有针对性枚举

（1）枚举要点

设置 f 数组，存储集合 M 中不大于指定整数 n 的元素。

设置 t2 数组，存储 2 的幂：t2[0]为 2^0，t2[1]为 2^1，…，t2[p2-1]为 2^{p2-1}。

设置 t3 数组，存储 3 的幂：t3[0]为 3^0，t3[1]为 3^1，…，t3[p3-1]为 3^{p3-1}。

设置 i,j 二重循环(i：0～p2-1；j：0～p3-1)，构造 t=t2[i]*t3[j]；其中当 i=0 时，t 即为 3 的幂；当 j=0 时，t 即为 2 的幂；当 i>0 且 j>0 时，t 为 2 与 3 的幂积。

若 t>n，超出范围，不对 f 数组赋值；

若 t≤n，对 f 数组赋值：k++;f[k]=t。

通过以上按幂有针对性枚举，求出集合 M 中不大于指定整数 n 的所有 k 个元素。对这 k 个元素进行排序，以求得从小到大排序的第 m 项。注意到集合 M 中不大于指定整数 n 的元素个数 k 不会太大，采用较为简明的"逐项比较"排序法是可行的。实施排序中，从小到大排序到第 m 项即可，没有必要对所有 k 个元素排序。

（2）构造幂积有针对性枚举描述

```
//构造幂积有针对性枚举
main()
{int i,j,k,m,p2,p3;
double d,n,t,t2[100],t3[100],f[10000];
printf("　请指定 n,m: ");scanf("%lf,%d",&n,&m);
t=1;p2=0;
while(t<=n) {t=t*2;p2++;t2[p2]=t;}
```

```
t=1;p3=0;
while(t<=n) {t=t*3;p3++;t3[p3]=t;}
t2[0]=t3[0]=1;k=0;
for(i=0;i<=p2-1;i++)
for(j=0;j<=p3-1;j++)
  { t=t2[i]*t3[j];
    if(t<=n) { k++;f[k]=t;}
  }
printf("  幂序列中不大于%.0f 的项数为:%d\n",n,k);
if(m<=k)
  { for(i=1;i<=m;i++)                    // 逐项比较排序
    for(j=i+1;j<=k;j++)
      if(f[i]>f[j]) { d=f[i];f[i]=f[j];f[j]=d;}
    printf("  从小到大排序的第%d 项为:%.0f\n",m,f[m]);
  }
else
  printf("  所输入的 m 大于序列的项数! \n");
}
```

3. 算法测试与分析

请指定 n，m: 1000000000000,500
幂序列中小于 1000000000000 的项数为:534
从小到大排序的第 500 项为:391378894848

（1）递增枚举复杂度分析

枚举算法简单明了，对整数 a 操作，每一个 a 进行除 2、除 3 操作，平均估算为 10 次，对 n 个数的操作为 10n 次，算法复杂度为 O(n)。

（2）构造幂积有针对性枚举复杂度分析

按幂枚举的双重循环次数要小于排序的双重循环次数。当 n 充分大时，如果按项数 $k < \sqrt[4]{n}$ 估计，该算法的排序频数小于 mk，因而算法的时间复杂度低于 $O(\sqrt{n})$。

测试实践可知，当 n 比较大时，按幂积有针对性枚举比递增枚举要快捷得多。

9.1.2 双幂积递推设计

注意到集合 $M = \{2^x \cdot 3^y \mid x \geq 0, y \geq 0\}$ 中，当 x+y=i 时，各元素与 x+y=i-1 时各元素之间有一定的关系可循，可考虑应用递推进行设计。

1. 递推排序设计

（1）确定递推关系

为探索 x+y=i 时，各项与 x+y=i-1 时各项之间的递推规律，剖析 x+y 的前几个值情形：

x+y=0 时，元素为 1（初始条件）；

x+y=1 时，元素有 2*1=2、3*1=3，共 2 项；

x+y=2 时，元素有 2*2=4、2*3=6、3*3=9，共 3 项；

x+y=3 时，元素有 2*4=8、2*6=12、2*9=18、3*3*3=27，共 4 项；

……

可归纳出以下递推关系：

x+y=i 时，序列共 i+1 项，其中前 i 项是 x+y=i-1 时的所有 i 项分别乘 2 所得；最后一项为 x+y=i-1 时的最后一项乘 3 所得（即 t=3^i）。

注意：对 x+y=i-1 的所有 i 项分别乘 2，设为 f[h]*2，必须检测是否小于 n 而大于 0。同样，对 t 也必须检测是否小于 n 而大于 0。只有小于 n 且大于 0 时才能赋值。

这里要指出，最后若干行可能不是完整的，即可能只有前若干项能递推出新项。为此设置变量 u：当一行有递推项时 u=1；否则 u=0。只有当 u=0 时停止，否则会影响序列的项数。

（2）以 n=1000 为例具体说明递推的实施

```
          f( 1)=1
i= 1:  f( 2)=2    f( 3)=3
i= 2:  f( 4)=4    f( 5)=6    f( 6)=9
i= 3:  f( 7)=8    f( 8)=12   f( 9)=18   f(10)=27
i= 4:  f(11)=16   f(12)=24   f(13)=36   f(14)=54   f(15)=81
i= 5:  f(16)=32   f(17)=48   f(18)=72   f(19)=108  f(20)=162  f(21)=243
i= 6:  f(22)=64   f(23)=96   f(24)=144  f(25)=216  f(26)=324  f(27)=486  f(28)=729
i= 7:  f(29)=128  f(30)=192  f(31)=288  f(32)=432  f(33)=648  f(34)=972
i= 8:  f(35)=256  f(36)=384  f(37)=576  f(38)=864
i= 9:  f(39)=512  f(40)=768
```

每一列的下一个数是上一个数的 2 倍。而每一行的最后一数为 3 的幂。

当所有递推项完成后，对所有 k 项应用逐项比较进行从小到大排序。

排序后输出指定的第 m 项。

（3）递推排序描述

```c
// 递推排序求解
main()
{int i, j, h, k, m, u, c[100];
 double d, n, t, f[10000];
 printf(" 请指定 n, m: "); scanf("%lf,%d", &n, &m);
 k=1; t=1.0; i=1;
 c[0]=1; f[1]=1.0;
 while(1)
  { u=0;
    for(j=0; j<=i-1; j++)
      { h=c[i-1]+j;
        if(f[h]*2<n && f[h]>0)        // 第 i 行各项为前一行各项乘 2
          { k++; f[k]=f[h]*2; u=1;
            if(j==0) c[i]=k;          // 该行的第 1 项的项数值赋给 c(i)
            }
        else break;
      }
    t=t*3;                            // 最后一项为 3 的幂
    if(t<n && t>0)
      { k++; f[k]=t; }                // 用 t 给 f[k]赋值
    if(u==0) break;
    i++;
 }
 for(i=1; i<=m; i++)                   // 逐项比较排序
 for(j=i+1; j<=k; j++)
   if(f[i]>f[j])
```

```
          { d=f[i];f[i]=f[j];f[j]=d;}
    printf("  幂序列中不大于%f 的项数为:%d\n",n,k);
    if(m<=k)
        printf("  从小到大排序的第%d 项为:%.0f\n",m,f[m]);
    else
        printf("  所输入的 m 大于序列的项数！\n");
}
```

2. 递推结合比较赋值设计

（1）设计要点

从 u=1、f(u)=1 开始，在已求得 f(u)的基础上,可递推求出 f(u+1)：求出各大于 f(u)的最小数，取其中最小者即为 f(u+1)。

递推结合比较赋值设置永真外循环，实施乘 2 的内循环。

首先，从 p=0 开始，若 q[p]≤f[u]，则递推得一个 3 的幂，即 q[p]=3^p，并赋给最小值标志量 h。

然后转入内循环 i(0～p-1)中，若 q[i]≤f[u]，则 q[i]乘 2,即 q[i]=2*q[i]。

然后 q[i]与 h 比较，即 2^j*3^i (i<p)与 3^p 比较，取较小者为 h。

若 h≤n，则 h 赋值给序列新的项，用 u 标记项数。

若 h>n，表明递推结合比较赋值完成，退出外循环，输出序列的项数 u 与序列中指定的项 f[m]后结束。

（2）递推结合比较赋值描述

```
// 求3^i * 2^j<n 的项数及从小到大排序的第 m 项
main()
{ int i,m,u,p;
  double n,h,f[10000],q[100];
  printf("  请指定 n，m: "); scanf("%lf,%d",&n,&m);
  u=1; f[u]=1.0;
  p=0; q[p]=1.0;
  while(1)
    { if(q[p]<=f[u]) { p++; q[p]=3*q[p-1]; }
      h=q[p];                          // 递推 3 的幂，q[p]=3^p
      for(i=0;i<p;i++)
        { if(q[i]<=f[u]) q[i]*=2; // 幂积 q[i]=2^j*3^i,j=1,2,3,…
          if(q[i]<h) h=q[i];
        }
      if(h>n) break;
      u++;f[u]=h;
    }
  printf("  幂序列中不大于%.0f 的项数为:%d\n",n,u);
  if(m<=u)
      printf("  从小到大排序的第%d 项为:%.0f\n",m,f[m]);
  else
      printf("  所输入的 m 大于序列的项数！\n");
}
```

3. 算法测试与分析

请指定 n，m：100000000000000，700
幂序列中小于100000000000000 的项数为：720
从小到大排序的第 700 项为：61004779879896

（1）递推排序算法复杂度分析

递推排序算法对序列项数进行操作，当 n 充分大时，项数 $k < \sqrt[4]{n}$ 。算法应用逐项比较排序，因而递推排序算法的时间复杂度低于 $O(\sqrt{n})$ 。

（2）递推结合比较赋值算法复杂度分析

外循环次数为序列项数 u，当 n 充分大时，项数 $u < \sqrt[4]{n}$ 。内循环 $i(0 \sim p-1)$，p 为幂指数 $3^p = n$，即 $p = \log_3 n$。注意到 p 是从 0 增长的，每一项按平均（即 p/2）估算，因而得递推结合比较赋值算法的复杂度为 $O(\sqrt[4]{n} \cdot \log_3 \sqrt{n})$。

当 n 充分大时，有 $\sqrt[4]{n} \cdot \log_3 \sqrt{n} < \sqrt{n}$ 。可见以上两种算法中，递推结合比较赋值算法的时间复杂度较低。

9.1.3 多幂积拓广

1. 问题拓广至多幂积

把以上的双幂积拓广至多幂积问题是有趣的，也是可行的。现以 3 幂积为例，展示多幂积问题的设计求解。

设 x, y, z 为非负整数，试计算集合 $M = \{2^x 3^y 5^z \mid x \geq 0, y \geq 0, z \geq 0\}$ 的元素不大于指定整数 n 的个数，求这些元素从小到大排序的第 m 项，并具体给出该项的幂积表达式。

2. 设计要点

考虑到递推规律的复杂性，拟采用构造幂积有针对性枚举设计求解。

设置 q 数组存储三个幂的底数，p 数组存储三个幂的指数，w 数组存储第 m 项的三个幂指数，f 数组存储序列的各项。同时，为便于操作，设置二维数组 $t(i, j)$ 存储第 i 个幂的指数为 j 的值，即 $t(i, j) = q(i)\hat{\ }j$。

当排序得到序列的第 m 项 $y = f(m)$ 后，应用分别除各幂底数得 y 的幂指数，并按规范的幂积形式输出：

（1）幂指数为 "0" 时不输出，为 "1" 时只输出底数，指数大于 1 时才输出指数。

（2）中间插入乘号 "*"，有一个乘号、两个乘号与没有乘号等多种可能情形，要满足所有这些情形的输出需要。

3. 按幂有针对性枚举描述

```
// 按幂有针对性枚举 3 幂积设计
main()
{ int i,j,u,k,m,p[4],q[4],w[4];
  double d,n,y,t[4][100],f[10000];
  printf(" 请指定 n, m: "); scanf("%lf,%d",&n,&m);
  q[1]=2;q[2]=3;q[3]=5;
  for(j=1;j<=3;j++) t[j][0]=1;
  for(j=1;j<=3;j++)
    { y=1;p[j]=0;
```

```
        while(y<=n) { y=y*q[j];p[j]++;t[j][p[j]]=y;}
    }                                         // 这里 t[j][p[j]]=q[j]^p[j]
    k=0;
    for(i=0;i<=p[1]-1;i++)
    for(j=0;j<=p[2]-1;j++)
    for(u=0;u<=p[3]-1;u++)
      { y=t[1][i]*t[2][j]*t[3][u];
        if(y<=n) { k++;f[k]=y;}
      }
    printf("  幂积序列中不大于%.0f 的项数为:%d\n",n,k);
    if(m<=k)
      { for(i=1;i<=m;i++)                     // 逐项比较排序
        for(j=i+1;j<=k;j++)
          if(f[i]>f[j]) { d=f[i];f[i]=f[j];f[j]=d;}
        y=f[m];
        for(j=1;j<=3;j++)
          { w[j]=0;
            while(fmod(y,q[j])==0)
                {w[j]++;y=y/q[j];}             // 计算各幂指数
          }
        printf("  从小到大排序的第%d 项为:%.0f=",m,f[m]);
        for(j=1;j<=3;j++)                       // 输出幂积式
          { if(w[j]==1) printf("%d",q[j]);
            if(w[j]>1) printf("%d^%d",q[j],w[j]);
            if(j<3 && w[j]>0 && w[j+1]+w[3]>0) printf("*");
          }
        printf("\n");
      }
    else
      printf("  所输入的 m 大于序列的项数！\n");
}
```

4. 算法测试与分析

> 请指定 n，m: 1000000000000, 2014
> 幂积序列中不大于 1000000000000 的项数为:3429
> 从小到大排序的第 2014 项为:8542968750=2*3^7*5^9

构造幂积枚举的循环次数一般要小于排序的循环次数，算法的时间按排序时间估算。当范围上限 n 充分大时，如果按项数 $k<\sqrt[4]{n}$ 估计，该算法的时间复杂度要低于 $O(\sqrt{n})$。

9.2　高斯皇后问题

高斯八皇后问题是著名数学大师高斯借助国际象棋高度抽象出来的一个形象而奇妙的组合数学问题，实际上是一个有着特殊要求的排列设计。

本节从高斯八皇后问题的枚举求解入手，综合应用回溯求解一般的 n 皇后问题，进而探讨拓广的皇后全控 n×n 棋盘问题。

9.2.1　高斯八皇后问题

1．高斯八皇后问题的背景

在国际象棋中，皇后可以吃掉同行、同列或同一斜线（斜线与棋盘边框成 45°角，下同）上的任何棋子，是攻击力最强的。

数学大师高斯（Gauss）于 1850 年由此抽象出著名的八皇后问题：在国际象棋的 8×8 方格的棋盘上如何放置 8 个皇后，使得这 8 个皇后不能相互攻击，即没有任意两个皇后处在同一横排、同一纵列或同一斜线上。

高斯当时认为有 76 个解。至 1854 年，在柏林的象棋杂志上不同的作者共发表了 40 个不同的解。高斯八皇后问题到底有多少个不同的解呢？

2．皇后问题解的表示

图 9-1 就是高斯八皇后问题的一个解。我们看到，图中的 8 个皇后既不同行、不同列，也没有同处一斜线上，即任意两个皇后都不相互攻击。

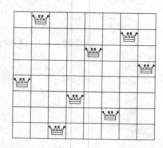

图 9-1　高斯八皇后问题的一个解

这个解如何简单地表示？

试用一个 8 位数表示高斯八皇后问题的一个解：8 位数的第 k 个数字为 j，表示棋盘上第 k 行的第 j 格放置一个皇后。由此可知，图 5-5 所示的解可表示为 27581463。

这一解是如何求得的？高斯八皇后问题共有多少个不同的解？

3．枚举求解要点

（1）设置枚举循环

设置枚举 a 循环，注意到解的范围应为区间[12345678，87654321]。而数字 1～8 的任意一个排列的数字和为 9 的倍数，即数字 1～8 的任意一个排列均为 9 的倍数，因而枚举循环的枚举范围定为[12345678，87654321]，其循环步长可优化为 9。

（2）任两个皇后不允许处在同一横排、同一纵列

要求 8 位数中，数字 1～8 各出现一次，不能重复。

设置 f 数组，分离 a 的 8 个数字，用 f(x) 统计 a 中数字 x 的个数。若 f(1)～f(8) 均等于 1，则数字 1～8 在 a 中各出现 1 次；否则返回。

（3）任两个皇后不允许处在同一斜线上

设置 g 数组，若 a 的第 k 个数字为 x，则 g(k)=x。要求解的 8 位数的第 j 个数字与第 k 个数字的绝对值不等于 j-k（设置 j>k）。若出现

$$|g(j)-g(k)|=j-k$$

表明 j 与 k 出现同处在与棋盘边框成 45°角的斜线上，则返回。

（4）输出所有解

在枚举范围内，同时通过以上（2）和（3）两道筛选的 8 位数即为一个解，打印输出（每行打印 6 个解），同时用变量 s 统计解的个数。

4. 枚举描述

```
// 枚举求解高斯八皇后问题
main()
 {int  s,k,i,j,t,x,f[9],g[9]; long a,y;
  s=0;
  printf("  高斯八皇后问题的解为:\n");
  for(a=12345678;a<=87654321;a=a+9)   // 步长为 9 枚举 8 位数
   { y=a;k=0;
    for(i=1;i<=8;i++) f[i]=0;
    for(k=1;k<=8;k++)
      { x=y%10;f[x]++;
        g[k]=x;y=y/10;               // 分离 a 各个数字并用 f、g 数组统计
      }
    for(t=0,i=1;i<=8;i++)
      if(f[i]!=1) {t=1;break;}        // 数字 1~8 出现不为 1 次，返回
    if(t==1) continue;
    for(k=1;k<=7;k++)                 // 同处在 45° 角的斜线上，返回
    for(j=k+1;j<=8;j++)
      if(abs(g[j]-g[k])==j-k)
        {t=1;k=7;break;}
    if(t==1) continue;
    s++;                             // 输出八皇后问题的解
    printf("%ld   ",a);
    if(s%6==0) printf("\n");
    }
  printf("\n 高斯八皇后问题共有以上%d 个解. \n",s);
 }
```

5. 算法测试与说明

```
高斯八皇后问题的解为:
  15863724   16837425   17468253   17582463   24683175   25713864
  25741863   26174835   26831475   27368514   27581463   28613574
  ……
  73825164   74258136   74286135   75316824   82417536   82531746
  83162574   84136275
高斯八皇后问题共有以上 92 个解.
```

以上枚举设计把循环步长定为 9 的优化处理，提高了枚举效率。

枚举法求解程序设计比较简单，速度相对较慢。但对于求解八皇后问题，速度还是可以承受的。

9.2.2 n 皇后问题

一般地，要求在 n×n 棋盘放置 n 个皇后，使它们互不攻击，即成为 n 皇后问题。它是八皇后问题的直接推广。

根据键盘输入的正整数 n，求出 n 皇后问题的所有解。

1. 回溯设计要点

设置数组 a(n)，数组元素 a(i) 表示第 i 行的皇后位于第 a(i) 列。

求 n 皇后问题的一个解，即寻求 a 数组的一组取值，该组取值中，每一元素的值互不相同（即没有任何两个皇后在同一行或同一列），且第 i 个元素与第 k 个元素相差不为 |i-k|，（即任两个皇后不在同一 45° 角的斜线上）。

问题的解空间是由整数 1～n 组成的 n 项数组，其约束条件是没有相同整数且每两个整数之差不等于其所在位置之差。

在永真循环中，a(i) 从 1～n 范围内取一个值。

为了检验 a(i) 是否满足上述要求，设置标志变量 g，g 赋初值 1。a(i) 逐个与其前面的元素 a(k) 比较：

x=a(i)-a(k);
if(x<0) x=-x;   // 确保 x 非负
if(x==0 || x==i-k) g=0;   // 相同或同处一条对角线上时返回

若出现 g=0，则表明 a(i) 不满足要求，a(i) 增 1 后再试，依此类推。

若 i=n 且 g=1，则满足要求，用 s 统计解的个数后，格式打印输出这组解。

若 i<n 且 g=1，表明还不到 n 个数，则 i 增 1 后，a(i) 从 1 开始赋值继续。

若 a(n)=n，则返回前一个数组元素 a(n-1) 增 1 赋值（此时，a(n) 又从 1 开始）再试。

若 a(n-1)=n，则返回前一个数组元素 a(n-2) 增 1 赋值再试。

一般地，若 a(i)=n（i>1），则回溯到前一个数组元素 a(i-1) 增 1 赋值再试。

直到 a(1)=n 时，已无法返回，意味着已完成回溯试探，求解结束。

2. 回溯设计描述

```
// n 皇后问题
main()
 {int i,g,k,j,n,s,x,a[20];
 printf("请输入整数 n:");  scanf("%d",&n);
 i=1;s=0;a[1]=1;
 while (1)
 {g=1;
   for(k=i-1;k>=1;k--)
    {x=a[i]-a[k];
     if(x<0) x=-x;                // 确保 x 非负
     if(x==0 || x==i-k) g=0;      // 相同或同处一条对角线上时返回
    }
    if(i==n && g==1)              // 满足条件时输出解
      {for(j=1;j<=n;j++)
          printf("%d",a[j]);
       printf("   ");
       s++;
       if(s%5==0) printf("\n");
      }
    if(i<n && g==1)
       {i++;a[i]=1;continue;}
```

```
        while(a[i]==n && i>1) i--;        // 往前回溯
        if(a[i]==n && i==1) break;
        else a[i]=a[i]+1;
     }
     printf("\n 共%d 个解. \n",s);
}
```

3. 算法测试与说明

请输入整数 n:7
1357246	1473625	1526374	1642753	2417536
2461357	2514736	2531746	2574136	2637415
......				
6471352	7246135	7362514	7415263	7531642

共 40 个解.

测试时若输入 n=8，即输出高斯八皇后问题的所有 92 个解。

注意：若 n＞10，输出解的数值间需用空格隔开。

9.2.3　皇后全控棋盘

在 8×8 的国际象棋棋盘上，如何放置 5 个皇后，可以控制棋盘的每一个格子而皇后之间不能相互攻击呢？

图 9-2 是 5 皇后控制 8×8 棋盘的一个解。

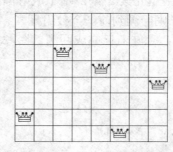

图 9-2　5 皇后控制 8×8 棋盘的一个解

我们看到，图中的 5 个皇后互不攻击，且能控制棋盘 64 格中的每一个格，是符合题意要求的解。

一般地，如何求解 r 个皇后全控 n×n 棋盘呢？

1. 控制棋盘解的表示

这类皇后控制棋盘解如何简单地表示？

试用一个 8 位数表示 5 皇后控制 8×8 棋盘的一个解：8 位数解的第 k 个数字为 j，表示棋盘上的第 k 行的第 j 格放置一个皇后。如果 j=0，表示该行没放皇后。显然，图 9-2 所示的解可表示为 00358016。

r 个皇后全控 n×n 棋盘的解则用一个 n 个整数的数组表示，其中 n-r 个为零。

2. 递归设计要点

（1）递归函数 p(k)设计

递归函数 p(k)针对 r 个皇后全控 n×n 棋盘的数字解，即 n 位数中的第 k 位数字 a(k)展开的。

设 a(k) 取值为 i（0,1,…,n），a(k) 逐一与已取值的 a(j)（j=1,2,,k-1）比较：

若 a(j) 为正且 a(k)=a(j)，或 a(k) 与 a(j) 都为正 |a(k)-a(j)|=k-j，显然不符合题意要求（不同行同列，也不同对角线），记 u=1，即为 a(k) 取值不妥，表示该行该列已放不下皇后，于是 a(k) 继续下一个 i 取值。否则符合题意要求，u=0，即为所取 a(k) 妥当。此时检测所完成的行数：

若 k=n 成立，完成了 n 个数的赋值。此时还需做以下两件事：

1）设计一个循环统计"0"的个数是否为 n-r 个。

2）设计函数 g()，检测此时 r 个皇后是否全控 n×n 整个棋盘（若全控，g() 返回 0）。

若 k=n，"0"的个数 h=n-r 且 g()=0，按格式输出一个数字解，并用 s 统计解的个数。

若 k=n 不成立，未完成 n 行，继续调用 p(k+1)，探讨下一行取值。

（2）全控检测函数 g() 设计

设置二维 b 数组描述棋盘的每一格，检测前所有元素赋"0"，凡能控制的格赋"1"。

对被检测的 n 位数（其中有 n-r 个零），设置 f 循环从高位开始逐位检测 r 个正整数，若第 f 位数字 a(f)>0，即第 f 行有一个皇后，该皇后能控制哪些格呢？

设置 j（1~n）重循环：

首先能控制第 f 行，即 b(f,j)=1（j=1,2,…,n）。

其次能控制第 a(f) 列，即 b(j,a(f))=1（j=1,2,…,n）。

再次，能控制两斜线上的所有格，令行号为 c，即若 |c-f|=|j-a(f)|，则 b(c,j)=1。把行号 c 表示为 j、f、a(f) 的函数：

$$c=f\pm|j-a(f)| \quad (1\leqslant f\pm|j-a(f)|\leqslant n)$$

对 n 位数中所有 r 个正整数全控制完后，若检查 b(1,1) 至 b(n,n) 全为"1"，则表示全控，返回的 t 值为 0；只要 b(1,1) 至 b(n,n) 中存在"0"，则表示不能全控，返回的 t 值为 1。

（3）主程序中调用 p(1)，最后返回 s 值，即 r 个皇后全控 n×n 棋盘解的个数。

3. 递归算法描述

```
// r 个皇后全控 n×n 棋盘
int r,n,a[30]; long s=0;
main()
{ int p(int k);
 printf(" r 个皇后全控 n×n 棋盘，请输入 r,n: "); scanf("%d,%d",&r,&n);
 p(1);                              // 从第 1 个数开始
 printf("\n %d 个皇后全控%d×%d 棋盘，共以上%ld 个解. \n",r,n,n,s);
}
// 皇后全控递归函数
int p(int k)
{int h,i,j,u;
 int g();
 if(k<=n)
   { for(i=0;i<=n;i++)
     { a[k]=i;                        // 探索第 k 个数赋值 i
       for(u=0,j=1;j<=k-1;j++)
         if(a[j]!=0 && a[k]==a[j] || a[k]*a[j]>0 && abs(a[k]-a[j])==k-j)
                u=1;                   // 若出现非零元素相同或同斜行，则 u=1
         if(u==0)                      // 若第 k 数可置 i，则检测是否 n 个数
```

```
        { if(k==n)                        // 若已到 n 个数，则检测 0 的个数
            { for(h=0, j=1; j<=n; j++)
                if(a[j]==0) h++;
              if(h==n-r)                   // 若相同元素 0 的个数为 n-r 个，输出一排列
                {if(g()==0)                // 调用检测棋盘是否全控函数 g()
                    { s++; printf(" ");
                      for(j=1; j<=n; j++)
                          printf("%d", a[j]);
                      if(s%5==0) printf("\n");
                    }
                }
            }
          else  p(k+1);                    // 若没到 n 个数，则探索下一个数 p(k+1)
        }
      }
    }
  return s;
}
// 检测棋盘是否全控函数
int g()
{ int c, f, j, t, b[20][20];
  t=0;
  for(c=1; c<=n; c++)
  for(j=1; j<=n; j++)
      b[c][j]=0;
  for(f=1; f<=n; f++)
    {if(a[f]!=0)
      { for(j=1; j<=n; j++)
        { b[f][j]=1;                       // 控制同行
          b[j][a[f]]=1;                    // 控制同列
          if(f+abs(a[f]-j)<=n)             // 控制两斜线
            b[f+abs(a[f]-j)][j]=1;
          if(f-abs(a[f]-j)>=1)
            b[f-abs(a[f]-j)][j]=1;
        }
      }
    }
  for(c=1; c<=n; c++)
  for(j=1; j<=n; j++)
    if(b[c][j]==0) {t=1; c=n; break;}      // 棋盘中有一格不能控制，t=1
  return t;
}
```

4. 算法测试与分析

```
r 个皇后全控 n×n 棋盘，请输入 r, n: 5, 8
 00035241 00042531 00046857 00047586 00052413
 00053142 00057468 00064758 00260751 00357460
 ……
 86001047 86001407 86010730 86020730 86107003
 86170002 86200730 86475000
5 个皇后全控 8×8 棋盘，共以上 728 个解.
```

以上的 n 皇后问题与皇后全控 n×n 棋盘问题都是特殊的排列问题，数量都非常大。枚举排列 A(n,m) 的处理频数为 n^{m-1}，回溯有"回头"，处理频数自然要小一些，其数量级仍是 n^{m-1}，时间复杂度很高。

5. 皇后全控 n×n 棋盘与 n 皇后问题的关系

运行程序输入 n=8，r=4，没有解输出，可见对 8×8 格棋盘不可能设置 4 皇后全控，至少要 5 个皇后才能全部控制。

综合 r 个皇后控制 n×n 棋盘（3≤r≤n≤9）的解数如表 9-1 所示。

表 9-1　r 皇后控制 n×n 棋盘（3≤r≤n≤9）的解数

皇后数 r	4×4	5×5	6×6	7×7	8×8	9×9
3	16	16	0	0		
4	2	32	120	8	0	0
5		10	224	1262	728	92
6			4	552	6912	7744
7				40	2456	38732
8					92	10680
9						352

从表各列上端的非零项可知，全控 8×8 或 9×9 棋盘至少要 5 个皇后，全控 6×6 或 7×7 棋盘至少要 4 个皇后。

同时，由表 8×8 列的下端可知，用 8 皇后控制 8×8 棋盘（显然是全控），实际上即高斯八皇后问题，共有 92 个解。

从表中其他各列的下端知 6 皇后问题有 4 个解，而 7 皇后问题有 40 个解等。当输入 r=n 时，即输出 n 皇后问题的解。也就是说，以上设计求解的 r 个皇后控制 n×n 棋盘问题引伸与推广了 n 皇后问题。

最后指出，若 n≥10，为避免解中的二位数与一位数的混淆，输出解时，须在两个 a 数组元素之间加空格。

9.3　翻转硬币

考虑一个翻硬币游戏。有 m（m<10000）行硬币，每行有 9 个，排成一个 m×9 的矩阵，有的硬币正面朝上，有的硬币反面朝上。

我们每次可以把一整行或者一整列的所有硬币翻过来，请问怎么翻，使得正面朝上的硬币尽量多？

9.3.1　m×9 矩阵枚举设计

针对矩阵的列固定为 9，试应用枚举求解这类特定硬币矩阵的翻转问题。

1. 枚举设计要点

（1）二重枚举设计

翻币操作只能一整行或一整列，注意到对某一列翻转任何奇数次的效果等同于对该列翻转 1 次，翻转任何偶数次的效果等同于对该列不翻转（即 0 次），行翻转操作类似。因此，我们只考虑对矩阵的任意行或列翻转 1 次或不作翻转。

考察对矩阵的 9 列翻币操作，每列有两个选择：翻与不翻。9 列共有 2^9=512 种情形。

分析翻币后所得正面朝上的硬币最多的局面（简称为最优局面）：

此时对列的翻币操作为所有 512 种列操作的情形之一，而此时 m 行的每一行的正面数均大于 4，即正面数大于反面数（否则，翻转该行，正面数会增加，与正面数最多矛盾）。

因而可设置二重枚举：

首先枚举 9 列，共有 2^9=512 种列操作；

对每一种列操作，枚举 m 行翻币，若该行正面小于反面，则整行翻转。

分别统计 512 种列操作情形的各行正面数最多的矩阵正面数之和 s，512 个 s 分别与最大值 max 比较，以求得矩阵正面数的 max。

（2）二进制枚举

如何枚举 512 种列操作，这是整个枚举设计的关键。

对于 9 列操作，设翻转列用"1"表示，不翻则用"0"表示，则所有 512 个列操作对应 512 个互不相同的 9 位 0-1 串，例如串"010000011"表示第 1、2、8 列进行列翻转，其余列不动。

因而可应用"除 2 取余"法分别把 0～511 这 512 个整数转化为二进制数，不足 9 位高位补"0"。

（3）硬币矩阵与翻转标志

设置二维数组 a[i][j] 存储硬币矩阵 0-1 元素，"1"表示正面，"0"表示反面。

行翻转和列翻转只从理论上用数组元素标记，并没有真正实行各个币的翻转操作。最后所得最优硬币矩阵根据最优标记输出。标记数组为：

设置数组 tr[i] 为第 i 行翻转标志，tc[j] 为第 j 列翻转标志，数字"1"表示翻转，"0"表示不翻转。

设置数组 sr[i] 为最优状态的第 i 行翻转标志，sc[j] 为最优状态的第 j 列翻转标志。

设置 r 统计每一行的正面最大值，s 统计所有列操作情形下整个矩阵的正面最大值，max 为各情形比较后所得最优局面的正面最大值，即目标值。

对硬币 a[i][j]，若 tr[i]=0 且 tc[j]=0，表明该币未作任何翻转，a[i][j] 维持不变；

若 tr[i]=1 且 tc[j]=0，表明该币作行翻转，a[i][j] 变为 1-a[i][j]；

若 tr[i]=0 且 tc[j]=1，表明该币作列翻转，a[i][j] 变为 1-a[i][j]；

若 tr[i]=1 且 tc[j]=1，表明该币作行与列翻转，a[i][j]a[i][j] 维持不变。

（4）枚举设计描述

```
// 翻转 m×9 硬币枚举设计
main()
{ FILE *fp;char fname[30];              // 硬币矩阵从文件输入
  long s,max;
  int c,d,i,j,h,t,m,k,r;
  int a[10000][10];                     // 硬币矩阵
  int tr[10000],tc[10];                 // 行列翻转标志数组
  int sr[10000],sc[10];                 // 行列最优标志保存数组
  max=0;s=0;
```

```
      printf("  请输入数据文件名: ");
      gets(fname);                                // 输入数据文件
      if((fp=fopen(fname,"r"))==NULL)
          { printf( "The file was not opened!" ); return;    }
      printf("  请输入矩阵行: "); scanf("%d",&m);
      for(i=1;i<=m;i++)
      for(j=1;j<=9;j++)
        { fscanf(fp,"%d",&a[i][j]);               // 从文件读数据到二维 a 数组
          s+=a[i][j];
        }
      for(i=1;i<=m;i++)                           // 输出矩阵的原始数据
        { for(j=1;j<=9;j++)
            printf("%3d",a[i][j]);
          printf("\n");
        }
printf("  初始状态共有%4d 个正面. \n",s);
for(c=0;c<=511;c++)
  { for(k=1;k<=9;k++) tc[k]=0;
    d=c;k=0;
    while(d>0)
      { k++;tc[k]=d%2;d=d/2;}                     // 除 2 取余法, c 转化为二进制
    s=0;
    for(k=1;k<=m;k++)                             // 在固定列翻转的情况下决定各行是否翻转
      { r=0;
        for( h=1;h<=9;h++)
          { if(tc[h]) r+=1-a[k][h];               // 第 h 列翻转
            else  r+=a[k][h];                     // 第 h 列不翻转
          }
        if(2*r<9) { tr[k]=1; s+=9-r;}             // 第 k 行翻转
        else {tr[k]=0; s+=r;}                     // 第 k 行不翻转
      }
    if(s>max)                                     // 比较求最大值 max
      { max=s;
        for(t=1;t<=m;t++) sr[t]=tr[t];            // 更新最优记录翻转的标志
        for(t=1;t<=9;t++) sc[t]=tc[t];
      }
  }
  printf("  翻转下列列:");                         // 输出最优翻转记录
  for(j=1;j<=9;j++)  if(sc[j]) printf("%d ",j);
  printf("\n  翻转下列行:");
  for(i=1;i<=m;i++)  if(sr[i]) printf("%d ",i);
  printf("\n  最优硬币矩阵为:\n");                  // 输出硬币矩阵
  for(i=1;i<=m;i++)
    { for(j=1;j<=9;j++)
        if(sr[i]!=sc[j]) printf("%3d",1-a[i][j]); // 行或列只翻 1 次时
        else  printf("%3d",a[i][j]);              // 行与列都未翻或都翻时
      printf("\n");
    }
```

```
    printf("  翻转后硬币正面最多为:%ld\n",max);
}
```

（5）算法测试与分析

| 请输入数据文件名: 91.txt | 翻转下列行: 1　6　7 |

请输入数据文件名: 91.txt　　　　　翻转下列行: 1　6　7

请输入矩阵行: 10　　　　　　　　翻转下列列: 1　3　4

最优硬币矩阵为:

```
1 0 1 0 0 0 0 0 1          1 1 1 0 1 1 1 1 0
0 1 1 0 0 0 1 1 1          1 1 0 1 0 0 1 1 1
0 1 1 0 1 1 0 0 1          1 1 0 1 1 1 0 0 1
0 0 0 0 1 1 0 1 1          1 0 1 1 0 1 0 1 1
0 0 0 0 1 1 1 0 0          1 0 1 1 1 1 1 0 0
1 0 1 1 0 1 0 0 1          1 1 1 1 0 1 0 1 0
0 0 1 1 0 0 0 0 0          0 1 1 1 1 1 1 1 1
0 1 0 1 1 0 0 0 0          1 1 1 1 1 1 0 0 0
1 1 0 1 1 0 1 1 1          0 1 1 0 1 0 1 1 1
0 0 1 0 1 0 1 1 1          1 0 0 1 1 0 1 1 1
```

初始状态共有　43 个正面.　　　　翻转后硬币正面最多为:64

考虑到硬币矩阵输入量较大，算法采用由文件输入矩阵数据。

分析以上枚举设计，因为固定 9 列，列操作次数不超过 2*9*512 次。

对每一列操作情形下枚举 m 行，显然枚举时间是关于 m 的线性复杂度。

实际测试当 m<10000 时，算法运行快捷，且主要用于原始与最优矩阵的打印输出。

2. 问题拓广与算法加速

（1）问题拓广

对于任何一个原始矩阵，所得最大值是最优的，当然是唯一的。但体现最大值的最优局面可能有多个，得到最优局面的翻转过程也相应有多种，其中必存在一种翻转行列次数最少的操作。因而把原翻转硬币问题作以下拓广：

对一个已知的 m×9 的硬币矩阵，我们可以把一整行或一整列的所有硬币翻过来，那么如何用行列翻转的最少次数，使得正面朝上的硬币尽可能多？

这里有一个最大值，即正面朝上的硬币个数的最大值；也有一个最小值，即实现硬币个数最大值的翻转操作次数为最小值。

（2）互补过程

如果把某一操作过程的列翻转与行翻转中的 0、1 全部取反，即"0"变为"1"，而"1"变为"0"，所得到的过程与原过程互补。

例如，过程"011011010"与"100100101"互补。

所有互补过程有以下有趣的性质：对任一硬币矩阵，两个互补过程翻转所得到的矩阵相同。

例如，考察矩阵中的任一元素 a[i][j]:

若"第 i 行与第 j 列都翻"与"第 i 行与第 j 列都不翻"互补，此时 a[i][j] 保持不变，效果相同。

若"第 i 行翻同时第 j 列不翻"与"第 i 行不翻同时第 j 列翻"互补、"第 i 行不翻同时第 j 列翻"与"第 i 行翻同时第 j 列不翻"互补，此时 a[i][j] 改变。

因而可知，两个互补过程翻转所得到的矩阵相同，且任何两个互补过程的行列翻转次数之和为矩阵的行与列之和，即为 m+9。

例如，上面数据测试对 10 行 9 列硬币矩阵的翻转过程：列 1,3,4(000001101)，行 1,6,7(0001100001)，行列共翻转 6 次；其互补过程为：列 2,5,6,7,8,9(111110010)，行 2,3,4,5,8,9,10(1110011110)，行列共翻转 13 次。这对互补过程的翻转结果相同，这两个互补过程的行列翻转次数之和为 19。

（3）加速机理

根据互补过程翻转效果相同，达到最优局面的翻转操作过程至少有一对（某些矩阵可能有多对）互补过程，其中一个的列翻转是由小于 256 的数通过二进制转换产生的 0-1 串，而其互补过程的列操作则是由大于 256 的数通过二进制转换产生的 0-1 串。

因而在枚举列操作时可以减半，即可以把枚举循环

$$\text{for}(c=0;c<=511;c++)$$

改进为：

$$\text{for}(c=0;c<=255;c++)$$

这样，可使得算法效率加速一倍。

（4）求最少翻转次数

设置数组 p 和 q，记录枚举过程中可能达到最大的整数 c 与 max 值赋值给 p、q 数组：

$$p[e]=c;q[e]=max;（下标 e 从 1 开始递增）$$

枚举完成后，所有 q[e] 逐一与最终确定的 max 值比较，找出过程中达到最大的数 p[e]。

对每一个达到 max 的整数 p[e]，求得达到 max 的翻转次数 s。

若 2*s>m+9，表明 p[e] 的翻转次数 s 大于其互补过程的次数 m+9-s。为了比较求最少次数 min 的需要，此时取 s=m+9-s（即其互补过程的次数），同时把记录翻转过程的数组值 tc 与 tr 改为其互补过程的值。

通过比较 s 求最少的翻转次数 min 时，用数组 sc 与 sr 记录翻转过程，为最后打印最少次数翻转达到的最优局面提供依据。

（5）问题拓广与加速改进算法描述

```
// 翻转 m×9 硬币最多正面最少翻转次数枚举设计
main()
{ long s,max;
  int c,d,e,r,i,j,m,k,h,t,min;
  int a[10000][10];                    // 硬币矩阵
  int p[100],q[100];                   // 候选最优数据
  int tr[10000],tc[10];                // 行列翻转标志数组
  int sr[10000],sc[10];                // 行列最优标志保存数组
  max=0;s=0;min=10000;
  printf("  请输入矩阵行: ");
  scanf("%d",&m);                      // m 行矩阵
  printf("  随机产生硬币矩阵数据.\n");
  t=time(0)%1000; srand(t);            // 随机数发生器初始化
  for(i=1;i<=m;i++)
  for(j=1;j<=9;j++)
    s+=a[i][j]=rand()%2;               // 随机生成硬币矩阵
  printf("  开始时硬币矩阵为(1 正面, 0 反面):\n");
  for(i=1;i<=m;i++)                    // 输出矩阵的原始数据
```

```
      { for(j=1;j<=9;j++)
            printf("%3d",a[i][j]);
        printf("\n");
      }
    printf("  初始状态共有%ld 个正面. \n",s);
    e=0;
    for(c=0;c<=255;c++)
    {for(k=1;k<=9;k++)  tc[k]=0;
     d=c;k=0;
     while(d>0)
        { k++;tc[k]=d%2;d=d/2;}              // 除 2 取余法,c 转化为二进制
     s=0;
     for(k=1;k<=m;k++)                        // 在固定列翻转的情况下决定各行的最优选
        { r=0;
          for( h=1;h<=9;h++)
            { if(tc[h]) r+=1-a[k][h];          // 第 h 列翻转
              else   r+=a[k][h];               // 第 h 列不翻转
            }
            if(2*r<9)  s+=9-r;                 // 第 k 行翻转
            else   s+=r;                       // 第 k 行不翻转
        }
      if(s>=max)                               // 比较求最大值 max
        { max=s;e++;p[e]=c;q[e]=max; }         // 记录候选最优数据
    }
    for(i=1;i<=e;i++)
       if(q[i]==max)
         { for(k=1;k<=9;k++)  tc[k]=0;
           d=p[i];k=0;
           while(d>0)
             { k++;tc[k]=d%2;d=d/2;}           // 除 2 取余法,c 转化为二进制
           for(k=1;k<=m;k++)
            { r=0;
              for( h=1;h<=9;h++)
                { if(tc[h]) r+=1-a[k][h];      // 第 h 列翻转
                  else   r+=a[k][h];           // 第 h 列不翻转
                }
                if(2*r<9)  tr[k]=1;            // 第 k 行翻转
                else tr[k]=0;                  // 第 k 行不翻转
            }
           for(s=0,t=1;t<=9;t++)  s+=tc[t];
           for(t=1;t<=m;t++)  s+=tr[t];        // s 统计行列翻转次数
           if(2*s>m+9)
             { s=m+9-s;                        // 互补翻转次数更小
               for(t=1;t<=9;t++)  tc[t]=1-tc[t];
               for(t=1;t<=m;t++)  tr[t]=1-tr[t];
             }
           if(s<min)                           // 比较求最少的翻转次数 min
           {min=s;
```

```
          for(t=1;t<=9;t++)  sc[t]=tc[t];          // 记录最少次数时的翻转列与行
          for(t=1;t<=m;t++)  sr[t]=tr[t];
      }
   }
   printf("　翻转下列列:");                       // 输出最优记录的翻转行列
   for(j=1;j<=9;j++) if(sc[j]) printf("%d  ",j);
   printf("\n　翻转下列行:");
   for(i=1;i<=m;i++) if(sr[i]) printf("%d  ",i);
   printf("\n　整行与整列翻转最少次数为:%d\n",min);
   printf("　最优硬币矩阵为:\n");
   for(i=1;i<=m;i++)
    { for(j=1;j<=9;j++)
        if(sr[i]!=sc[j]) printf("%3d",1-a[i][j]);   // 行或列只翻 1 次时
      else  printf("%3d",a[i][j]);                  // 行与列都未翻或都翻时
      printf("\n");
    }
   printf("　翻转后硬币正面最多为：%ld\n",max);
}
```

3. 算法测试与分析

请输入矩阵行: 12	翻转下列列:4　6
随机产生硬币矩阵数据.	翻转下列行:2　4　6　10　11　12
开始时硬币矩阵为(1 正面，0 反面):	整行与整列翻转最少次数为:8
	最优硬币矩阵为:

```
0 1 1 0 1 0 1 0 0          0 1 1 1 1 1 1 0 0
0 0 0 1 0 0 1 0 1          1 1 1 1 1 0 0 1 0
1 0 1 0 1 1 1 0 1          1 0 1 1 1 0 1 0 1
1 0 1 1 0 1 0 0 0          0 1 0 1 1 1 1 1 1
0 1 0 1 1 0 1 0 1          0 1 0 0 1 1 1 0 1
1 0 0 1 1 1 0 0 1          0 1 1 0 1 0 1 1 0
1 1 1 1 1 0 1 1 1          1 1 1 0 1 1 0 1 1
1 1 0 1 0 0 1 0 1          1 1 1 1 1 1 0 1 1
1 1 0 1 0 0 1 1 1          1 1 0 0 1 1 1 1 1
0 0 0 0 1 0 1 1 1          1 1 1 1 1 1 1 0 0
0 0 0 0 0 0 1 0 0          1 1 1 0 1 0 0 1 0
0 1 1 0 0 0 1 0 0          1 0 0 1 1 0 0 1 1
```

初始状态共有 57 个正面.　　　　　　　翻转后硬币正面最多为:77

尽管在原有求最优值的基础上增加了求最少次数的设计，该算法比原枚举算法的效率增加了一倍。

以上算法对于列的增长，其时间增长是指数的。即矩阵每增长 1 列，则时间增长一倍。例如，对于扩展的 m×10 硬币矩阵，其时间是 m×9 矩阵的一倍。

9.3.2　m×n 矩阵回溯设计

问题拓广：自然地把 m×9 硬币矩阵拓广为一般 m 行 n 列的 m×n 硬币矩阵，实施整行或整列翻转，如何实施翻转，使得矩阵正面朝上的硬币尽可能多？

1. 回溯设计要点

采用回溯法实现对 n 列翻转操作的完全枚举。

由以上互补过程可知，为缩减翻转过程，可约定 tc[n]=0；也就是说，只设计 n-1 个变量 tc[j]（j=1, 2, ⋯, n-1）在{0, 1}中取值，这样可减少对 tc[n]=1 情形的探索。

为实现 tc[j]（j=1, 2, ⋯, n-1）在{0, 1}中取值：

（1）tc 数组赋初值

```
while(j<n-1) { j++;tc[j]=0;}
```

（2）当对 tc[j]=0 操作完成后，在 tc[j]<2 的前提下 tc[j]增值：tc[j]++;

（3）回溯实现

```
while(tc[j]==2) {j--; tc[j]++;}
```

对 n-1 列取值后，进行各行的统计与操作，并比较得最大值 max。

2. 回溯设计描述

```
// m×n 硬币矩阵回溯设计
main()
{ FILE *fp;char fname[30];
  int i,j,m,n,k,s,r1,r2,h,max,t;
  int a[100][100];                    // 硬币矩阵
  int tr[100],tc[100];                // 行列翻转标志数组
  int sr[100],sc[100];                // 最优状态标志数组
  max=0;
  printf(" 请输入数据文件名: ");
  gets(fname);                        // 输入数据文件
  if((fp=fopen(fname,"r"))==NULL)
    { printf( "The file was not opened! " ); return;}
  printf(" 请输入矩阵行、列数: "); scanf("%d,%d",&m,&n);
  for(i=1;i<=m;i++)
  for(j=1;j<=n;j++)
    { fscanf(fp,"%d",&a[i][j]);       // 从文件读数据到二维 a 数组
      max+=a[i][j];
    }
  printf(" 开始时硬币矩阵为(1 正面，0 反面):\n");
  for(i=1;i<=m;i++)                   // 输出矩阵的原始数据
   { for(j=1;j<=n;j++)
       printf("%3d",a[i][j]);
     printf("\n");
   }
  printf(" 共有%4d 个正面.\n",max);
  j=1; tc[j]=0; tc[n]=0;              // 开始从搜索各列翻转情况入手
  while(j>0)
  { while(j<n-1) { j++;tc[j]=0;}
    while(tc[j]<2)
    { s=0;
      for(k=1;k<=m;k++)              // 在固定列翻转情况下各行的最优选择
      { r1=r2=0;
        for( h=1;h<=n;h++)           // 统计第 k 行的正面数
          { r1+=tc[h]?a[k][h]:1-a[k][h];   // 第 k 行翻转的情况
            r2+=tc[h]?1-a[k][h]:a[k][h];   // 第 k 行不翻转的情况
          }
```

```
            if(r1>r2)  {  tr[k]=1;  s+=r1;}
            else  {tr[k]=0;  s+=r2;}
          }
        if(s>max)
         { max=s;
            for(t=1;t<=m;t++)  sr[t]=tr[t];
            for(t=1;t<=n;t++)  sc[t]=tc[t];
          }
        tc[j]++;
      }
      while(tc[j]==2)  {j--;  tc[j]++;}
    }
    printf("  翻转下列行:");
    for(i=1;i<=m;i++)
      if(sr[i])  printf("%d  ",i);
    printf("\n  翻转下列列:");
    for(j=1;j<=n;j++)
      if(sc[j])  printf("%d  ",j);
    printf("\n  最优硬币矩阵为:\n");
    for(i=1;i<=m;i++)
      { for(j=1;j<=n;j++)
          printf("%3d",sr[i]+sc[j]==1?1-a[i][j]:a[i][j]);
        printf("\n");
      }
  printf("  此时硬币正面最多为:%d\n",max);
```

// 统计矩阵的正面数 s

// 更新最优记录，并保存翻转的标志

// 实施回溯

// 输出翻转行列

// 输出最优硬币矩阵

3. 算法测试与分析

请输入数据文件名: 92.txt
请输入矩阵行、列数: 12, 12
开始时硬币矩阵为 (1 正面, 0 反面):

```
1 0 0 1 0 0 1 0 1 0 0 0
0 0 0 0 1 1 0 1 0 0 1 1
1 1 1 1 0 1 0 0 1 1 1 1
0 0 0 1 0 0 0 1 0 0 0 1
1 1 1 1 0 1 0 0 0 0 0 0
1 0 1 1 0 1 0 1 0 1 1 0
1 0 0 0 0 0 0 1 1 1 1 1
0 1 0 0 0 1 0 1 0 0 0 0
1 1 0 1 0 0 1 1 0 0 1 0
0 0 1 1 1 1 0 0 0 1 1 1
0 0 0 1 1 1 0 0 1 1 1 0
1 0 0 1 1 0 1 0 1 0 1 1
```

共有 67 个正面.

翻转下列行:1 4 5 8 9
翻转下列列:2 7 8
最优硬币矩阵为:

```
0 0 1 0 1 1 1 0 0 1 1 1
0 1 0 0 1 1 1 0 0 0 1 1
1 0 1 1 0 1 1 1 1 1 1 1
1 0 1 0 1 1 0 1 1 1 1 0
1 0 1 0 1 0 1 1 0 1 1 1
1 0 1 1 0 1 0 1 1 1 1 0
1 1 0 1 1 1 0 0 0 0 0 0
1 1 0 0 0 0 1 0 1 1 1 1
1 1 0 1 0 0 1 0 1 1 1 1
1 1 1 0 1 1 1 1 1 1 1 1
1 1 1 1 1 1 1 0 0 1 1 1
1 1 0 1 0 0 1 0 0 1 0 1 1
```

此时硬币正面最多为:99

回溯设计的时间复杂度为 $O(mn2^n)$。若矩阵的行数小于列数（m<n）时，可以实施行列对换，以缩减枚举时间。

由于完全枚举的时间是指数级的，当列数每增加 1，则运行时间增长一倍。当矩阵的 (m,n) 的规模增加到 (20, 20) 以后，算法的运行速度降低很快。

4. 回溯加速

（1）加速要点

把列的翻转标志数组各个元素直接作为二进制数的各个位。从 1 开始，每次增加 1，按逢 2 进 1 的规则列举各列的翻转情况。

在运算速度上也有改进。除了列举各列的速度提高以外，还增加一个记录各行和的数组。由于从列的翻转标志数组的列举顺序来看，相邻两种组合间只有前面若干个 tc[j] 由 1 变成 0，然后接着一个 tc[j] 由 0 变成 1。所以只要修改行和少数值即可，这样一来就节省了大量的运算时间。

（2）加速回溯设计描述

```
// 加速回溯设计
main()
{ int i,j,m,n,k,s,max,t;
  int a[100][100];                // 硬币矩阵
  int r[100];                     // 各行的和
  int tr[100],tc[100];            // 行列翻转标志数组
  int sr[100],sc[100];            // 最优状态标志数组
  max=0;
  printf(" 请输入矩阵行、列数: ");
  scanf("%d,%d",&m,&n);
      t=time(0)%1000; srand(t);   // 随机数发生器初始化
  for(i=1;i<=m;i++)
  { r[i]=0;
    for(j=1;j<=n;j++)
    r[i]+=a[i][j]=rand()%2;
    max+=r[i];
   }
  printf(" 游戏开始时硬币矩阵为(1 表示正面，0 表示反面):\n");
  for(i=1;i<=m;i++)               // 输出矩阵的原始数据
   { for(j=1;j<=n;j++)
       printf("%3d",a[i][j]);
     printf("\n");
   }
  printf(" 共有%4d 个正面.\n",max);
  for(j=1;j<=n+1;j++)
    tc[j]=sc[j]=0;                // 初始化各列翻转标志，n+1 为终止标记
  for(i=1;i<=m;i++)
   if(2*r[i]<n){ sr[i]=1; max+=n-2*r[i];}
       else sr[i]=0;
  for(j=1;j<=n+1;j++)
    tc[j]=sc[j]=0;                // 初始化各列翻转标志，n+1 为终止标记
  j=1;
  while(1)
  { while(tc[j])
     { tc[j]=0; j++;}
    if(j>n) break;
    tc[j]=1;
```

```
        s=0;
        for(i=1;i<=m;i++)
        {for(k=1;k<j;k++) r[i]+=2*a[i][k]-1;
         r[i]+=1-2*a[i][j];
         if(2*r[i]<n) { tr[i]=1; s+=n-r[i];}
            else {tr[i]=0; s+=r[i];}
        }
        if(s>max)              // 更新最优记录，并保存翻转的标志
          { max=s;
            for(t=1;t<=m;t++) sr[t]=tr[t];
            for(t=1;t<=n;t++) sc[t]=tc[t];
          }
        j=1;
      }
    printf(" 翻转下列列:");
    for(j=1;j<=n;j++)
      if(sc[j]) printf("%d  ",j);
    printf("\n 翻转下列行:");
    for(i=1;i<=m;i++)
      if(sr[i]) printf("%d  ",i);
    printf("\n 最优硬币矩阵为:\n");
    for(i=1;i<=m;i++)
      { for(j=1;j<=n;j++)
          printf("%3d",sr[i]+sc[j]==1?1-a[i][j]:a[i][j]);
        printf("\n");
      }
    printf(" 此时硬币正面最多为:%d\n",max);
}
```

（3）算法测试与分析

测试数据略。

以上加速改进并未改变算法的指数时间这一事实，但对应同样的数据，改进后的设计与原回溯设计作对比测试（取 m=n=25），改进设计速度比原回溯设计大概快 10 倍。

9.3.3　大规模矩阵贪心设计

对于一般 m×n 硬币矩阵，当 m、n 数量较大时，无论是枚举还是回溯或递归，都将显得无能为力，因为其时间复杂度为指数级。例如 m=n=100，要翻转 100 阶硬币方阵，数量级达 2^{100}，要完成这么大规模的运算是不可能的。

为此，对于大规模硬币矩阵，我们试应用贪心算法设计求解。

1. 贪心算法设计

（1）贪心设计要点

1）贪心选择策略：轮番对矩阵的行、列进行扫描，行或列的正面数少于反面数即翻转。

首先扫描各行，若该行正面数小于反面数，则实施行翻转，直到矩阵的每一行的正面数不少于该行的反面数。

然后扫描各列，若该列正面数小于反面数，则实施列翻转，直到矩阵的每一列的正面数

不少于该列的反面数。

列翻转后有可能影响到各行正反面的变化，行翻转后有可能影响到各列正反面的变化，因而再实施第 2 轮以至多轮的行列扫描与翻转。在循环中实行多轮行列扫描，每翻转一次使硬币矩阵的正面数增加，直到某一轮行列扫描中没有任何需翻转的行列为止。

以上贪心操作经多轮共 k1 次行列翻转，得矩阵的正面数 s1。

应用数组 atr[i] 标记行列翻转，硬币矩阵元素 a[i][j] 用于统计与输出，操作过程中，a[i][j] 的值保持不变。

2）然后把顺序改为先选择对列扫描，后选择对行扫描，行或列的正面数少于反面数即翻转。

应用数组 btr[i] 标记行列翻转，经多轮共 k2 次行列翻转，得矩阵的正面数 s2。

3）比较 s1 与 s2 中的大者，即得到并输出该贪心操作后的硬币矩阵。

在输出最后的硬币矩阵时，应用变量 z 统计输出矩阵的正面数，以验证 z 是否与 s1 与 s2 中的大者相等。

（2）贪心算法描述

```
// 贪心设计随机产生
main()
{ long s,s1,s2,z;
  int r,i,j,m,n,k1,k2,t;
  int a[200][200];                               // 硬币矩阵
  int atr[200],atc[200],btr[200],btc[200];       // 行列翻转标志数组
  s=0;
  printf(" 请输入矩阵行 m,列 n: "); scanf("%d,%d",&m,&n);
  t=time(0)%1000; srand(t);     // 随机数发生器初始化
  for(i=1;i<=m;i++)
  for(j=1;j<=n;j++)
    s+=a[i][j]=rand()%2;
  for(i=1;i<=m;i++)  atr[i]=btr[i]=0;
  for(j=1;j<=n;j++)  atc[j]=btc[j]=0;
  printf(" 开始时硬币矩阵为(1 正面，0 反面):\n");
  for(i=1;i<=m;i++)             // 输出初始矩阵
  { for(j=1;j<=n;j++)
      printf("%3d",a[i][j]);
    printf("\n");
  }
  printf(" 初始状态共有%ld 个正面. \n",s);
  t=1;s1=s2=s;k1=k2=0;
  while(t)                      // 应用 t 控制扫描是否继续
   { t=0;                       // 按先行后列顺序扫描
     for(i=1;i<=m;i++)          // 扫描各行是否翻转
       { for( r=0, j=1;j<=n;j++)
             if(atr[i]+atc[j]==1) r+=1-a[i][j];
           else  r+=a[i][j];
         if(2*r<n)
           { atr[i]=1-atr[i]; s1+=n-2*r;t=1;    // 第 i 行翻转
             k1++;
```

```
          }
        }
      for(j=1;j<=n;j++)                          // 扫描各列是否翻转
        { for( r=0,i=1;i<=m;i++)
            if(atr[i]+atc[j]==1) r+=1-a[i][j];
            else  r+=a[i][j];
          if(2*r<m)
            { atc[j]=1-atc[j]; s1+=m-2*r;t=1;     // 第 j 列翻转
              k1++;
            }
        }
    }
t=1;
while(t)                           // 应用 t 控制扫描是否继续
  { t=0;                           // 按先列后行顺序扫描
    for(j=1;j<=n;j++)              // 扫描各列是否翻转
      { for( r=0,i=1;i<=m;i++)
          if(btr[i]+btc[j]==1) r+=1-a[i][j];
          else  r+=a[i][j];
        if(2*r<m)
          { btc[j]=1-btc[j]; s2+=m-2*r;t=1;       // 第 j 列翻转
            k2++;
          }
      }
    for(i=1;i<=m;i++)                          // 扫描各行是否翻转
      { for( r=0,j=1;j<=n;j++)
          if(btr[i]+btc[j]==1) r+=1-a[i][j];
          else  r+=a[i][j];
        if(2*r<n)
          { btr[i]=1-btr[i]; s2+=n-2*r;t=1;     // 第 i 行翻转
            k2++;
          }
      }
  }
if(s1>=s2)                     // 比较 s1 与 s2，得最后的正面数
{ printf("  先行后列经%d 次翻转，得最后正面数为:%1d\n",k1,s1);
  printf("  翻转完成后得到硬币矩阵为:\n");
  for(z=0,i=1;i<=m;i++)
    {for(j=1;j<=n;j++)
      if(atr[i]+atc[j]==1)
        { printf("%3d",1-a[i][j]);             // 行与列共翻奇数次时
          z+=1-a[i][j];
        }
    else  {printf("%3d",a[i][j]); z+=a[i][j];}
    printf("\n");
  }
if(s1==z)  printf("  验证正面数为%1d 个无误! \n",s1);
printf("  如果按先列后行贪心翻转，只能得正面数%1d. \n",s2);
```

```
        }
        else
        { printf("　先列后行经%d 次翻转,得最后正面数为:%ld\n", k2, s2);
          printf("　翻转完成后得到硬币矩阵为:\n");
          for(z=0, i=1; i<=m; i++)
            {for(j=1; j<=n; j++)
               if(btr[i]+btc[j]==1)
                 { printf("%3d", 1-a[i][j]);            // 行与列共翻奇数次时
                     z+=1-a[i][j];
                 }
               else   {printf("%3d", a[i][j]); z+=a[i][j];}
             printf("\n");
            }
          if(s2==z)   printf("　验证正面数为%ld 个无误!\n", s2);
          printf("　如果按先行后列贪心翻转只能得正面数%ld.\n", s1);
        }
    }
```

（3）算法测试与分析

```
请输入矩阵行 m, 列 n:　12,12              先行后列经 6 次翻转,最后得正面数为:94
开始时硬币矩阵为(1 正面, 0 反面):          翻转完成后得到硬币矩阵为:
0  0  1  0  1  1  0  0  1  1  1  1       0  0  0  1  1  1  0  0  1  1  1  1
0  1  1  1  1  0  0  1  0  1  1  1       0  1  0  0  1  0  0  1  0  1  1  1
1  0  0  0  1  0  0  0  1  1  1  1       1  0  1  1  0  0  0  1  1  1  1  1
0  0  1  0  0  0  1  0  0  1  0  0       0  0  1  1  1  1  1  1  0  1  0  0
1  1  1  1  0  0  0  0  1  0  0  0       1  1  0  0  1  1  1  0  0  1  1  0
1  1  1  1  1  0  1  0  1  0  0  0       1  1  1  1  0  0  1  1  1  1  0  1
1  1  0  0  0  0  1  0  1  1  1  1       1  1  0  0  1  1  0  1  1  1  1  0
1  0  0  0  0  0  0  0  0  1  0  1       1  0  1  1  1  1  1  1  0  0  1  1
0  1  1  1  0  1  0  0  1  1  0  0       1  0  1  1  1  0  1  1  0  1  1  1
1  0  0  0  0  1  0  1  1  0  0  1       0  1  1  0  1  0  0  1  0  1  0  1
0  1  0  0  0  0  1  1  0  1  1  1       1  1  0  1  1  1  1  0  0  0  1  1
1  1  1  0  1  1  0  0  0  1  0  1       1  1  0  1  1  1  0  0  0  1  0  1
初始状态共有 74 个正面.                   验证正面数为 94 个无误!
                                        如果按先列后行贪心翻转,只能得正面数 88.
```

该贪心算法操作后,各行与各列的正面数均达到最大,但不意味着此时所得正面数为最优值,因为每次操作着眼于每行或每列局部最优,并非全局最优。

以上贪心算法的操作频数的数量级为 m*n, 若视 m=n, 该贪心算法的时间复杂度为 $O(n^2)$。

2. 贪心策略的改进

（1）改进贪心策略设计要点

我们改变贪心策略:

1）通过有选择的列翻转,把第 t 行硬币全翻成正面。

2）然后扫描其余各行,若正面数小于反面数,则实施行翻转。行翻转完成后,统计此时矩阵的正面数 z。

3）在 t=1, 2, …, n 循环中,所得 n 个 z 分别与 max 比较,以求得当 y=t 行全为正面时,矩阵有最多的正面数 max。并应用 sr[i] 数组记录此时的行列翻转。

4）最后再对各列进行一次扫描，列的正面小于反面时实施翻转，此时 max 相应增加。

扫描完成后，输出所得最多有 max 枚正面数的硬币矩阵，在输出硬币矩阵时，应用 z 统计正面数，并与所得的 max 比较，相同时才输出 max。

（2）改进贪心设计描述

```
// 改进贪心设计
main()
{ FILE *fp;char fname[30];
  long s,z,max;
  int i,j,m,n,k,r,t,y;
  int a[200][200];                    // 硬币矩阵
  int tr[200],tc[200];                // 行列翻转标志数组
  int sr[200],sc[200];                // 最优标志保存数组
  k=s=0;
  printf("  请输入数据文件名: ");
  gets(fname);                        // 输入数据文件
  if((fp=fopen(fname,"r"))==NULL)
    { printf("The file was not opened! "); return;        }
  printf("  请输入矩阵行、列数: "); scanf("%d,%d",&m,&n);
  for(i=1;i<=m;i++)
  for(j=1;j<=n;j++)
    { fscanf(fp,"%d",&a[i][j]);   // 从文件读数据到二维 a 数组
      s+=a[i][j];
    }
  for(i=1;i<=m;i++)  tr[i]=0;
  for(j=1;j<=n;j++)  tc[j]=0;
  printf("  开始时硬币矩阵为(1 表示正面, 0 表示反面):\n");
  for(i=1;i<=m;i++)                   // 输出矩阵的原始数据
  { for(j=1;j<=n;j++)
      printf("%3d",a[i][j]);
    printf("\n");
  }
  printf("  初始状态共有%ld 个正面. \n",s);
  max=0;
  for(t=1;t<=m;t++)
    {for(j=1;j<=n;j++)
     if(a[t][j]==0) tc[j]=1;         // 如果第t行第j列为反面，该列实施翻面
     z=0;
     for(i=1;i<=m;i++)               // 第t行全为正面后，各行操作
       { for(s=0,j=1;j<=n;j++)
           if(tc[j]==1) s+=1-a[i][j];
           else  s+=a[i][j];
         z+=s;
         if(2*s<n) {tr[i]=1;z+=n-2*s;}     // 实施行翻面, 正面增n-s个
       }
     if(z>max)
       { max=z;y=t;                  // 记录最优状态
         for(i=1;i<=m;i++)  sr[i]=tr[i];
         for(j=1;j<=n;j++)  sc[j]=tc[j];
       }
     for(i=1;i<=m;i++)  tr[i]=0;     // 数据清零，操作下一行
     for(j=1;j<=n;j++)  tc[j]=0;
```

```
        }
        printf("  行列翻转记录:\n ");              // 输出翻转记录
        for(j=1;j<=n;j++)
            if(sc[j]) { printf("%d列, ",j);k++;}
        for(i=1;i<=m;i++)
            if(sr[i]) { printf("%d行, ",i);k++;}
        for(j=1;j<=n;j++)                          // 最后扫描各列是否翻转
            { for( r=0,i=1;i<=m;i++)
                if(sr[i]+sc[j]==1) r+=1-a[i][j];
                else  r+=a[i][j];
            if(2*r<m)
                { sc[j]=1-sc[j]; max+=m-2*r;       // 第j列翻转
                  printf("%d列, ",j);k++;
                }
            }
        printf("  共进行以上%d次行列翻转.\n",k);
        printf("  最后得到硬币矩阵为:\n");
        for(z=0,i=1;i<=m;i++)
            {for(j=1;j<=n;j++)
              if(sr[i]+sc[j]==1)
                { printf("%3d",1-a[i][j]);         // 行与列共翻奇数次时
                  z+=1-a[i][j];
                }
              else  {printf("%3d",a[i][j]); z+=a[i][j];}
            printf("\n");
            }
        if(max==z)  printf("  翻转后硬币正面最多为:%ld\n",max);
        else  printf("  结果有误待查! \n");
}
```

（3）算法测试与分析

请输入数据文件名: 93.txt
请输入矩阵行、列数: 12,12（初始矩阵数据略, 为上面的初始矩阵）
初始状态共有 74 个正面.
行列翻转记录:
1 列, 5 列, 7 列, 8 列, 11 列, 12 列, 3 行, 7 行, 8 行, 10 行, 11 行, 5 列, 9 列,
共进行以上 13 次行列翻转.
最后得到硬币矩阵为:

```
1  0  1  0  1  1  1  1  0  1  0  0
1  1  1  1  1  0  1  0  1  1  0  0
1  1  1  1  0  1  0  0  1  0  1  1
1  0  1  0  0  0  0  1  1  1  1  1
0  1  1  1  0  0  1  1  0  0  1  1
0  1  1  1  1  1  0  1  1  1  0  1
1  0  1  1  1  1  1  1  1  0  0  1
1  1  1  0  1  1  0  0  0  1  1  1
1  1  1  1  0  1  1  0  1  1  1  1
1  1  1  1  0  1  1  1  1  1  0  1
0  0  1  1  1  1  1  1  0  0  1  1
0  1  1  0  1  1  1  1  1  1  1  0
```

翻转后硬币正面最多为:100

该贪心算法的时间复杂度为 $O(m^2n^2)$。

以上对同样的硬币矩阵测试，显然由 100＞94 可知，对该硬币矩阵改进后的贪心算法设计的效果比前一个贪心设计要好些，而且可通过前面的回溯设计验证这里所得的 100 是最优值。但这一数据并无普遍性，既不能证明改进后的贪心算法对所有原始数据能得到最优，也不能证明改进后的贪心算法对所有原始数据一定比前一个贪心设计好，这与所输入的具体原始数据紧密相关。

以上给出了两个不同的贪心设计适用于求解翻转较大规模的硬币矩阵。在一般情况下，这些贪心设计并不能确保得到整体最优解，即不一定能得到正面数的最大值，只能说所得到的解比较接近最大值。

例如，通过对一个初始状态为 1252 个正面的 50×50 硬币矩阵（数据略）的具体测试，前一个贪心设计可得到 1474 个正面，改进后的贪心算法设计可得到 1488 个正面。尽管 1488 要比 1474 好，也只能说 1488 可能比较接近最优值，但不能确定或证明 1488 就是最优值，当然也不能确定或证明 1488 一定不是最优值。

当 m、n 数量规模比较大时，贪心算法设计的效率高，在解的质量要求不太高的情况下，常用质量换取效率。在其他算法无法求解 m、n 较大数量规模的硬币矩阵时，应用贪心算法简单、直观、有效，能快捷地得到一个比较接近最优值的解，可见贪心设计不失为一种非常实用的方法。

9.4 最优复杂路径

在"动态规划"一章我们已经探索了数阵中的最大路径问题。当数阵中的路径要求比较复杂时，例如路径可以左右移动，也可以上下移动，这样可使得数阵中的最优路径相当复杂，靠简单一次动态规划求解不一定能奏效，此时可实施"深入动态规划"探求最优。

9.4.1 三角数阵中的最小路径

在一个 n 行的点数值三角形中，寻找从顶点开始至底行的一条路径，使该路径所经过的点的数值和最小。路径每一步可沿左斜向下（LD）或右斜向下（RD），也可以在同一行向左（L）或向右（R）平移，还可沿左斜向上（LU）或右斜向上（RU）。

从数据文件给出 n 行点数值三角形，寻找从顶点到底行的数值和最小路径，并输出该最优路径。

1. 动态规划设计

由于路径中有些点最多有 6 种移动方向，求解也变得复杂。

（1）设（i，j）为数阵中第 i 行第 j 列所在的格，二维数组 a(i，j) 存储(i，j)格中的数；

（2）二维数组 b(i，j) 为从(i，j)格至底行格路径的最小数值和；

（3）二维数组 c(i，j) 存储(i，j)格下一步所在格的位置：该位置数为 4 位数，其中高 2 位整数为下一格的行号，低 2 位整数为下一格的列号；

（4）为按原矩阵格式显示出最优路径，引用二维数组 f(i，j)：若(i，j)在最优路径上，则赋值 f(i，j)=1；否则为"0"。

显然，最优路径的数值和为 b(1，1)。

应用动态规划求路径的最优值的步骤如下。

（1）初始条件

注意到行（第 n 行）为路径的终点，则把该行 a 数组赋值为 b 数组。

```
for(j=1;j<=n;j++)  b[n][j]=a[n][j];
```

（2）按每一格向下（左下或右下）初步逆推得 b[i][j]和 c[i][j]

```
for(i=n-1;i>=1;i--)
for(j=1;j<=i;j++)
   if(b[i+1][j+1]<b[i+1][j])
      {b[i][j]=a[i][j]+b[i+1][j+1];c[i][j]=(i+1)*100+j+1;}
   else  {b[i][j]=a[i][j]+b[i+1][j];c[i][j]=(i+1)*100+j;}
```

（3）深入动态规划

数阵中间格有上左、上右、下左、下右、左、右共相邻 6 格，这些相邻格有可能成为路径中该格的下一步。

当前格的 b 数组值与其所有相邻格的 b 数组值加上当前格的 a 数组值比较，调整优化当前格的 b 数组值。例如当前格(i, j)与其上左格(i-1, j-1)作比较实施调整优化：

```
if(i>1 && j>1 && b[i-1][j-1]+a[i][j]<b[i][j])
   { b[i][j]=a[i][j]+b[i-1][j-1];c[i][j]=(i-1)*100+j-1;}
```

其中，条件中限制 i>1 表明从第 2 行开始才有"上格"，j>1 表明从第 2 格开始才有"左格"。

设置变量 t 控制深入动态规划的层数，当存在某一 b 元素有改变时，t=1，继续深入。直到所有 b 元素没有改变时，保持 t=0，终止动态规划。

（4）产生并输出最优路径

为了按原三角形数阵格式显示出最优路径，引用二维数组 f，首先所有 f[i][j]=0。

因 a[1][1]是路径的起点，则 f[1][1]=1；然后根据 e=c[i][j]计算出最优路径中下一步的位置：i=e/100，j=e%100，则 f[i][j]=1，依此直到数阵底行。

判断三角形数阵的每一格，若 f[i][j]=1，则输出元素 a[i][j]；否则输出" -- "。这样处理可在三角形数阵格式中输出一条完整的最优路径。

2．最小路径探求描述

```
// 点数值三角形的可平移可上下最小路径（文件提供数据）
main()
{ FILE *fp;
  char fname[30];            // 文件名（含扩展名）长度不大于 30
  int d,e,n,i,j,t,a[100][100],b[100][100],c[100][100],f[100][100];
  printf(" 请输入数据文件名: ");  gets(fname);
  if((fp=fopen(fname,"r"))==NULL)
    { printf( "The file was not opened! " ); return;    }
  printf(" 请输入三角形数阵行数: ");scanf("%d",&n);
  for(i=1;i<=n;i++)
    { for(j=1;j<=36-2*i;j++) printf(" ");
      for(j=1;j<=i;j++)
        { f[i][j]=0;
        fscanf(fp,"%d",&a[i][j]);    // 从文件读数据到二维 a 数组
        printf("%4d",a[i][j]);
```

```
        }
      printf("\n");
    }
  for(j=1;j<=n;j++) b[n][j]=a[n][j];
  for(i=n-1;i>=1;i--)                          // 逆推得 b[i][j]
  for(j=1;j<=i;j++)
    if(b[i+1][j+1]<b[i+1][j])
        {b[i][j]=a[i][j]+b[i+1][j+1];c[i][j]=(i+1)*100+j+1;}
    else  {b[i][j]=a[i][j]+b[i+1][j];c[i][j]=(i+1)*100+j;}
  t=1;
  while(t>0)
  { t=0;
  for(i=n-1;i>=1;i--)                          // 各 b 数组元素调整优化
  for(j=i;j>=1;j--)
  { d=b[i][j];
    if(j>1 && b[i][j-1]+a[i][j]<d)             // 与同行左格比较
        {d=a[i][j]+b[i][j-1];c[i][j]=i*100+j-1;t=1;}
    if(j<i && b[i][j+1]+a[i][j]<d)             // 与同行右格比较
        {d=a[i][j]+b[i][j+1];c[i][j]=i*100+j+1;t=1;}
    if(i>1 && j<i && b[i-1][j]+a[i][j]<d)      // 与右上格比较
        {d=a[i][j]+b[i-1][j];c[i][j]=(i-1)*100+j;t=1;}
    if(i>1 && j>1 && b[i-1][j-1]+a[i][j]<d)    // 与左上格比较
        {d=a[i][j]+b[i-1][j-1];c[i][j]=(i-1)*100+j-1;t=1;}
    if(i<n && b[i+1][j]+a[i][j]<d)             // 与左下格比较
        {d=a[i][j]+b[i+1][j];c[i][j]=(i+1)*100+j;t=1;}
    if(i<n && b[i+1][j+1]+a[i][j]<d)           // 与右下格比较
        {d=a[i][j]+b[i+1][j+1];c[i][j]=(i+1)*100+j+1;t=1;}
                                               b[i][j]=d;
  }
}
printf("  最小路径数值和为:%d\n",b[1][1]);      // 输出最小数字和
printf("  最小路径为:\n");
i=1;j=1;f[i][j]=1;
while(i<n)
  { e=c[i][j];i=e/100;j=e%100;f[i][j]=1; }
for(i=1;i<=n;i++)                              // 输出和最小的路径
  { for(j=1;j<=36-2*i;j++) printf(" ");
    for(j=1;j<=i;j++)
      if(f[i][j]==1) printf("%3d ",a[i][j]);
      else printf(" -- ");
    printf("\n");
  }
}
```

3. 算法测试与分析

请输入数据文件名：94.txt

请输入三角形数阵行数：12

```
                    10
                  1   40
                1   40   40
              1   40   40   40
           40    1   40    1    1
         40   40    2    3   40    1
       40   40   40   40   40   40    1
     40   40   40   40   40   40   40    1
   40   40   40   40    1    1    5   40   40    1
 40   40   40    1   40   40    1   40    1   40
40    1    1    6   40   40   40    1    4   40   40
40   20   40   40   40   40   40   40   40   40   40
```

最小路径数值和为:68

最小路径为:

```
                    10
                  1   --
                1   --   --
              1   --   --   --
           --    1   --    1    1
         --   --    2    3   --    1
       --   --   --   --   --   --    1
     --   --   --   --   --   --   --    1
   --   --   --   --    1    1    5   --   --    1
 --   --   --    1   --   --    1   --    1   --
--    1    1    6   --   --   --    1    4   --   --
--   20   --   --   --   --   --   --   --   --   --
```

以上设计探求所得的最优路径如一座大山中的曲折溶洞，路径上下左右都生动存在。之所以设计如此复杂（同时也非常明显）的最优路径，主要是检验算法的探求能力。如果采用随机产生数阵，最优路径会相对简单一些。

以上深入动态规划在三重循环中实现，注意到 while（t>0）的循环次数不会超过顶点数，循环次数平均值按 n 估算，算法的时间复杂度为 $O(n^3)$。

9.4.2 矩阵迷宫中的最小通道

在一个 n 行 m 列矩阵迷宫中，每一个格子（相当于迷宫中的房子）里有一个整数 1 或 0，其中"0"表示该格可走，"1"表示该格不可走。矩阵的左上角与右下角格中均为"0"，从矩阵的左上角走到右下角的通道中，每一步能往右、往下、往左、往上走到相邻的"0"格子，不能斜着走，也不能走出矩阵。

对于给定的 n×m 矩阵迷宫，在所有通道中寻求通道所经格子数最少的最优通道。若迷宫不存在通道，则作"无通道"说明。

输入 m，n（2≤n，m≤50）及相应的 n×m 阶 0-1 矩阵，搜索并输出一条最优通道（删除矩阵中非最优通道上所有格的数值）。

1. 设计要点

应用动态规划设计求解。

① 设 (i, j) 为矩阵中第 i 行第 j 列所在的格，二维数组 a(i, j) 存储 (i, j) 格中的数 0 或 1；

② 二维数组 b(i, j) 为从 "0" 的 (i, j) 格至左下角 (n, m) 通道中的最少格数；

③ 二维数组 c(i, j) 存储通道中 (i, j) 格下一步所在格的位置：该位置数为 4 位数，其中高 2 位整数为下一格的行号，低 2 位整数为下一格的列号；

④ 为按原矩阵格式显示出最优通道，引用二维数组 f(i, j)：若 (i, j) 在最优路径上，则赋值 f(i, j)=1；否则 f(i, j)=0。

显然，最优通道上的格数为 b(1, 1)。

（1）初始条件

注意到最下行不能向左，最右列不能向上，否则造成重复或封闭，不可能最优。

（2）启动动态规划，按每一格向右、向下初步逆推得 b[i][j] 和 c[i][j]

（3）实施深入动态规划

注意到路径可上下左右，即通道可能相当复杂，探求最短通道不可能一次到位。设置深入动态规划循环，对 b 数组反复实施调整优化。同时设置变量 t 控制深入动态规划循环，当无调整优化时，保持 t=0 而结束循环。

矩阵中，中间格有相邻的上下左右四格，边上格有相邻 3 格，角上格有相邻 2 格。这些相邻格可能成为通道中该格的下一步。

当前格的 b 数组值大于其相邻格的 b 数组值加 1，调整优化当前格的 b 数组值。

例如当前格 (i, j) 与其上格 (i-1, j) 作比较实施调整优化：

```
if(j>1 && b[i][j-1]+1<b[i][j])          // 与右格比较
    { b[i][j]=1+b[i][j-1];c[i][j]=i*100+j-1;}
```

其中条件中限制 i>1 表明从第 2 行开始才有 "上格"。

在循环中设置变量 t，控制当对 b 数组有调整优化发生时，t=1，继续循环实施调整优化。直到没有调整优化时，保持 t=0，结束循环。

（4）产生并输出最优路径

为按原矩阵格式显示出最优路径，引用二维数组 f，首先所有 f[i][j]=0。

因 (1, 1) 是路径的起点，则 f[1][1]=1；然后根据 e=c[i][j] 计算出最优路径中下一步的位置：i=e/100，j=e%100，则 f[i][j]=1，依此类推，直到终点 f[n][m]=1。

判断矩阵的每一格，若 f[i][j]=1，则输出为该格的元素 b[i][j]；否则输出空格。这样处理可在矩阵格式中输出一条完整的最优通道。

2. 深入动态规划描述

```
// 搜索矩阵迷宫中的最短通道(由文件提供数据)
main()
{ FILE *fp;char fname[30];          // 文件名（含扩展名）长度不大于 30
  int d,e,m,n,i,j,t;
  int a[100][100],b[100][100],c[100][100],f[100][100];
  printf("  请输入数据文件名: "); gets(fname);  // 数据文件 mg.txt
  if((fp=fopen(fname,"r"))==NULL)
    { printf("The file was not opened! "); return;    }
  printf("  请输入矩阵行、列数: ");;scanf("%d,%d",&n,&m);
  for(i=1;i<=n;i++)
```

```
    {for(j=1;j<=m;j++)
    { f[i][j]=0; fscanf(fp,"%d",&a[i][j]);      // 从文件读数据到二维 a 数组
      printf("%4d",a[i][j]);
    }
    printf("\n");
    }
b[n][m]=1;
for(j=m-1;j>=1;j--)                              // 最下行 b,c 数组赋初值
   if(a[n][j]==0 && a[n][j+1]==0)
     { b[n][j]=b[n][j+1]+1;c[n][j]=n*100+j+1;}
   else b[n][j]=m*n;
for(i=n-1;i>=1;i--)                              // 最右列 b,c 数组赋初值
   if(a[i][m]==0 && a[i+1][m]==0)
     { b[i][m]=b[i+1][m]+1;c[i][m]=(i+1)*100+m;}
   else b[i][m]=m*n;
for(i=n-1;i>=1;i--)                              // 与右、下比较初步逆推得 b[i][j]
for(j=m-1;j>=1;j--)
     if(a[i][j]==0)
     { if(b[i+1][j]<b[i][j+1] && b[i+1][j]<n*m)
         { b[i][j]=b[i+1][j]+1; c[i][j]=(i+1)*100+j;}
       if(b[i+1][j]>=b[i][j+1] && b[i][j+1]<n*m)
         { b[i][j]=b[i][j+1]+1; c[i][j]=i*100+j+1;}
       if(b[i+1][j]>=n*m && b[i][j+1]>=n*m)
          b[i][j]=n*m;
     }
     else b[i][j]=m*n;
t=1;
while(t>0)                                       // 每一格与四周比较，逐步优化调整
{ t=0;
for(i=n;i>=1;i--)
for(j=m;j>=1;j--)
  if(!(i==n && j==m) && a[i][j]==0)
  { d=b[i][j];
    if(j>1 && b[i][j-1]+1<d)      // 与右格比较
         {d=1+b[i][j-1];c[i][j]=i*100+j-1;t=1;}
    if(j<m && b[i][j+1]+1<d)      // 与左格比较
         {d=1+b[i][j+1];c[i][j]=i*100+j+1;t=1;}
    if(i>1 && b[i-1][j]+1<d)      // 与上格比较
         {d=1+b[i-1][j];c[i][j]=(i-1)*100+j;t=1;}
    if(i<n && b[i+1][j]+1<d)      // 与下格比较
         {d=1+b[i+1][j];c[i][j]=(i+1)*100+j;t=1;}
    b[i][j]=d;
  }
}
if(b[1][1]>=m*n)
    { printf(" 此迷宫不存在通道！ \n");return;}
printf(" 最短通道格数为: %d\n",b[1][1]);         // 输出最短通道格数
printf(" 一条最短通道为: \n");                    // 输出一条最小的路径
```

```
i=1;j=1;f[1][1]=1;
while(i<n || j<m)
  { e=c[i][j];i=e/100;j=e%100; f[i][j]=1; }
for(i=1;i<=n;i++)
  { for(j=1;j<=m;j++)
      if(f[i][j]==1) printf("%4d",b[1][1]-b[i][j]+1);
      else printf("    ");
    printf("\n");
  }
}
```

3. 算法测试与分析

请输入数据文件名：95.txt 请输入矩阵行、列数：12,11	最短通道格数为：62 一条最短通道为：

```
0 1 0 0 0 0 1 0 0 0 1          1        32 33 34    38 39 40
0 1 0 0 1 0 0 0 1 0 1          2        31    35 36 37    41
0 0 1 0 0 1 1 1 0 0 0          3  4     30 29             42 43
1 0 1 1 0 1 0 0 1 1 0             5        28                44
0 0 0 1 0 0 0 1 0 0 1          7  6     27    49 48 47 46 45
0 1 0 1 0 1 0 0 0 1 0          8        26    50
0 0 1 0 1 0 0 0 0 1 0          9 10     25    51 52 53
1 0 1 0 0 0 1 1 0 0 1            11     24          54
0 0 1 0 0 0 1 0 0 0 0         13 12     23       56 55
0 1 0 0 0 1 0 0 1 1 1         14    20 21 22    57
0 1 0 1 0 1 0 0 0 0 0         15    19          58 59 60 61
0 0 0 1 0 1 0 0 1 0 0         16 17 18                      62
```

本程序采用从数据文件（其内容即以上打印的矩阵）输入矩阵，这样较为简便。迷宫数据可以随机产生，也可以逐个数据从键盘输入。

算法测试的迷宫矩阵比较特殊，其最短通道明显而复杂，目的是测试算法的搜索能力。

以上深入动态规划在三重循环中实现，注意到 while(t>0) 的循环次数不会超过顶点数，循环次数平均值按 n 估算，算法的时间复杂度为 $O(n^3)$。

9.5　马步遍历与哈密顿圈

马步遍历与马步型哈密顿圈是一个集趣味性与学术性于一身的组合数学问题与图论问题。本节将应用前面介绍的常用算法探索马步遍历与马步型哈密顿圈，并推介一些组合模型构建大规模的哈密顿圈。

9.5.1　马步遍历

1. 案例提出

在给定的方格棋盘中，马从棋盘的某个起点出发，按"马走日"的行走规则，经过棋盘中的每一个方格恰一次，该问题称为马步遍历问题，经过棋盘的每一个方格恰一次的线路称为马步遍历路径。

例如下表所示即为 4 行 5 列棋盘中，马从起点(1,1)出发的一条马步遍历路径。

1	18	7	14	3
6	13	2	19	10
17	8	11	4	15
12	5	16	9	20

试探索在 n 行×m 列广义棋盘中，马从棋盘的某个指定起点出发的马步遍历路径。

2. 回溯求解指定入口的马步遍历

应用回溯探索在指定 n×m 棋盘中，指定入口（即起点为(u,v)）的所有马步遍历路径，这里的正整数 u,v（1≤u≤n,1≤v≤m）从键盘输入确认。

（1）回溯设计要点

设置一维数组 x(i),y(i)记录遍历中第 i 步的行列位置；二维数组 d(u,v)记录棋盘中位置(u,v)，即第 u 行第 v 列所在格的整数值，该整数值即为遍历路径上的步数。

例如上表所示遍历，第 8 步走在(3,2)，则 x(8)=3,y(3)=2,d(3,2)=8。

若 d(i,j)=0，表示(i,j)位置为空，可供走位。

注意到马走"日"形，对于棋盘中的有些位置，马最多可走 8 个方向。如图 9-3 所示，当马处在(x,y)时，其下一步可选 8 个位置。

	-2,-1		-2,+1	
-1,-2				-1,+2
		(x,y)		
+1,-2				+1,+2
	+2,-1		+2,+1	

图 9-3　位于(x,y)的马可走的 8 个位置

设置控制马步规则的数组 a(k)、b(k)，若马当前位置为（x,y），马步可跳的 8 个位置分别为（x+a(k),y+b(k)），其中

$$a(k)=\{ 2,\ 1,\ -1,\ -2,\ -2,\ -1,\ 1,\ 2 \}$$
$$b(k)=\{ 1,\ 2,\ 2,\ 1,\ -1,\ -2,\ -2,\ -1 \}\ (k=1,2,\cdots,8)$$

在回溯过程中，需知第 i 步到第 i+1 步原已选取到了哪一个方向，设置 t(i)记录第 i 步到第 i+1 步原已选取的方向数，回溯时只要从 t(i)+1～8 选取方向即可。

设遍历起点为(u,v)，即位置(u,v)点为 1。显然 x(1)=u,v(1)=v,d(u,v)=1。

从 i=1 开始进入走马的条件循环，条件循环的条件为 i>0。即当 i>0 时还未回溯完成，继续试探走马。

设置 k（t(i)+1～8）循环依次选取方向，当 t(i)=0 时，即从 1～8 选取方向，并求出此方向的走马位置：u=x(i)+a(k)，v=y(i)+b(k)。

判断：若 1≤u≤n，1≤v≤m，d(u,v)=0，即所选位置在棋盘中且该位为空，可走马 d(u,v)=i+1；同时记录下此时的方向 t(i)=k，q=1 标志此步走马成功，退出选方向循环。

走马成功后，检测若 i=m*n-1，标志已完成遍历，以二维形式输出此遍历解。

若需继续求解，方向 t(i)与最后两步马位清零后，经 i=i-1 回溯继续，可求出所有遍历解。

走马成功后，检测若 i<m*n-1，还未完成遍历，经 i=i+1 继续下一步探索。

若保持 q=0，即 i 时的 8 个方向均不能走马，在此卡住，不能再向前了，于是方向 t(i) 与此马位清零后，经 i=i-1 回溯到前一步，继续探索。

当回溯到 i=0 时，所有结点搜索完成，结束。输出遍历解的个数。

（2）回溯设计描述

```
// 回溯探求马步遍历
main()
{ int i,j,k,m,n,q,u,v,z;
  int d[20][20]={0},x[400]={0},y[400]={0},t[400]={0};
  int a[9]={0,2,1,-1,-2,-2,-1,1,2};                   // 按可能 8 位给 a、b 赋初值
  int b[9]={0,1,2,2,1,-1,-2,-2,-1};
  printf("  棋盘为 n 行 m 列，请输入 n,m: ");
  scanf("%d,%d",&n,&m);
  printf("  起点为 u 行 v 列，请输入 u,v: ");
  scanf("%d,%d",&u,&v);
  i=1; z=0;
  x[i]=u;y[i]=v;
  d[u][v]=1;                                          // 起始位置赋初值
  while(i>0)
  {q=0;                                               // 尚未找到第 i+1 步方向
   for(k=t[i]+1;k<=8;k++)
     { u=x[i]+a[k];v=y[i]+b[k];                       // 探索第 k 个可能位置
       if(u>0 && u<=n && v>0 && v<=m && d[u][v]==0)
        { x[i+1]=u;y[i+1]=v;d[u][v]=i+1;              // 所选位走第 i+1 步
          t[i]=k;                                     // 记录第 i+1 步方向
          q=1;break;
        }
     }
   if(q==1 && i==m*n-1)
   { z++;
      { printf("  此马步遍历的第%d 个解为: \n",z);
        for(j=1;j<=n;j++)                             // 以二维形式输出遍历解
          {for(k=1;k<=m;k++)
           printf("%4d",d[j][k]);
           printf("\n");
          }
      }
     t[i]=d[x[i]][y[i]]=d[x[i+1]][y[i+1]]=0; i--;     // 实施回溯
   }
   else if(q==1) i++;                                 // 继续探索
   else {t[i]=d[x[i]][y[i]]=0; i--; }                 // 实施回溯
  }
  printf("  共有%d 个解\n",z) ;
}
```

（3）算法测试与分析

棋盘为 n 行 m 列，请输入 n,m: 3,4
起点为 u 行 v 列，请输入 u,v: 1,1
此马步遍历的第 1 个解为：

```
 1    4    7   10
12    9    2    5
 3    6   11    8
```

此马步遍历的第 2 个解为：

```
 1    4    7   10
 8   11    2    5
 3    6    9   12
```

共有 2 个解

注意到 3×3 棋盘的中间位置无法经过，2×m 棋盘前进后无法返回，因此这里探求所得到的 3×4 马步遍历是最小的马步遍历。

对于 n×m 棋盘有 n×m 个结点，每个结点有 8 个方向需选择，枚举数量级达 8^{nm}，属于指数型。回溯可免除一些无效操作，判断与操作量仍相当巨大，时间复杂度为指数型。递归与回溯相似，难以处理 m、n 数量较大的马步遍历。

3. 马步遍历的贪心设计

（1）贪心策略的运用

当棋盘参数 m、n 比较大时，无论是应用回溯还是递归探求马步遍历，都是相当艰难而费时的。

早在 1823 年，J.C.Warnsdorff 就提出了一个有名的算法：

在每个结点对其子结点进行选取时，优先选择"出口"数最少者。"出口"数的意思是这些子结点中，其可行子结点的个数，也就是"孙子"结点越少的越优先选择。

这显然是一种局部选择最优的做法。之所以要这样选取，考虑到如果优先选择出口多的子结点，那么出口少的子结点就会越来越多，"死"结点（既没有出口又没有跳过的结点）出现的概率就越大。一旦出现死结点，算法对前面的搜索便是徒劳。反过来，如果每次都优先选择出口少的结点跳，那么出口少的结点就会越来越少，这样跳马成功（即探索到马步遍历）的机会就会更大一些。

这种求解就是贪心策略下的启发性调整应用，它对整个求解过程的局部选择做最优调整。实践证明，马步遍历在运用了这一贪心策略之后，其求解速率非常快捷，以至对某些较大的棋盘不用回溯就可以得到一个马步遍历解。

（2）贪心算法设计

考察第 i 步跳，可有 k=8 个方向选择，其中可行的跳位（即位置在棋盘上且该位为空）称为子位。每一个子位又有若干个可行的跳位（即位置在棋盘上且该位为空），称为孙位。应用 t[k] 统计取第 k 方向时的孙子数。

比较 k=8 个方向中 t[k] 为正整数（t[k]=0 时不是可行位）的最小值 min，选取最小值 min 时的方向（即 k=k1）作为第 i 步跳的方向。

当然，若 i=m*n-1，则这是最后一步，既不用进行孙位统计，也无须比较，只需选择最后一个赋值即可。赋值后输出所得的一个遍历解。

（3）贪心探求马步遍历描述

```
// 贪心探求马步遍历
main()
```

```
{ int  i, j, k1, k, m, n, u, v, min;
  int d[20][20]={0}, x[400]={0}, y[400]={0}, t[9]={0};
  int a[9]={0, 2, 1, -1, -2, -2, -1, 1, 2};   // 按可能 8 位给 a、b 赋初值
  int b[9]={0, 1, 2, 2, 1, -1, -2, -2, -1};
  printf(" 棋盘为 n 行 m 列，请输入 n, m: ");
  scanf("%d,%d", &n, &m);
  u=1;v=1;i=1;x[i]=u;y[i]=v;
  d[u][v]=1;                               // 起始位置赋初值
  while(i<m*n)
  {for(k1=0, k=1;k<=8;k++)
    { u=x[i]+a[k];v=y[i]+b[k];         // 探索第 k 个可能位置
      if(u>0 && u<=n && v>0 && v<=m && d[u][v]==0)
       {x[i+1]=u;y[i+1]=v;              // 第 k 个子位
        if(i==m*n-1) break;              // 此时无须检测孙位
         {t[k]=0;
           for(j=1;j<=8;j++)
             {u=x[i+1]+a[j];v=y[i+1]+b[j];
              if(u>0 && u<=n && v>0 && v<=m && d[u][v]==0  && !(u==x[i] && v==y[i]))
                t[k]++;                  // 统计第 k 个子位可走孙位的个数
              }
              if(t[k]==0) k1++;
        }
      }
     else {t[k]=0;k1++;continue;}        // 此时无须检测孙位
  }
  if(k1==8) return; // 第 i 步到第 i+1 步的 8 个方向均走不了，未找到遍历返回
  if(i<m*n-1)
    { min=8;
      for(k=1;k<=8;k++)
        if(t[k]>0 && t[k]<min)
        {min=t[k];k1=k;}
      u=x[i]+a[k1]; v=y[i]+b[k1];      // 贪心选择最少孙位
      x[i+1]=u; y[i+1]=v;
    }
  d[u][v]=i+1;                           // 走第 i+1 步
  if(i==m*n-1)
   { printf("   %d 行%d 列的一个马步遍历: \n", n, m);
     for(j=1;j<=n;j++)                   // 以二维形式输出遍历解
      {for(k=1;k<=m;k++)
         printf("%4d", d[j][k]);
       printf("\n");
      }
     return;
    }
  else  i++;                             // 未走完，继续探索
 }
}
```

（4）算法测试与分析

棋盘为 n 行 m 列，请输入 n, m: 10, 10
10 行 10 列的一个马步遍历：

```
 1  64   3  52  67  88  17  20  49  86
 4  53  66  89  18  51  92  87  16  21
65   2  63  68  97  90  19  50  85  48
54   5 100  75  80  93  98  91  22  15
71  62  69  96  99  76  79  36  47  84
 6  55  72  77  74  81  94  83  14  23
61  70  31  56  95  78  35  46  37  42
30   7  60  73  34  45  82  41  24  13
59  32   9  28  57  40  11  26  43  38
 8  29  58  33  10  27  44  39  12  25
```

因贪心探求马步遍历无任何回溯，探求速度非常快。算法的时间复杂度为 $O(m*n)$，即为遍历元素的线性时间。但对于某些 $m \times n$ 棋盘，因贪心探求无任何回溯，可能找不到相应的马步遍历。此时只能说算法没有找到，并非确定此棋盘无马步遍历解。

9.5.2　马步型哈密顿圈

1. 案例提出

马步遍历中，若终点能与起点相衔接，即遍历路径的终点与起点也形成一个"日"形关系，该遍历路径为一马步型封闭圈，称为马步型哈密顿圈，简称哈密顿圈。

如下表即为 6 行 5 列哈密顿圈，其中起点"1"与终点"30"构成"日"形关系。

1	4	11	20	29
10	21	30	3	12
5	2	9	28	19
22	17	24	13	8
25	6	15	18	27
16	23	26	7	14

试探索指定的 $n \times m$ 棋盘中的马步型哈密顿圈。

2. 递归设计探求哈密顿圈

（1）递归设计要点

既然是一个圈，则无所谓起点与终点。为简便计，不妨设起点为（1,1），与之相衔接的终点应为（2,3）或（3,2），以便与起点（1,1）构成"日"形马步。

在以上递归求解马步遍历的基础上，固定起点为（1,1），然后加上终点为（2,3）或（3,2）判别即可。

（2）递归设计描述

```
// 哈密顿圈递归探索
int k, n, m, z, d[20][20]={0};
main()
{ int g, x, y;
  void t(int g, int x, int y);
```

```
    printf(″棋盘为 n 行 m 列，请输入 n,m: ″); scanf(″%d,%d″,&n,&m);
    x=1;y=1;
    g=2;z=0;
    d[x][y]=1;                          // 起始位置赋初值
    t(g,x,y);                           // 调用 t(g,x,y)
    if(z==0)
       printf(″   未找到马步哈密顿圈！\n″);
    else printf(″   输出以上%d 个马步哈密顿圈. \n″,z);
}
// 马步哈密顿圈递归函数
t(int g,int x,int y)
  {int i,j,u,v,k=0;
   static int a[9]={0,2,1,-1,-2,-2,-1,1,2};          // 按可能 8 位给 a,b 赋初值
   static int b[9]={0,1,2,2,1,-1,-2,-2,-1};
   while(k<8)
   { k=k+1;u=x+a[k];v=y+b[k];          // 探索第 k 个可能位置
    if(u>0 && u<=n && v>0 && v<=m && d[u][v]==0)   // 所选位为空可走
      { d[u][v]=g;                     // 则走第 g 步
        if(g==m*n)
          {if((u==2 && v==3) || (u==3 && v==2))
            {z++;
          printf(″   第%d 个马步哈密顿圈为: \n″,z);
            for(i=1;i<=n;i++)          // 以二维形式输出马步哈密顿圈
            {for(j=1;j<=m;j++)
               printf(″%4d″,d[i][j]);
               printf(″\n″);
               }
             }
          d[u][v]=0;break;
           }
        else t(g+1,u,v);              // 递归进行下一步探索
        d[u][v]=0;                    // 实施回溯
      }
    }
  }
}
```

（3）算法测试

棋盘为 n 行 m 列，请输入 n,m: 6,6
第 1 个马步哈密顿圈为:　　　　　　　第 19724 个马步哈密顿圈为:

1	14	21	30	35	12
22	29	36	13	20	31
15	2	23	32	11	34
28	5	8	17	24	19
7	16	3	26	33	10
4	27	6	9	18	25

1	18	11	8	31	20
10	7	2	19	12	29
17	36	9	30	21	32
6	3	24	15	28	13
35	16	5	26	33	22
4	25	34	23	14	27

············　　　　　　　输出以上 19724 个马步哈密顿圈.

以上递归算法搜索到 6×6 棋盘上的所有 19724 个哈密顿圈。算法的运行时间比较慢，这

是显然的，每一步的选择与判断频数是指数级，就是输出所有哈密顿圈也是很费时的。

3．递归结合贪心策略探求哈密顿圈

以上递归求解哈密顿圈的方法，当 m，n 比较大时，求解速度太慢。

如果应用贪心策略，设起点为(1,1)，终点为（2,3），因没有回溯，可以缩短探索的时间，但探索的成功率很低。因为，只要中途某一步卡住了，哪怕与终点只相差一两步，都不能成功。

试把贪心策略与递归结合起来使用，可望实现既高效又能够保证每一个有解的棋盘都能找到相应的哈密顿圈。

（1）递归结合贪心策略算法设计

当从第 g-1 步走向第 g 步时，总是按照数组 a 和 b 预先设定的固定顺序进行探测，这样很容易产生大量的出口少的结点。如果在此能够结合贪心思想，不仅能够加快获得解的速度，而且能够解决有解的棋盘找不到解的问题。

1）对于马步 g，在选择走步方向之初，即在所递归调用的子函数 t 的开始处，用数组 s 统计出口，数组 f 记录子位的方向下标。按照方向数组 a 和 b 的顺序循环，s[j]表示走第 g 步的 8 个子位中第 j 个子位的出口，同时 f[j]表示走第 g 步的 8 个子位中第 j 个子位所选取的方向，初始时 f[j]的方向顺序与数组 a 和 b 一致。

2）当走第 g 步的 8 个子位的出口统计完成后，以数组 f 的元素为下标，按照出口大小对 s 的元素进行升序排序，排序中只需交换数组 f 的相应元素。排序后的结果：s[f[1]]≤s[f[2]] ≤…≤s[f[8]]。同时设置 k(1~8)循环，直到 s[f[k]]>0 止，此时 f[k]为走第 g 步的首选方向。由于 f[k]为出口最少的可行子位，则 f[k—8]一定是可行子位，因此无须进行检测。

3）走第 g 步时，从首选方向开始，按照出口从少到多的顺序进行走步探索，即按照 f[k]，f[k+1]，…，f[8]的顺序进行走步探索。

标记量 k1 的作用及出口的排序过程与前面基于贪心的回溯或递归方法求解马步遍历问题的程序完全相同，在此不再赘述。递归回溯过程与前面采用递归方法求解的程序 c934 基本相同，不同的是，从首方向 f[k]开始，无须对 f[k—8]进行可行性检查，因为它们均为可行马步方向。

（2）递归结合贪心策略描述

```
// 递归结合贪心策略探索哈密顿圈
int n, m, z, d[20][20]={0}, s[9];
int a[9]={0, 2, 1, -1, -2, -2, -1, 1, 2};    // 按可能 8 位给 a、b 赋初值
int b[9]={0, 1, 2, 2, 1, -1, -2, -2, -1};
main()
{ int g, x, y;
  void t(int g, int x, int y);
  printf("棋盘为 n 行 m 列，请输入 n, m: "); scanf("%d,%d", &n, &m);
  x=1; y=1;   g=2; z=0;
  d[x][y]=1;                            // 起始位置赋初值
  t(g, x, y);                           // 调用 t(g, x, y)
  if(z==0) printf("  未找到马步哈密顿圈! \n");
  else printf("  共有%d 个马步哈密顿圈. \n", z);
}
// 马步哈密顿圈递归函数
void t(int g, int x, int y)
```

```
{int i,j,l,u,v,u1,v1,k,k1=0,f[9];
 for(j=1;j<=8;j++)
  {f[j]=j;
   u=x+a[j];v=y+b[j];                 // 探索第 j 个可能位置
   if(u>0 && u<=n && v>0 && v<=m && d[u][v]==0)
    {if(g==m*n) {k=j;break;}           // 此时无须检测孙位，用 k 标记最后一步的方向
      else if(!(u==2 && v==3))
        {s[j]=0;
           for(l=1;l<=8;l++)
             {u1=u+a[l];v1=v+b[l];
               if(u1>0 && u1<=n && v1>0 && v1<=m && d[u1][v1]==0 && !(u1==x && v1==y))
                 s[j]++;               // 统计第 j 个子位可走孙位的个数
             }
           if(s[j]==0) k1++;
        }
      else {s[j]=0;k1++;continue;}
    }
    else {s[j]=0;k1++;continue;}       // 此时无须检测孙位
  }
  if(k1==8) return;                    // 第 g 步走不了，实施回溯
  if(g<m*n)
   {for(j=1;j<=7;j++)                   // 对 8 个子位可走孙位个数进行升序排序
    for(l=j+1;l<=8;l++)
     if(s[f[j]]>s[f[l]])
        { k1=f[j];f[j]=f[l];f[l]=k1; }
    for(k=1;s[f[k]]<=0;k++);           // 操作后，k 记录第 g 步的首选方向
   }
  while(k<=8)
   {u=x+a[f[k]];v=y+b[f[k]];
    d[u][v]=g;                         // 选取第 k 个可能位置走第 g 步
    if(g==m*n)
    {z++; printf("    第%d 个马步哈密顿圈为: \n",z);
      for(i=1;i<=n;i++)                 // 以二维形式输出马步哈密顿圈
        {for(j=1;j<=m;j++)
            printf("%4d",d[i][j]);
         printf("\n");
        }
     d[u][v]=0;break;                   // 实施回溯，寻求新的解
    }
    else t(g+1,u,v);                    // 递归进行下一步探索
    d[u][v]=0;                          // 取消当前马步进行回溯，为后面的马步探索留出空位
    k=k+1;
   }
}
```

（3）算法测试与说明

棋盘为 n 行 m 列，请输入 n,m: 10,9
第 1 个马步哈密顿圈为:

```
 1  40   3  44  47  50  17  20  23
 4  43  90  51  18  45  22  49  16
39   2  41  46  89  48  19  24  21
42   5  88  83  52  61  78  15  54
87  38  71  64  79  84  53  60  25
 6  65  82  85  72  77  62  55  14
37  86  35  70  63  80  73  26  59
34   7  66  81  76  29  58  13  56
67  36   9  32  69  74  11  30  27
 8  33  68  75  10  31  28  57  12
        ……
```

以上所得 10 行 9 列的哈密顿圈是在贪心策略启发下递归探索所得，如果省略贪心策略的作用，单纯递归探索可能无法得到。可见某些算法的有机结合与综合应用可望在缩减算法运行时间和降低算法时间复杂度方面收到成效。

9.5.3 组合型哈密顿圈

递归或回溯结合贪心策略可在数量规模较大的哈密顿圈探索上收到一定成效。为了探求更大规模的哈密顿圈，可在利用某些特殊的马步遍历基础上，建立组合模型完成构建。

以下推出一元连排环绕组合模型与二元支撑组合模模型实施大规模构建。

1. 一元连排环绕组合模式

（1）一元连排环绕组合模型

如果 n 行 m 列原遍历 A 起点为(1,1)，终点为(2,m-1)，可按图 9-4 构造连排环绕组合环绕哈密顿圈。

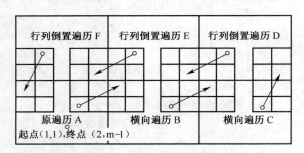

图 9-4 一元连排环绕组合模式

连排环绕组合的特点为：下排 B、C（还可以更多）为原遍历 A 的顺排（行、列都与 A 相同）；上排 F、E、D 都是为 A 行列倒置遍历。

1）下排中，各遍历的终点(2,m-1)可与右边遍历的起点衔接形成"日"形；

2）下排最后一个的终点(2,m-1)又可与上面的行列倒置遍历的起点衔接形成"日"形；

3）上排中，各遍历的终点(2,m-1)可与左边遍历的起点衔接形成"日"形；

4）上排最后一个的终点(2,m-1)又可与下面的原遍历的起点衔接形成"日"形。

如图 9-4 所示，构成连排环绕组合环绕哈密顿圈。图中每一横排为 3 个遍历，实际上每一横排可为任意 wh 多个遍历。因而形成一个 2*n 行 wh*m 列的环绕哈密顿圈。

（2）左上角置"1"标准化

为方便查阅，把棋盘的左上角置"1"标准化。

注意到组合后的左上角实为 A 元素 $d(n,m)$，因而可设 $c=d(n,m)-1$，组合圈的每一项均减去 c，这样左上角置"1"。

同时，下排第 1 个遍历 B 的所有元素需加上 mn，第 2 个遍历 C 的所有元素需加上 2mn，……，一般地，下排最后一个遍历的所有元素需加上 wh*mn。

接下来，上排最后一个遍历所有元素加上 (wh+1)*mn，……，上排第 2 个遍历所有元素加上 (2*wh-1)*mn，而上排第 1 个遍历 C 中所有（减 c 后）的非正元素加上 2*个*mn。

（3）回溯求解原遍历

原遍历应用回溯求解，在回溯求解遍历基础上，把起点定为 (1,1)，终点定为 (2,m-1)，找到一个解后，即按上述把棋盘的左上角置"1"，标准化输出 2n 行 wh*m 列组合环绕哈密顿圈。

（4）构建连排环绕组合哈密顿圈算法描述

```
// 构建连排环绕组合哈密顿圈
main()
{ int c,e,i,j,k,m,n,q,u,v,wh;
  int d[20][20]={0},x[400]={0},y[400]={0},t[400]={0};
  int a[9]={0,2,1,-1,-2,-2,-1,1,2};          // 按可能 8 位给 a、b 赋初值
  int b[9]={0,1,2,2,1,-1,-2,-2,-1};
  printf(" 棋盘为 n 行 m 列，请输入 n,m: ");
  scanf("%d,%d",&n,&m);
  printf(" 上下排横有 wh 个遍历，请确定 wh: "); scanf("%d",&wh);
  u=1;v=1;d[u][v]=1;                         // 起始位置赋初值
  i=1;
  x[i]=u;y[i]=v;
  d[u][v]=1;                                 // 起始位置赋初值
  while(i>0)
  {q=0;                                       // 尚未找到第 i+1 步方向
   for(k=t[i]+1;k<=8;k++)
    { u=x[i]+a[k];v=y[i]+b[k];               // 探索第 k 个可能位置
      if(u>0 && u<=n && v>0 && v<=m && d[u][v]==0)
      { x[i+1]=u;y[i+1]=v;d[u][v]=i+1;       // 所选位走第 i+1 步
        t[i]=k;                               // 记录第 i+1 步方向
        q=1;break;
      }
    }
  if(q==1 && i==m*n-1 && u==2 && v==m-1)
  { printf(" 一个%d 行%d 列组合型哈密顿圈:\n",2*n,wh*m);
    c=d[n][m]-1;                             // F 左上角为 d(n,m)
    for(i=n;i>=1;i--)
      {for(j=m;j>=1;j--)                     // 输出行列倒置遍历 F
        if(d[i][j]-c>0) printf("%4d",d[i][j]-c);
        else  printf("%4d",d[i][j]-c+2*wh*m*n);
      for(e=wh-1;e>=1;e--)
      for(j=m;j>=1;j--)                       // 输出行列倒置遍历 E、D
        printf("%4d",d[i][j]+(e+3)*m*n-c);
```

```
      printf("\n");
      }
   for(i=1;i<=n;i++)
     {for(e=1;e<=wh;e++)
      for(j=1;j<=m;j++)                        // 输出原遍历 A 与横向遍历 B、C
         printf("%4d",d[i][j]+e*m*n-c);
      printf("\n");
      }
    t[i]=d[x[i]][y[i]]=d[x[i+1]][y[i+1]]=0;  i--;     // 实施回溯
   }
   else if(q==1)  i++;                        // 继续探索
   else {t[i]=d[x[i]][y[i]]=0;  i--; }        // 实施回溯
 }
}
```

（5）构建连排环绕组合哈密顿圈算法测试

遍历为 n 行 m 列，请输入 n,m: 5,5
上下排横有 wh 个遍历，请确定 wh: 3
一个 10 行 15 列组合型哈密顿圈：

```
  1  10  15  18 149 126 135 140 143 124 101 110 115 118  99
 16   5 150   9  14 141 130 125 134 139 116 105 100 109 114
 11   2  17 148  19 136 127 142 123 144 111 102 117  98 119
  6  21   4  13   8 131 146 129 138 133 106 121 104 113 108
  3  12   7  20 147 128 137 132 145 122 103 112 107 120  97
 22  45  32  37  28  47  70  57  62  53  72  95  82  87  78
 33  38  29  46  31  58  63  54  71  56  83  88  79  96  81
 44  23  42  27  36  69  48  67  52  61  94  73  92  77  86
 39  34  25  30  41  64  59  50  55  66  89  84  75  80  91
 24  43  40  35  26  49  68  65  60  51  74  93  90  85  76
```

应用一元连排环绕组合模式构造的组合型哈密顿圈，因其输入的扩展系数 wh 可任意大，因而组合可在横向任意扩展。

2. 二元支撑组合模式

二元支撑组合模式即需用两个不同的马步遍历 A 和 B，通过支撑组合成含空洞的哈密顿圈（如图 9-5 所示）。

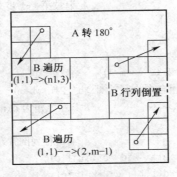

图 9-5 二元支撑组合模式

（1）构建二元支撑组合模型

设二元支撑组合模式的组合元素遍历 A 为 n 行 m 列，起点为(1,1)，终点为(2,m-1)；组合元素遍历 B 为 n1 行 m1 列，起点为 (1, 1)，终点为 (n1, 3)。这样按图 9-5 即可实现 A 与 B 支撑组合形成哈密顿圈。

注意到 $m \leq 2 \times m1$ 时，组合无空洞，显然 $m > 2 \times m1$。

（2）探索组合遍历递归算法设计

应用递归探索在 $n \times m$ 棋盘中起点为 (x, y)、终点为 (x1, y1) 的马步遍历。

递归过程中，栈保留了递归过程中的各个状态的参数，因而可省略以上回溯设计中的 t、x、y 数组。控制马步规则的 a、b 数组与二维数组 d(i, j) 同前。

建立搜索指定马步遍历递归函数，在控制 k 循环中，若对所有 k=1, 2, …, 8，候选位置 (u, v) 均不满足以上可走条件（位置出界，或位置非空），则通过实施回溯，继续前一步的检测。

若第 g 步 8 个位置全部已走完，则回溯到 g-1 步。对于 g-1 步，k=k+1 后继续检测，直到 k>8 时回溯到前一步。若第 g 步已经成功且 g<m*n，则 g+1 后递归进入下一步的探索。整个程序依此进行递归检测与回溯，直到回溯到第 1 步结束。

当走到第 g 步时，若 g=m*n 且 u=x1 且 v=y1 时，即已搜索到指定遍历，标志量 q=1，返回主程序。当 g=m*n 但不满足（u=x1 且 v=y1）时，则 g=g-1 继续搜索。

主程序两次调用递归函数搜索遍历 A、B，若两次返回 q=1，则按规范输出组建的哈密顿圈。两次调用中，若存在一次 q=0，标志搜索不成功，输出"没有合适的遍历"而结束。

（3）左上角置"1"规范化输出

注意到组合后的左上角元素实为 B 遍历的元素 d(n, m)，因而设 e=d(n, m)-1，组合圈的每一项均减去 e，这样使棋盘左上角置"1"。同时为衔接所需，遍历 A 的所有元素需加上 m*n，遍历 B 的所有元素需加上 m*n+m1*n1，遍历 A 的行列倒置遍历的所有元素需加上 2m*n+m1*n1，而上面 B 的行列倒置遍历中出现的非正项需加上 2m*n+2m1*n1。

（4）构建在横竖两方向的扩展

按二元支撑组合模式，遍历 A 终点 (2, m-1) 既可与下一个横向的 A 起点 (1, 1) 相衔接，也可以与纵向 B 起点 (1, 1) 相衔接；遍历 B 终点 (n1, 3) 既可与下一个纵向的 B 起点 (1, 1) 相衔接，也可以与横向 A 起点 (1, 1) 相衔接，即可以很方便地进行横竖两个方向的扩展。

设上下排横有 wh 个遍历 A，左右列竖有 wv 个遍历 B，则所得含空洞的哈密顿圈共走 2*wh*m*n+2*wv*m1*n1 步，其棋盘为 2*n+wv*n1 行 wh*m 列，中央所含空洞为 wv*n1 行 wh*m-2*m1 列。

若一般地设计横排 wh 个遍历 A、竖列 wv 个旋转遍历 A（这里 wh 与 wv 为从键盘输入的任意大于 1 的正整数），输出作相应修改，此时要求 wh*m>2n≥6。

（5）二元支撑组合含矩形空洞的哈密顿圈描述

```
// 二元支撑组合递归探求含矩形空洞的哈密顿圈
int k, n, m, x1, y1, q, d[20][20]={0};
main()
{ int f, i, j, e, n1, m1, g, x, y, wh, wv, c[20][20];
  int tr(int g, int x, int y);
  printf("  遍历 A 为 n1 行 m1 列，请输入 n1,m1: ");scanf("%d,%d",&n1,&m1);
  n=n1;m=m1;
  x=1;y=1;x1=n;y1=3;g=2;d[x][y]=1;    // 遍历 A 起始位置赋初值
  q=tr(g, x, y);                      // 调用 tr(g, x, y) 搜索遍历 A
  if(q==0) { printf(" 没有合适的组合遍历 A 元素！");return;}
  for(i=1;i<=n;i++)                   // A 的数组数据传送给 c 数组
```

```
   for(j=1;j<=m;j++)
      { c[i][j]=d[i][j];d[i][j]=0;}
   printf("  遍历 B 为 n 行 m 列(m>2m1)，请输入 n,m: ");
   scanf("%d,%d",&n,&m);
   x=1;y=1;x1=2;y1=m-1;g=2;d[x][y]=1;    // 遍历 B 起始位置赋初值
   q=tr(g,x,y);                           // 调用 tr(g,x,y)搜索遍历 B
   if(q==0) { printf(" 没有合适的组合遍历 B 元素！");return;}
   printf("  上下排横有 wh 个 B 遍历，请确定 wh: "); scanf("%d",&wh);
   printf("  左右列竖有 wv 个 A 遍历，请确定 wv: "); scanf("%d",&wv);
   printf("  棋盘为%d 行%d 列，",2*n+wv*n1,wh*m);
   printf("中间空洞为%d 行%d 列的哈密顿圈:\n",wv*n1,wh*m-2*m1);
   e=d[n][m]-1;
   for(i=n;i>=1;i--)
     {for(j=m;j>=1;j--)                   // 输出左上角 B 的行列倒置遍历
       if(d[i][j]-e>0) printf("%3d ",d[i][j]-e);
       else printf("%3d ",d[i][j]-e+2*wh*m*n+2*wv*m1*n1);
      for(f=wh-1;f>=1;f--)                // 输出上排其余 wh-1 个 B 的行列倒置遍历
       for(j=m;j>=1;j--)
        printf("%3d ",d[i][j]-e+(wh+f)*m*n+2*wh*m1*n1);
      printf("\n");
     }
   for(f=1;f<=wv;f++)
   for(i=1;i<=n1;i++)
     { for(j=1;j<=m1;j++)                 // 输出右边 wv 个 A 遍历
         printf("%3d ",c[i][j]-e+m*n+(f-1)*m1*n1);
       for(j=1;j<=wh*m-2*m1;j++)          // 输出空洞
         printf("    ");
       for(j=m1;j>=1;j--)                 // 输出左边 wv 个 A 的行列倒置遍历
         printf("%3d ",c[n1+1-i][j]-e+(wh+1)*m*n+(2*wv-f)*m1*n1);
       printf("\n");
     }
   for(i=1;i<=n;i++)
     { for(f=1;f<=wh;f++)
       for(j=1;j<=m;j++)                  // 输出下排 wh 个 B 遍历
         printf("%3d ",d[i][j]-e+f*m*n+wv*m1*n1);
      printf("\n");
     }
   printf("  该含空洞的哈密顿圈共有%d 个马步！\n",2*wh*m*n+2*wv*m1*n1);
}
// 搜索指定马步遍历递归函数
int tr(int g,int x,int y)
{int u,v,k=0,q=0;
 int a[9]={0,2,1,-1,-2,-2,-1,1,2};        // 按可能 8 位给 a、b 赋初值
 int b[9]={0,1,2,2,1,-1,-2,-2,-1};
 while(q==0 && k<8)
   { k=k+1;u=x+a[k];v=y+b[k];             // 探索第 k 个可能位置
     if(u>0 && u<=n && v>0 && v<=m && d[u][v]==0)
       { d[u][v]=g;                       //走第 g 步
         if(g==m*n)
           { if(u==x1 && v==y1){q=1;return q;}
```

```
        g=g-1;
      }
    else q=tr(g+1,u,v);          // 调用递归函数走下一步
    if(q==0)  d[u][v]=0;          // 实施回溯
    if(g==2 && k==8) q=1;        // 回溯完,则返回
  }
 }
return q;
}
```

（6）算法测试与说明

```
遍历 B 为 n1 行 m1 列，请输入 n1,m1: 4,3
遍历 A 为 n 行 m 列(m>2m1)，请输入 n,m: 3,10
上下排横有 wh 个 B 遍历，请确定 wh: 1
左右列竖有 wv 个 A 遍历，请确定 wv: 1
棋盘为 10 行 10 列，中间空洞为 4 行 4 列的哈密顿圈:
     1  82   3  12  71  10   7  76  69  78
     4  13  84  81   6  73  70  79   8  75
    83   2   5  72  11  80   9  74  77  68
    14  21  16              67  60  65
    17  24  19              64  57  62
    20  15  22              61  66  59
    23  18  25              58  63  56
    26  35  32  51  38  53  30  47  44  41
    33  50  37  28  31  48  39  42  55  46
    36  27  34  49  52  29  54  45  40  43
该含空洞的哈密顿圈共有 84 个马步!
```

由输出结果看，马步从棋盘左上角开始，围绕中央空洞潇洒走一"回"，"回"字通道宽为 3（3 格是最小宽度），经 84 步后又回到出发点。

3．简要概括

应用常规回溯或递归搜索棋盘参数较大的哈密顿圈时，因回溯层次太多或递归深度太深而显得无能为力，采用以上组合方式是一个较好的解决途径。

以上提供的两个构建组合型哈密顿圈的典型模型的比较如下：

（1）前者是一元的，即只需一个特殊遍历即可；后者是二元的，需要两个特殊遍历。

（2）前者可在一个方向上无限延伸；而后者可在两个方向上无限延伸。无限延伸的实现即可构建的哈密顿圈的规模可无限扩大。

（3）前者构造的是不含空洞的哈密顿圈；后者构造的哈密顿圈可含中央空洞。

如果要构建给定行与列的哈密顿圈或构建给定中央空洞的行与列，构造哈密顿圈时，必须根据具体实际选择组合模型与运行参数。

9.6　算法综合应用小结

本节综合应用了枚举、递推、递归、回溯、动态规划与贪心算法等常用算法求解了幂积序列、高斯皇后、翻转硬币、复杂路径探索、马步遍历与哈密顿圈等几个难度较高、综合性较强、拓展空间较大的实际案例。

在幂积序列、高斯皇后、翻转硬币的设计求解中，成功地运用了枚举设计。实际上，在

当今计算机的计算速度相当快的背景下，枚举大有作为。值得说明的是，翻转硬币的枚举设计是二进制枚举，技巧运用别开生面。

高斯皇后问题是一个影响久远的经典名题，在枚举求解八皇后问题基础上，应用回溯求解了 n 皇后问题，然后应用递归求解了"r 个皇后控制 n×n 棋盘问题"，还可继续拓广求解"r 个皇后控制 n×m 棋盘问题"。事实上，n 皇后问题是对八皇后问题的直接拓广；当 r=n 时，r 个皇后控制 n×n 棋盘问题即为 n 皇后问题；而 r 个皇后控制 n×m 棋盘直接拓广了控制 n×n 棋盘问题。

翻转硬币问题是一个非常精彩的矩阵操作的最优化问题，回溯设计实际上还是枚举所有列操作。对数值规模较大的硬币矩阵，在枚举、回溯与递归等算法显得无能为力的情形下，可充分发挥贪心算法的优势。选择合适的贪心策略可简捷地求得接近最优的较好解是明智的。贪心算法能否得到最优解，或距离最优解有多远，与选择的贪心策略有关，也与具体的初始数据有关。尽管贪心算法所得到的不一定是最优解，能在较短的时间内得到一个较优解也是很不错的，更何况此时最优解是什么并不清楚。

最优复杂路径的探索运用了"深入动态规划"，即在简单应用一次动态规划不可能得到最优解的情形下，需根据实际反复运用动态规划进行深入调整优化，以满足可能的复杂路径的需求。

马步遍历是一个有趣的组合图论问题，哈密顿圈则是马步遍历的一个新颖的特例与亮点。回溯与递归是设计求解马步遍历与哈密顿圈问题的首选。当棋盘较大，回溯与递归求解变得困难时，应用贪心设计可实现"无回溯"探求，大大缩减了求解时间，但成功率不高。如果把贪心策略与递归设计有机结合，可起到既缩减运行时间、又提高成功率的效果。

另外，在搜索特定马步遍历的基础上，应用组合模型构建大规模哈密顿圈是可行的。这里的组合模型既有一元的，也有二元的；组建的大规模哈密顿圈既有在一个方向拓展的常规哈密顿圈，也有在两个方向拓展的含中央空洞的哈密顿圈。对组合型哈密顿圈实施"左上角归 1"的规范输出颇具技巧性。

由本章的综合案例设计可知，每一种算法有其各自的优势与特点，当然也有其各自的不足与局限。正因为如此，综合应用多种算法设计可以取长补短，实现相辅相成。

本章的综合案例设计求解的优化与研讨空间非常大，可以作为"算法设计与分析课程设计"的基本素材，建议有兴趣的读者进一步提出效率更高的算法。

习题 9

9-1 n 皇后问题的递归设计

试应用递归设计求解 n 皇后问题。

9-2 r 个皇后全控 n×m 棋盘

在 n×m 的棋盘上，如何放置 r 个皇后来控制棋盘的每一个格子，而皇后互相之间不能攻击呢（即任意两个皇后不允许处在同一横排、同一纵列，也不允许处在同一与棋盘边框成 45°角的斜线上）？

9-3 翻转硬币问题的递归设计

递归设计求解一般的 m×n 硬币矩阵，实施整行或整列翻转，如何实施翻转，使得矩阵正面朝上的硬币尽可能多？

9-4 矩阵中的最小对称路径

给一个 n 行 n 列网格的每一个格子里放一个正整数。

你需要从网格的左上角走到右下角,确定数字之和最小的最优对称路径。路径中每一步能往右、往下,也能往左、往上走到相邻格子,不能斜着走,也不能走出网格。为了美观,你经过的路径必须关于"左下一右上"对角线对称。图 9-6 是一个 6×6 网格上的对称路径。

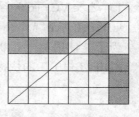

对于给定的 n×n 网格,在所有合法路径中求路径各格子数字之和最小的最优对称路径。

输入 n(2≤n≤50)及相应的 n 阶方阵,输出方阵中最优对称路径的数字和,并输出其中一条最优对称路径。

图 9-6 对称路径示意

9-5 指定入/出口马步遍历的递归设计

应用递归探索在 n×m 棋盘中,指定入口(即起点(x, y))与指定出口(即终点(x1, y1))的所有马步遍历路径。

9-6 设置障碍的马步遍历

在一个 n 行 m 列棋盘中,任指定一处障碍。请设计递归程序,寻求一条起点为(1, 1)的越过障碍的遍历路径。

9-7 哈密顿圈的回溯设计

应用回溯设计求解一般马步哈密顿圈。

9-8 纵向双拼组建哈密顿圈

设计用起点为(1, 1)、终点为(2, 2)或(1, 3)的遍历,实现纵向双拼哈密顿圈。

9-9 构建哈密顿圈的一元旋转组合模型

设一元旋转组合模型的组合元素为 n 行 m 列的遍历 A,按图 9-7 的旋转模式实施组合:遍历 A 作为基础横放在棋盘下部,而右边与左边的竖立模块为组合元素 A 分别逆时针旋转 90°与 270°后列倒置而成,横放棋盘上部的为 A 遍历旋转 180°而成。

为使旋转过程中的相邻遍历首尾衔接,我们选择 A 遍历的始点即入口为(1, 1),终点(即出口)为(2, m-1),使得遍历的终点(2, m-1)能与下一个旋转后的遍历始点(1, 1)构成"日"形关系,从而可组合为哈密顿圈。

按图 9-7 的组合模式,组合的棋盘为(2n+m)×m 的矩形棋盘,正中空洞为 m×(m-2n)的矩形空洞。注意到 m≤2n 时组合无空洞,而当 n<3 时无遍历,显然要求 m>2n≥6。

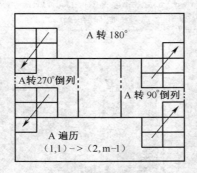

图 9-7 一元旋转组合模式

附录 A　在 VC++ 6.0 环境下运行 C 程序方法简介

1. 进入 VC++6.0 集成环境

VC++6.0 是在 Windows 环境下工作的，有英文版与中文版，二者使用方法相同。

为了能使用 VC++6.0，必须先在计算机上安装它。

双击 VC++6.0 的快捷方式图标即进入 VC++6.0 集成环境，出现 VC++6.0 的主窗口，见图附-1。

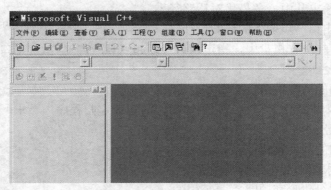

图附-1　VC++6.0 主窗口

VC++6.0 的主菜单包含 9 个菜单项：

文件（File）、编辑（Edit）、查看（View）、插入（Insert）、工程（Project）、组建（Build）、工具（Tools）、窗口（Windows）和帮助（Help）。

以上各项在括号中的是 VC++6.0 英文版的英文显示。

主窗口的左侧是项目工作区窗口，用来显示所设定的工作区信息；右侧是程序编辑窗口，用来输入和编辑源程序。

2. 输入和编辑源程序

在主菜单中选择"文件"→"新建"菜单项，见图附-2.

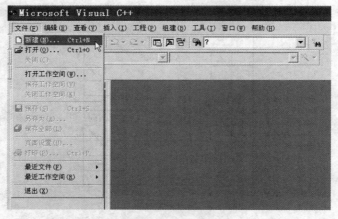

图附-2　选择"文件"菜单中的"新建"菜单项

弹出"新建"对话框，单击对话框上方的"文件(Files)"选项卡,选择其下拉菜单中的
"C++ source File"选项（如图附-3 所示），表示要建新的 C++源程序文件。然后在右半部的
"位置"文本框中确定源程序的存储位置（设为 D:\ykc），在其上方的"文件名"文本框中输
入源程序的文件名（设文件名为 t221）。

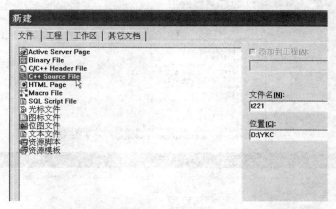

图附-3 选择对话框"文件"中的"C++ source File"项

单击"确定"按钮，回到主窗口，光标在程序编辑窗口闪烁，表示程序编辑窗口已激活，
可以输入源程序了。输入源程序可以一行行地输入，每行结束回车。也可以把另编辑好的源程
序通过"复制"后，应用"编辑"菜单中的"粘贴"，粘贴到编辑窗口，并选择"文件"菜单
中的"保存"把编辑的源程序保存到指定位置。图附-4 所示为把"同码小数"程序"粘贴"
到程序编辑窗口。

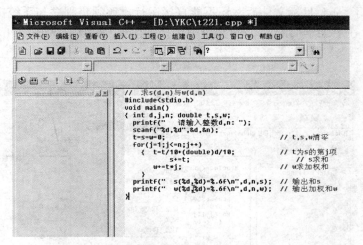

图附-4 编辑程序 t221.cpp

3. 程序的编译与连接

编辑源程序以后，需对源程序进行"编译"与"连接"才能运行源程序。

（1）程序的编译

在主菜单"组建"下拉菜单中选择"编译"菜单项，单击"编译"按钮，系统即对源程
序 t221 进行编译，弹出对话框，内容是"This build command requires an active project
workspace,Would you like to creat a default project workspace?"（此编译命令要求一

个有效的项目工作区，你是否同意建立一个默认的项目工作区？），见图附-5。单击对话框中的"是(Y)"按钮即完成程序的编译。

图附-5　回应"编译"对话框

在进行程序的编译时，编译系统自动检查源程序是否存在语法错误，然后在主窗口下部的调试信息窗口输出编译信息。如果无错，即生成编译的目标文件 t221.obj；如果有错，系统会指出错误的位置与性质，提示用户修改错误，然后再进行编译。

（2）程序的组建

在编译得到了.obj 目标文件后，还不能直接运行，还须将程序与系统提供的资源（如函数库）建立连接。在主菜单"组建"下拉菜单中选择"组建"菜单项，见图附-6，即连接生成.exe可执行文件。

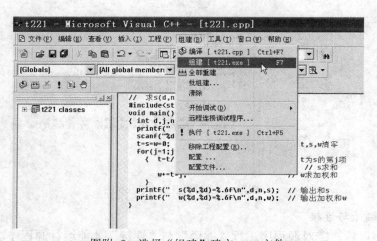

图附-6　选择"组建"建立.exe 文件

在进行连接时，系统自动检查，并在调试信息窗口输出连接时的信息。如果无错，即连接生成可执行文件 t221.exe；如果有错，系统会指出错误，提示用户修改。

注意：按 F7 键可一次完成程序的编译与连接。

4. 程序的执行

得到可执行文件 t221.exe 后，就可直接执行 t221.exe 了。

在主菜单"组建"下拉菜单中选择"！执行(Execute)"菜单项，见图附-7，即开始执行
t221.exe。

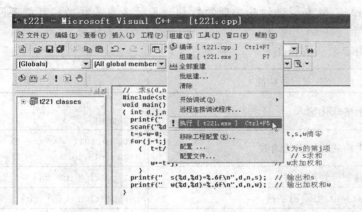

图附-7　运行程序选择"执行"菜单项

执行 t221.exe，输入实参（如 7,2014）并按"Enter"键后，执行文件，输出程序的执
行结果（即两个和），如图附-8 所示。

输出的最后一行显示"Press any key to continue"是 VC++ 6.0 系统自动加上的信息，
通知用户"按任意键继续"。当按下任意键后，输出窗口消失，回到 VC++ 6.0 的主窗口。

注意：应用"Ctrl+F5"组合键可一次完成程序的编译、连接与执行。

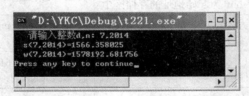

图附-8　程序的执行结果

已完成对一个程序的操作后，应选择"文件"菜单中的"关闭工作空间"选项，以结束对
该程序的操作。

附录 B　C 常用库函数

注意：每一种 C 版本提供的库函数的数量、函数名与函数功能可能不同，使用时可具体查明。

1. 输入/输出函数：stdio.h

函数名称	功能	用法
scanf	用于格式化输入	int scanf (const char *format[, argument]...)
printf	产生格式化输出的函数	int printf (const char *format[, argument]...)
putch	输出字符到控制台	int putch (int ch)
putchar	在 stdout 上输出字符	int putchar (int ch)
getch	从控制台无回显地取一个字符	int getch (void)
getchar	从 stdin 流中读字符	int getchar (void)
fclose	关闭 fp 所指向的文件，释放文件缓冲区	int fclose (FILE *fp)
feof	检查文件是否结束	int feof (FILE *fp)
fgetc	从 fp 指向的文件中取一个字符	int fget (FILE *fp)
fgets	从 fp 指向的文件中取一个长度为 n-1 的字符串，存入到以 buf 为起始地址的存储区中	char *fgets (char *buf, int n, FILE *fp)
fopen	以 mode 指定的方式打开以 filename 为文件名的文件	FILE *fopen (const char *filename, const char *mode)
fprintf	将 args 的值以 format 指定的格式输出到 fp 所指向的文件中	int fprintf (FILE *fp, const char *format [, argument]...)
fputc	将字符 ch 输出到 fp 指向的文件中去	int fputc (int ch, FILE *fp)
fputs	将 str 指向的字符串输出到 fp 指向的文件中	int fputs (const char *str, FILE *fp)
fread	从 fp 指向的文件中，读长度为 size 的 n 个数据项，存放在 pt 所指向的存储区中	size_t fread (void *buffer, size_t size, size_t count, FILE *fp)
fscanf	从 fp 指向的文件中，按 format 规定的格式将输入的数据存入到 args 所指向的内存中去	int fscanf (FILE *fp, const char *format [, argument]...)
fseek	将 fp 所指向的文件的位置指针移到以 base 所指向的位置为基准、以 offset 为位移量的位置	int fseek (FILE *fp, long offset, int base)
fwrite	从 buf 指向的缓冲区输出长度为 size 的 count 个字符到 fp 所指向的文件中	size_t fwrite (const void *buf, size_t size, size_t count, FILE *fp)
getw	从 fp 指向的文件中读取下一个字	int getw (FILE *fp)
putw	将一个字输出到 fp 所指向的文件中去	int putw (int w, FILE *fp)
rewind	将 fp 指向的文件的位置指针设置为文件开头位置，并清除文件结束标志和错误标志	void rewind (FILE *fp)

2. 数学函数：math.h

函数名称	功能	用法
sin	计算 sin（x）的值	double sin（double x）
cos	计算 cos(x)的值	double sin（double x）
exp	计算 e 的 x 次方	double exp（double x）
abs	计算整型参数 x 的绝对值	int abs（int x）
fabs	计算浮点型参数 x 的绝对值	double fabs（double x）
fmod	计算浮点型参数 x/y 的余数	double fmod（double x,double y）
ceil	计算不小于 x 的最小整数	double ceil（double x）
floor	计算不大于 x 的最大整数	double floor（double x）
pow	计算出 x 的 y 次方	double pow（double x,double y）
sqrt	计算出 x 的平方根	double sqrt（double x）
tan	计算出 tan（x）的值	double tan（double x）
srand	初始化随机数发生器	void srand（unsigned seed）
rand	产生并返回一个随机数	int rand()

3. 字符函数：ctype.h

函数名称	功能	用法
isalnum	检查变量 ch 是否是数字或者字母	int isalnum（int ch）
isapha	检查 ch 是否是字母	int isapha（int ch）
isdigit	检查 ch 是否是数字（0～9）	int isdigit（int ch）
islower	检查 ch 为小写字母时返回 1；否则返回 0	int islower（int ch）
isupper	检查 ch 为大写字母时返回 1；否则返回 0	int isupper（int ch）
tolower	将 ch 字符转换为小写字符	int tolower（int ch）
toupper	将 ch 字符转换为大写字符	int toupper（int ch）

4. 字符串函数：string.h

函数名称	功能	用法
strcat	将字符串 str2 接到 str1 后面，str1 字符串后面的 "\0" 自动取消	char *strcat（char *str1,const char *str2）
strcmp	比较两个字符串，若 str1＜str2,返回值为负数 若 str1=str2,返回值为 0 若 str1＜str2,返回值为正数	int strcmp（const char *str1, const char *str2）
strcpy	将 str2 指向的字符串复制到 str1 中去	char *strcpy（char *str1, const char *str2）
strlen	计算字符串 str 的长度（不包含 "\0"），返回值为字符的个数	unsigned int strlen（const char *str）

5. 图形函数: graphics.h

函数名称	功能	用法
arc	以 r 为半径,(x,y) 为圆心,s 为起点,e 为终点画一条圆弧	void arc (int x, int y, int s, int e, int r)
bar	以 (1,t) 为左上角坐标,(r,b) 为右下角坐标画一个矩形框	void bar (int 1, int t, int r, int b)
circle	以 (x,y) 为圆心,r 为半径画一个圆	void cirle (int x, int y, int r)
cleardevice	清除图形屏幕	void cleardevice (void)
closegraph	关闭图形工作方式	void closegraph (void)
floodfill	对一个有界区域着色	void floodfill (int x, int y, int border)
getbkcolor	返回当前背景颜色	int far getbkcolor (void)
getcolor	返回当前画线颜色	int getcolor (void)
initgraph	按 drive 指定的图形驱动器装入内存,屏幕显示模式由 mode 指定,图形显示器路径由 path 指定	void initgraph (int *drive, int *mode, char *path)
line	从 (sx,sy) 到 (ex,ey) 画一条直线	void line (int sx, int sy, int ex, int ey)
outtext	在光标所在位置上输出一个字符串	void outtext (char *str)
rectangle	使用当前的画线颜色,以 (left,top) 为左上角、(right, bottom) 为右下角画一个矩形	void rectangle (int left, int top, int right, int bottom)
setactivepage	设置图形输出活动页为 page	void setactivepage (int page)
setbkcolor	重新设定背景颜色	void setbkcolor (int color)
setcolor	设置当前画线的颜色	void setcolor (int color)
setfillstyle	设置图形的填充式样和填充颜色	void far setfillstyle (int pa, int color)
settextstyle	设置图形字符输出字体、方向和字符大小	void far settextstyle (int font, int direct, int size)
setvisualpage	设置可见图形页号为 page	void setvisualpage (int page)

6. 字符屏幕处理函数: conio.h

函数名称	功能	用法
clrscr	清除整个屏幕,将光标定位到左上角处	void clrscr ()
cprintf	将格式化输出送到当前窗口	int cprintf (const char *format [, argument] ...)
gotoxy	将字符屏幕的光标移动到 (x,y) 处	void gotoxy (int x, int y)
textbackgroud	设置字符屏幕的背景	void textbackgroud (int color)
textcolor	设置字符屏幕下的字符颜色	void textcolor (int color)
window	建立字符窗口	void window (int left, int top, int right, int bottom)

7. 时间函数：time.h

函数名称	功能	用法
time	获取系统时间	time_t time (time_t *time)
clock	返回开启进程和调用 clock()之间的的 CPU 时钟计时单元(clock tick)数	clock_t clock (void)
difftime	计算两个时间之差	double difftime (time_t timer1, time_t timer0)
ctime	把时间值转化为字符串	char *ctime (const time_t *timer)

参考文献

[1] 王晓东. 算法设计与分析. 北京：清华大学出版社，2006.

[2] 朱青. 计算机算法与程序设计. 北京：清华大学出版社，2009.

[3] 冯俊. 算法与程序设计基础教程. 北京：清华大学出版社，2010.

[4] 王红梅. 算法设计与分析. 北京：清华大学出版社，2006.

[5] 吕国英. 算法设计与分析（第 2 版）. 北京：清华大学出版社，2009.

[6] 杨克昌. 计算机程序设计经典题解. 北京：清华大学出版社，2007.

[7] 谭浩强. C 程序设计（第四版）. 北京：清华大学出版社，2010.

[8] 杨克昌. 计算机常用算法与程序设计教程. 北京：人民邮电出版社，2008.

[9] 刘汝佳，黄亮. 算法艺术与信息学竞赛. 北京：清华大学出版社，2010

[10] 杨克昌，刘志辉. 趣味 C 程序设计集锦. 北京：中国水利水电出版社，2010.

[11] 王岳斌等. C 程序设计案例教程. 北京：清华大学出版社，2006.

[12] 杨克昌. 计算机程序设计典型例题精解（第二版）. 北京：国防科技大学出版社，2003.

[13] 杨克昌. C 语言程序设计. 武汉：武汉大学出版社，2007.

[14] 陈朔鹰，陈英. C 语言趣味程序百例精解. 北京：北京理工大学出版社，1994.

[15] （美）B. W. Kernighan, P. J. Plauger 著. The Elements of Programming Style 中译本：程序设计技巧. 晏晓焰编译. 北京：清华大学出版社，1985.

[16] 谭成予. C 程序设计导论. 武汉：武汉大学出版社，2005.

[17] 王俊省等. Turbo C 语言程序设计 400 例. 北京：电子工业出版社，1991.

[18] 纪有奎，王建新. 趣味程序设计 100 例. 北京：煤炭工业出版社，1982.

[19] 肖铿，严启平. 中外数学名题荟萃. 武汉：湖北人民出版社，1994.

[20] 朱禹. 大学生趣味程序设计. 沈阳：辽宁人民出版社，1985.

[21] C. D. Olds, Continued Fractions, Copyright, 1963, by Yale University.

[22] （美）Mark Allen Weiss 著. 数据结构与算法分析——C 语言描述（英文版第二版）. 陈越改编. 北京：人民邮电出版社，2005.